现代设施园艺装备与技术丛书

温室自动作业装备与技术：草莓实例

刘继展 李萍萍 吴 硕 毛罕平 著

科 学 出 版 社

北 京

内 容 简 介

温室种植已成为我国农业机械化的主要短板和重点发展领域，温室环境和园艺作物的特点及其种植的特殊农艺，使传统适用于大田的机械化作业模式和装备方案没有用武之地。本书以温室草莓种植为对象，以装备的小型化、自动化、轻简化为目标，开展了通用底盘与导航技术和基质摊铺、移栽、施药、授粉、收获关键作业装备与技术研发，并对其与农艺深度融合、全程化、信息化、休闲化的未来发展趋势和路径进行了展望。

本书内容面广，体系鲜明，既反映我国智能农业装备领域的最新研究进展，又注重读者广度与学术深度的结合，适合广大设施农业与装备智能化技术爱好者和研发人员阅读。

图书在版编目(CIP)数据

温室自动作业装备与技术：草莓实例/刘继展等著. —北京：科学出版社，2021.9

（现代设施园艺装备与技术丛书）

ISBN 978-7-03-067394-7

Ⅰ. ①温… Ⅱ. ①刘… Ⅲ.①草莓-温室-自动化设备 Ⅳ.①S628.5 ②S625.3

中国版本图书馆 CIP 数据核字（2020）第 263204 号

责任编辑：惠 雪 曾佳佳／责任校对：杨聪敏
责任印制：张 伟／封面设计：许 瑞

科 学 出 版 社 出版
北京东黄城根北街 16 号
邮政编码：100717
http://www.sciencep.com

北京捷迅佳彩印刷有限公司 印刷
科学出版社发行 各地新华书店经销

*

2021 年 9 月第 一 版 开本：720×1000 1/16
2022 年 1 月第二次印刷 印张：18 3/4
字数：375 000
定价：199.00 元
（如有印装质量问题，我社负责调换）

丛　书　序

　　近 40 年来，我国设施园艺发展迅猛，成就巨大，目前已成为全球设施园艺生产最大的国家。设施园艺产业的发展，不仅极大地丰富了我国城乡人民的"菜篮子"，摆脱了千百年来冬季南方地区只有绿叶菜、北方地区只有耐贮蔬菜供应的困境，而且也充分利用了农业资源和自然光热资源，促进了农民增收，增加了就业岗位。可以说设施园艺产业是一个一举多得的产业，是人们摆脱自然环境和传统生产方式束缚，实现高产、优质、高效、安全、全季节生产的重要方式。设施园艺对于具有近 14 亿人口的中国来说必不可少。

　　然而，由于设施园艺是一个集工程、环境、信息、材料、生物、园艺、植保、土壤等多学科科学技术于一体的技术集合体，也就是设施园艺产业的发展水平取决于这些学科的科学技术发展水平，而我国在这些学科的许多领域仍落后于部分发达国家，因此我国设施园艺产业的发展水平与部分发达国家相比还有很大差距，距离设施园艺现代化还相差甚远。缩小这一差距并赶上和超过发达国家设施园艺产业发展水平是今后一段时期内的重要任务。要完成好这一重任，必须联合多学科的科技人员协同攻关，以实现设施园艺产业发展水平的大幅度提升，加快推进设施园艺的现代化。

　　自 20 世纪 90 年代起，李萍萍教授就以江苏大学特色重点学科——农业工程学科为依托，利用综合性大学的多学科优势，组建了一个集园艺学、生物学、生态学、环境科学、农业机械学、信息技术、测控技术等多个学科领域于一体的科技创新团队，在设施园艺装备与技术的诸多领域开展了创新性研究，取得了一系列研究成果。一是以废弃物为原料研制出园艺植物栽培基质，并开发出基质实时检测技术与设备；二是研制出温室环境调控技术及物联网在温室环境测控中的应用技术；三是深入分析温室种植业的生态经济，研究建立温室作物与环境的模拟模型；四是明确设施果菜的力学特性，研制出采摘机器人快速无损作业技术，并研发果蔬立柱和高架栽培的相应机械化作业装备；五是研制出茶果园防霜技术和智能化防霜装备以及田间作业管理中的智能化装备。这些研究成果，无不体现了多学科的交叉融合，已经完全超越了传统意义上的"农机与农艺结合"。近年来，她又利用南京林业大学大生态、大环境的办学特色和优势，在设施园艺精准施药技术与装备、设施土壤物理消毒技术与装备等领域开展了多校协同的创新性研究。这些研究不仅体现了李萍萍教授的科技创新能力，也充分体现了她的组织协调能力和团结协作精神。这些创新成果已与许多生产应用企业合作，通过技术熟化和成果转化后，开展了大规模的推广应用，其中基质配制与栽培模式、温室环境检测控制、清洁生产技术、自动生产作业的完整技术链，已成为设施园艺工程领域的样板。

为深入总结上述研究成果，李萍萍教授组织她的科技创新团队成员编著了一套《现代设施园艺装备与技术丛书》，丛书共包括《园艺植物有机栽培基质的开发与应用》《温室作物模拟与环境调控》《温室物联网系统设计与应用》《设施土壤物理消毒技术与装备》《番茄采摘机器人快速无损作业研究》《温室自动作业装备与技术：草莓实例》《果园田间作业智能化装备与技术》《茶果园机械化防霜技术与装备》八部。这套丛书既体现了设施园艺领域理论与方法上的研究成果，又体现了应用技术和装备方面的研发成果，其中的一些研究成果已在学术界和产业界产生了较大影响，可以说，这套丛书是李萍萍教授带领团队 20 余年不懈努力工作的结晶。相信这套丛书的问世，将成为广大设施园艺及其相关领域的科技工作者和生产者的重要参考书，也将对促进我国设施园艺产业的技术进步发挥积极的推动作用。

这套丛书问世之际，我受作者之约，很荣幸为丛书作序。说实话，丛书中的有些部分对我来说也是学习，本无资格为其作序。但无奈作者是我多年朋友，她多年来带领团队努力拼搏开展设施园艺生产技术创新研究令我钦佩，所以当她提出让我作序之时，我欣然接受了。写了上述不一定准确的话，敬请批评指正。

中国工程院院士

2017 年 9 月

序

　　农业机械化是农业现代化的基础和标志，目前我国农作物耕种收农业综合机械化率已超了 70％，小麦、水稻、玉米等主要粮食作物生产已基本实现机械化，我国已经进入农业机械化的高级阶段。但是，经济作物的机械化水平仍然偏低，多种作物、多种环节仍处于无机可用状态，成为我国农业机械化的主要短板和重点发展领域。草莓是全球最受欢迎的经济作物之一，在我国从南到北的种植范围极广、以设施栽培为主的草莓生产规模居全球首位。而草莓种植生长周期长，生产管理环节众多，从业人数超过了 350 万人，机械化作业的问题亟待解决。

　　江苏大学在我国的农业装备，特别是园艺智能化作业装备研发领域具有重要的地位，刘继展研究员十几年坚持不懈开展该领域的研究工作，形成了鲜明的方向特色。近年来，他抓住草莓生产机械化的迫切需求，针对我国不同草莓栽培模式和设施较小生产规模的特点，以小型化、自动化、轻简化为目标，开展草莓生产全程的通用底盘与导航、基质摊铺、移栽、施药、授粉、收获等系列装备与关键技术的基础研究和装备开发，并取得重要的进展。该书系统介绍了作者在该领域研究的学术思路、技术框架、最新进展和对该领域发展趋势的宏观把握。

　　我很高兴看到在刘继展研究员出版我国第一部农业机器人学术专著《番茄采摘机器人快速无损作业研究》之后，围绕温室草莓生产自动化作业装备又推出力作。作者瞄准经济作物机械化这一空白领域，坐得住冷板凳，厚积薄发。所研究的内容对学科和行业具有重要意义，对读者具有很高的价值。我多年关注经济作物的机械化工作，并领衔江苏大学新成立的经济作物机械化研究院，刘继展研究员的该研究成果令人倍受鼓舞，我很高兴受邀为该书作序并向读者推荐该书。

陈学庚

中国工程院院士

2020 年 10 月

前　　言

自古以来民以食为天，人类的历史就是一部取食、争食、饱食、美食的演进史。对种植业而言，粮食供应是腹中饱足的保障，菜品供应则是一日三餐口味和营养结构的核心。

今天，无论是全球蔬菜生产的产量、品质、品类，还是其设施、技术水平，都已经达到了前所未有的新高度，设施农业更是因其周年供应、低风险、高产优势而成为蔬菜生产技术的主体。中国设施农业发展迅猛，设施种植面积占据全球的八成，使广大城乡居民的菜篮子里一年四季菜品丰富，大大提高了人们的生活质量和营养水平。中国的设施农业科研事业也蓬勃发展，在设施结构、生长模型、生长信息检测、栽培技术、环境控制诸多方面均取得了举世瞩目的成绩。中国的设施农业建设、种植生产和管理水平也日益向高大化、立体化、精细化、智能化发展。

尽管设施建设与管控水平日益精进，设施内从耕整、种植、田间管理到收获却仍严重依赖人工，成为农业全面机械化的巨大短板，更与全程机械化的目标相去甚远。机械化的缺席造成设施果蔬生产的成本居高不下、从业者的身心健康受到严重影响，成为设施农业的现代化、可持续发展的决定性障碍。

"幽幽雅雅若卿卿，碧玉嫣红百媚生。不羡高枝犹自爱，春风吹处果盈盈。"一首不知出处的赞美草莓的诗，写出了颗颗草莓的鲜红艳丽、株株垂挂的盈盈姿态。其芳香多汁、酸甜可口、营养丰富，被誉为"水果皇后"。草莓在世界小浆果生产中居于首位，更受到全球各地消费者的青睐。草莓种植的经济效益远远高于蔬菜作物，我国是全球最大的草莓生产国，在东北、华东、西南广泛种植，草莓的总产值已经突破 500 亿元，小草莓成为实实在在的大产业！各地涌现的草莓采摘园，更将草莓生产与休闲有机结合为一体，使其成为集舌尖、营养与身心愉悦于一身的水果市场的宠儿！

在美妙如斯的背后，是庞大从业群体的默默劳作，据统计，我国草莓产业从业人员达到 350 多万人！设施草莓种植中作业环节众多，而植株特性、栽培生长方式以及生产季节和生长期的特殊性导致机械化作业的困难和空白。随着从业者老龄化的加剧和农业劳动力的日益紧缺，草莓产业普遍面临从业人员缺乏和劳动力成本急剧上升的境况，攻克设施生产作业机械化的难题已成为草莓产业发展刻不容缓的课题。

今天，大力提升设施农业的机械化水平已成为业界和社会的共识，但是其快速发展的目标和路径仍具有重要的探讨意义。传统农机及农机化所走过的工具化、机械化、电气化、自动化、智能化的阶段性发展过程，是特定历史条件下面向大田作业所经历的客观必然。但是，站在科技革命的高峰上，在动力、传感、控制器件及技术日新月异和全面信息化、智慧化的当今时代，对于后发的设施农业机械化，其发展重复上述演进过程不仅已无意义，更违背社会发展的规律。同时，设施农业特殊的 (半封闭) 作业环境、设施栽培方式、果蔬作业对象和众多环节作业任务，使传统大田的人工驾驶、幅宽推进式的机械化实现形式无从施展，自动化、智能化已不仅仅是提升机器操控舒适性、作业可靠性的辅助方案，而且是解决设施农业机械化的客观需要和破题之钥！

笔者自十余年前开展采摘机器人技术研究开始，逐步关注并着力于设施立体栽培的自动化作业，在李萍萍和毛罕平等诸位教授的鼎力支持、课题组青年教师与研究生的辛勤工作和江苏省农业科学院果树研究所、金坛一号农场、苏州联隆精密机械有限公司、镇江市胜得机械制造有限公司等单位同仁的热情参与下，相关基础研究、试验推广和装备开发取得了一定进展。更可喜的是，和若干年前起步时相比，今天学科、行业、产业内对该领域工作的认同度和参与度已有很大提高，使我更有信念和动力与所有同仁共同努力，推动这一工作的快速突破，助力设施果蔬生产驶入现代化的快车道！

本书旨在以草莓为对象，系统介绍团队在设施栽培自动化作业的基础研究和装备研发方面的工作，试图构建"设施环境-农艺-作物-装备方案-智能手段"之间的内在联系，并着重突出在设施特殊环境、特殊对象特点下，作业装备设计的截然不同的理念和发展趋势。

本书是团队成果的结晶，在两位恩师李萍萍和毛罕平教授的指导下，吴硕、李茂、居锦、彭海军、周童、李男、王江山等青年教师和研究生做出了突出的贡献，赵升燊、周昕、何蒙、翟佳林、江世界、侯广宇等也先后参与了各样机的调试与现场试验，本科生张凯旋、张涛等参与了部分初期研发工作。

本书的研究及出版得到了江苏省"六大人才高峰"高层次人才项目、江苏省农业科技支撑重点项目、中国博士后科学基金、现代农业装备与技术教育部重点实验室和江苏省农业工程优势学科的资助。

非常荣幸邀请到陈学庚院士为本书作序，同时感谢江苏大学王纪章，江苏省科技厅靳朋勃，江苏省农业科学院果树研究所赵密珍、蔡伟建，南京林业大学朱咏莉，金坛一号农场姜方俊、蒋仁奎、万飞，苏州联隆精密机械有限公司李彦彦，镇江市胜得机械制造有限公司沈秀昌等诸多专家、企业领导、工程师对本书研究的大力支持！

　　设施生产自动化、智能化仍然任重而道远。本书汇报了作者在该领域的探索和阶段性成果，旨在与同行分享交流，以共同为其全程智能化的美好愿景而努力！书中不足之处，还恳请各位读者批评指正！

刘建阳

2020 年 7 月 12 日

目　　录

第一章 全球草莓产业及机械化生产现状与趋势

第一节 全球草莓种植现状

一、草莓的价值

草莓是蔷薇科多年生常绿草本植物,上市早、供应期较长,素有"早春第一果"的美称。其果实鲜红艳丽、芳香多汁、酸甜可口,含有丰富的维生素、氨基酸、糖类及多种矿物质,被誉为"水果皇后",在全球受到广泛的欢迎。因其果形与心脏的形状相似,果实晶亮血红,享有"相思果"的美称。

(一) 营养价值

草莓鲜果中,有机酸含量达 1.2%~1.5%,蛋白质含量达 0.5%~0.96%,无机盐含量达 0.6%,果胶含量达 1%~1.7%,粗纤维含量达 1.4%,脂肪含量达 0.2%~0.6%。每 100g 果肉中含钙 18mg、磷 27mg、铁 1.8mg、维生素 C 约 47mg、维生素 B 约 0.05mg。另外,草莓还富含氨基酸、果糖、蔗糖、葡萄糖、柠檬酸、苹果酸、胡萝卜素等人体所需的、容易被人体消化吸收的养分,被日本人称为"活的维生素丸"。

(二) 保健价值

草莓味甘酸、性凉,有清暑解热、生津止渴、消炎止痛、润肺、健脾、补血、助消化等功效。现代医学表明,草莓中的维生素、纤维素和果胶,对动脉硬化、冠心病、心绞痛、脑出血、高血压、高脂血症、便秘痔疮等疾病,有积极的预防作用[1]。国外研究还指出,从草莓植株中提取的一种胺类物质,对血液病有一定的疗效。草莓中的胡萝卜素是合成维生素 A 的重要物质,因此其具有明目、养肝的作用。此外,草莓对积食胀痛、胃口不佳、营养不良也有一定的食疗作用。

(三) 经济价值

草莓属于经济价值较高的小浆果。草莓鲜果上市时正值其他水果处于淡季,鲜果奇缺,因此销售的价格较高,在每年的元旦和春节期间,售价可达 40~60 元/千克,经济利润可观。同时,近年在各地城市郊区兴起自助式的草莓观光旅游业,在草莓成熟期间,莓农开放草莓园,消费者支付一定的费用即可自由采摘草莓,同时享受其他配套服务。这一举措实现了第一产业和第三产业的有效融合，进一步提升了草莓种植的经济效益 (图 1.1)。

图 1.1   草莓采摘园

草莓种植的经济效益远远高于蔬菜作物，据统计，设施草莓栽培的产值达 30 万元/hm² 以上，经济效益显著，成为提高农民经济收入的重要园艺产业，在各地推广发展很快。据 2016 年的统计数据显示，我国草莓的总产值已经突破 500 亿元，草莓产业从业人员达到 350 多万人，小草莓成为实实在在的大产业！草莓产业也已成为当地农民致富的"金色产业"、市场青睐的"绿色产业"、经济发展的"朝阳产业"[2-4]。

二、草莓栽培的历史

草莓属植物，起源于亚洲、美洲和欧洲。西方国家大约自 14 世纪末开始栽培林丛莓，15~17 世纪栽培短蔓莓、麝香莓。1714 年荷兰从南美引进智利莓，1726 年又从北美引进深红莓。其后在荷兰、法国和英国形成了众多的自然杂交种。1750 年世界栽培种"凤梨莓"诞生于法国 (智利莓 × 深红莓)。此后，西欧国家普遍开展了草莓杂交种的培育，草莓栽培在世界各地迅速发展。进入 19 世纪，由于有许多品质较好的大果型品种，欧洲、美洲和日本进入草莓栽培的盛期[3]。

我国是世界草莓三大起源中心之一。据资料介绍，起源于我国这一中心的有林丛莓、淡味莓、东方莓、山地莓、五叶莓、纤细莓，主要分布于我国东北、西北、西南等地区，可惜的是这些丰富的野生资源没有得到利用。我国各地只是采食野生草莓，并未进行栽培，自大果凤梨莓引入后我国才开始有草莓的栽培。

我国大果凤梨莓栽培始于 1915 年，但初期仅在教堂、使馆、侨民住宅和民间少量零星种植，未能形成商品化栽培。中华人民共和国成立后，我国草莓经历了品种引进和缓慢发展的阶段，直至 20 世纪 80 年代才真正进入规模化快速发展时期，从欧美等国家和日本引进的一些新品种草莓成为主栽品种，并不断发展和更新。近年我国草莓新品种培育和适应不同气候、生产条件的栽培模式均得到快速发展。从 2018 年起，国际草莓品牌大会已在南京连续举办三届，标志着我国的草莓生产已具有重要地位和影响。

三、草莓的种植模式

中国地域辽阔，草莓栽培分布很广，同时栽培形式多种多样。20 世纪 80 年代以前，我国草莓以露地栽培为主；90 年代以后，各种栽培方式并存，普遍采用小拱棚半促成栽培、普通大棚与日光温室促成栽培。草莓的种植模式多样，分为平地栽培 (畦栽、行栽)、高垄栽培、高架栽培和其他立体栽培。

(一) 平地栽培

平地栽培 (图 1.2) 的缺点是草莓匍地生长，果实与土壤接触，灌水或降雨后畦面更常有积水，且光照不佳，易污染叶片或果实，果实易感灰霉病，同时着色较差，品质易受影响。平地栽培，在采摘时需弯腰或趴俯，农事操作强度过大、费时费力。

(二) 高垄栽培

高垄栽培 (图 1.3) 是把栽培行做成高为 30cm 左右的垄，作物种在垄上的一种栽培方式[4]。高垄栽培具有土壤保温性好、通风透气节水、便于田间管理、降低病害发生、提高果实产量和品质等优点，在草莓、黄瓜、番茄、胡萝卜与白萝卜等各类园艺作物生产中得到广泛应用[5,6]。王立革等发现，栽培垄高度的增加对土层地温提高效果明显，并能有效促进根系生长和产量提高[7]；金丽在大连金普进行高垄单行和高垄双行种植对比试验，研究发现高垄双行种植方式在产量、品质、操作难度和空间利用率等方面都具有优势，经济效益突出[8]。

图 1.2　平地栽培　　　　　　　　图 1.3　高垄栽培

(三) 高架栽培

高架栽培 (图 1.4) 为新型的栽培模式，是通过在温室大棚内建造具有一定高度和宽度的钢管式高架栽培床，将栽培基质均匀摊铺在栽培床内，草莓置于高架栽培床上进行栽培。该技术最先由日本研究推广，将草莓栽植管理高度提高到适宜人工作业的高度，以便于园艺操作，大大降低了劳动强度[9]。且离地高架立体基质栽培，有效地利用温室空间和避免了土传病虫害的危害；草莓根系生长好，增产、增收效果显著。这一方式符合未来草莓产业的发展趋势，已成为目前大力推广的省力化栽培技术[10,11]。

图 1.4　高架栽培

目前我国的草莓种植，传统平地栽培已被高垄栽培和高架栽培所替代。因高垄栽培在水肥调控、草莓品质等方面具有突出优势，在种植中得到广泛应用，成为当前草莓主流种植模式。

(四)　其他立体栽培

除高垄栽培和高架栽培外，由于草莓具有小植株、小果和长坐果周期的特点，因此各类草莓的无土立体栽培模式也在各地得到发展。

1. 多层架式栽培

1) A 字架栽培

A 字架由支架和栽培槽组成，支架采用不锈钢、角钢等制作成 A 字形，两边脊上分别安装 3 层或 4 层半圆形 PVC 材质的栽培槽，每条栽培槽基质表面沿草莓植株近旁铺设滴灌带或配置营养液循环系统。A 字架栽培的结构紧凑，多层种植提高了土地利用率和产量 (图 1.5)。

图 1.5　A 字架栽培

2) H 形架双层栽培

H 形架双层栽培是设立高架进行直立上下双层栽培的模式，上层栽培槽距地面 150cm 左右，下层栽培槽距地面 85cm 左右，以双行栽培为主，实现水肥一体化 (图 1.6(a))。

(a) 草莓双层栽培模式　　　　　　　　　(b) 草莓-食用菌上下套种方式

图 1.6　H 形架双层栽培

该模式优点是进一步提高了大棚空间利用率，有效提高产量。但是，其上层环境条件好，下层则相对较差，积温、光照强度均较弱，易造成草莓生长弱，果实着色差、味道淡、产量低[12] 的后果。因此，多采用上层种植草莓、下层种植喜阴耐凉的食用菌等套种方式 (图 1.6(b))，食用菌呼吸代谢产生的二氧化碳可供给草莓光合作用，而草莓的光合作用又为食用菌的生长补充新鲜的氧气，使温室内部形成气体内循环，这两者互为补充，相得益彰，既缩短了温室的放风时间，又最大限度地利用太阳能和温室空间，大大提高了生产效率。

2. 管道式栽培

管道式栽培是将若干根管道间隔排列组成蔬菜栽培管道，管道上开设用于栽种的定植孔，通过根部水培或气雾培进行作物生产的方式 (图 1.7)。现今多用 PVC 管材作为管道，由于其建造成本不高、管理方便，并可搭建不同立体架型，在各类叶菜、果菜种植中已得到广泛应用，草莓的管道种植也在各地不断涌现。

图 1.7　管道式栽培

3. 立柱式栽培

立柱式栽培采用环保塑料栽培钵，经立柱串连而成，营养液从上端逐一渗入下一层，经液管回收循环利用 (图 1.8)。立柱上栽培钵可自由旋转，使草莓得到均匀的光照。此种栽培模式可充分利用温室空间，显著提高单位面积的种苗数量和果实产量。

图 1.8　立柱式栽培

通过四周竖立起来的柱形栽培或者以搭架、吊挂形式按垂直梯度分层栽培，向空间发展，充分利用温室空间和太阳能，可以使土地利用率提高 3~5 倍，单位面积产量提高 2~3 倍。

四、全球草莓的种植规模与分布

草莓栽培范围广泛，在世界小浆果中居于首位。据联合国粮食及农业组织 (以下简称粮农组织) 数据，2018 年全球草莓总种植面积达 37.24 万 hm²，总产量达 888.71 万 t。全球草莓的种植规模和产量呈不断增长态势，与 1961 年相比，种植面积增长了 2.96 倍，而产量增长 10 倍以上 (图 1.9)。

草莓的适应性很强，世界范围内，从热带到北极圈附近均可栽培，目前超过 100 个国家和地区都有草莓种植。世界上较大的草莓产区有亚洲、欧洲和北美，草莓种植面积最大的国家依次为中国、波兰、俄罗斯、美国、西班牙和日本，而产量最大的国家则依次为中国、美国、西班牙、俄罗斯、波兰和日本 (图 1.10)。其中中、美两国的总产量占了全球产量的近 1/2。单产水平为美国最高，超过 64500kg/hm²，远远超过其他国家和世界平均水平。

欧美和日本的草莓生产具有不同特色。欧美普遍以大规模、产业化的露地垄栽草莓种植为主，而日本由于土地资源紧张和高端化精品化种植策略的实行，其草莓栽培以温室的高垄或高架栽培为主，且高架栽培已逐渐成为主流 (图 1.11)。

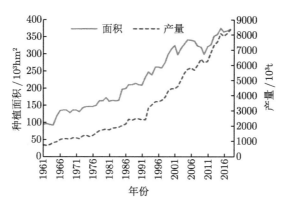

图 1.9　全球草莓种植面积与产量的增长

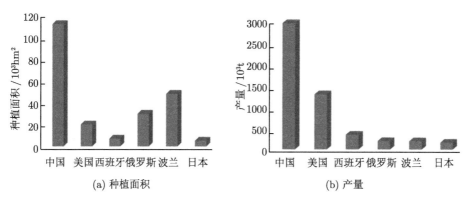

图 1.10　2018 年联合国粮农组织数据库统计全球草莓的种植面积与产量

(a) 欧美的规模化草莓种植　　　　(b) 日本的草莓高架栽培

图 1.11　欧美、日本不同的草莓种植特色

五、我国草莓的种植规模与分布

中国是世界草莓第一生产国，种植面积和产量均居世界首位。根据 2018 年联合国粮农组织统计数据，我国的草莓种植面积占全球的 29.8%，而产量则占全球总产量的 35.6%，总产值已超过 600 亿元。联合国粮农组织和我国农业统计年

鉴的统计口径存在一定差异，但总体上我国草莓种植从 20 世纪 80 年代开始进入高速发展阶段。目前我国草莓的总种植面积和总产量已分别高达 13 万 hm² 和 340 万 t(图 1.12)，单产水平亦高出全球平均水平，但与美国、西班牙、日本等国的单产水平相比仍有差距。

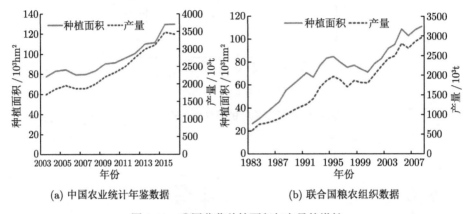

(a) 中国农业统计年鉴数据　　　　　　(b) 联合国粮农组织数据

图 1.12　我国草莓种植面积与产量的增长

我国草莓北到黑龙江，南到海南，西到新疆，东到江浙沪均有种植，其中种植规模和产量最大的省份包括山东、江苏、辽宁、河北、安徽等。安徽和江苏的草莓种植规模最大，均超过 1.8 万 hm²，山东也接近 1.8 万 hm²；而山东的产量则高达 69 万 t，遥遥领先；江苏、安徽、河北和辽宁也分别超过了 40 万 t。安徽长丰、辽宁东港、江苏句容、江苏常州罗溪镇、浙江奉化尚田镇、云南永仁、上海青浦赵屯镇、河南中牟等形成了全国著名的草莓种植基地。

六、我国草莓的生产现状与特点

(一)　产量大，但经营规模偏小

我国的草莓总产量高居全球首位，但经营规模偏小，除少量连片万亩种植基地以外，种植主体仍为家庭散户。江苏省农业科学院赵密珍及农业农村部南京农业机械化研究所崔思远等对江浙沪地区的调研发现，草莓经营规模以 0.13~0.33hm² 为主，规模化种植较少[13,14]。大量散户的零散分布、小规模种植，对草莓作业机械的成本降低和利用率提高提出了更高要求。

(二)　鲜食比例大

发达国家的加工用草莓产量占比较高，如北美 70% 的草莓用于鲜食，而 30% 用于加工成草莓酱或草莓汁等食品、饮料。而我国草莓种植主要面向鲜食市场，尽管也有少数加工型草莓专用品种和栽培技术的研究，但生产上还是多以残次草莓

为原料进行加工，专用的加工型草莓品种栽培极少。实际上鲜食、加工型用果的品种、特性、栽培、管理均存在极大的差异，对机械化作业的应用更提出了不同的要求[15-17]。

(三)　栽培模式和技术水平多样

我国地域辽阔，草莓栽培方式多样，如露地栽培、保护地栽培和拱棚、塑料大棚、日光温室、智能温室等，高垄、高架等栽培模式众多且规格不一，给机械化作业带来了极大挑战。同时，种植标准化、水肥一体化、环境的物联智能控制、熊蜂授粉等技术逐步获得了应用，但各地区和不同种植户主体之间的技术水平差异较大。

第二节　草莓的生产管理作业

(一)　土壤与基质管理

1. 起垄

高垄栽培的土壤通透性、排气性和水源利用效率等方面都要优于低垄栽培，有利于水分蒸发，同时高垄栽培也减少了草莓栽培中后期的腐烂，还能加快土壤有机物的吸收，有利于植株生长。起垄是高垄栽培的必备环节，可以人工或利用起垄机完成作业。

2. 基质摊铺

基质摊铺是作物高架栽培建设的主要工序，同时基质的长期使用会导致病原微生物大量积累、基质通气性下降、保水性过高，严重影响果蔬生长并导致病虫害的发生，因而基质定期更换也是高架果蔬栽培的基本需要，目前均靠人工完成。

(二)　育苗

草莓的产量是由花序数、开花数、等级果率和果实大小等因素决定的，它与植株的营养状态和根部的发育状况有着密切的关系，草莓苗品质的好坏决定着产量的高低。因此，培育健壮种苗是草莓种植实现高产优质的基础。草莓育苗就是为促成栽培、半促成栽培和露地栽培培育出适合于各自不同要求的秧苗。

生产中常用的育苗方法有匍匐茎扦插育苗、匍匐茎压茎育苗、母株分株育苗、组织培养育苗等。

(三)　移栽

移栽是草莓种植中不可或缺的环节，现草莓苗种植普遍采用匍匐茎繁殖的方法繁育子苗，将子苗培育在大棚地面或穴盘中，草莓穴盘苗育苗期为4月到8月，育苗期满后进行移栽。育苗能够使幼苗有效避开冷冻害、干旱等自然灾害，并能充分利用光热资源，对气候进行补偿，提高移栽成活率、帮助作物提早成熟，并增加产量，有着巨大的经济效益和社会效益[16,17]。

移栽工作做得好，就能保证草莓花芽分化和发育良好，提高前期产量和总产量，使草莓在入冬前有一个较长的生长时段，达到根系发达、植株健壮、增强抗低温能力的目的。

(四) 授粉

草莓花序均匀授粉，草莓果实才能饱满圆润，少畸形。在实际生产中雌蕊发育的成败是决定草莓花是否坐果成功的关键所在。

露地栽培草莓以风媒授粉和昆虫授粉为主，而保护地栽培的环境不利于草莓的授粉。大棚草莓栽培多采用蜜蜂、熊蜂授粉，使坐果率明显提高，果实增产30%~50%，畸形果数只有无蜂区的1/5。

但是，大棚草莓栽培正值冬季和早春，温度低、湿度低、日照短、昆虫少，影响花药开裂及花粉飞散，在低温条件下蜂群授粉均匀性不佳甚至停止工作，往往造成开花不结果或出现大量畸形果 (图 1.13)，严重影响草莓的产量、品质和经济效益。

图 1.13　畸形果

(五) 施药

随着种植年限的增加，病虫害尤其是土传病虫害发生加剧，连作障碍等问题表现得越来越明显。草莓的病虫害问题非常严重，特别是设施封闭环境内高温高湿造成的白粉病、灰霉病和炭疽病三大病害，若防治不及时，将严重影响浆果质量，并使浆果失去商品价值。而大量农药的喷施会造成基质与果实内的农药残留，并大大损害莓农的身体健康。

根据作物需求进行温室的光、温、湿环境控制，是促进草莓生长发育、减少病害、控制采收期的重要手段。高架栽培能有效改善草莓栽培的光照条件并减轻病虫害的发生，但是相对封闭的温室环境仍容易滋生病菌，同时高架基质栽培条件下存在草莓的适宜光温湿度规律变化，成为实际生产中环境调控效果的巨大障碍。

（六）　整枝打叶

1. 疏芽、除匍匐茎和摘叶

草莓保温后，生长旺盛时会产生较多的侧芽和部分匍匐茎，相互重叠不利于草莓通风、透光，加上棚膜滴水，导致叶片很容易感染灰霉病。及时摘除匍匐茎、侧芽和老叶、病叶、黄叶，可减少不必要的养分消耗和减少病害的滋生。

2. 疏花疏果

草莓植株每个花序有较多的花，开花过多，消耗营养多，使果实变小，疏花、疏果可以集中养分促进留下果实的整齐增大。合理疏花疏果，摘除畸形果、病果、小果，可防止养分的浪费。

总之，适当疏掉弱花、弱果，适时摘掉匍匐茎、侧芽、老叶、黄叶等，可减少草莓株势损耗，减少营养竞争，有利于改善通风透光条件，降低白粉病、灰霉病等发生的概率。

（七）　采收转运

鲜食草莓由于成熟期不一和娇嫩易伤，目前草莓全部依赖人工进行逐一的区分采收。同时，在国内的设施农业环境下，果实筐、育苗穴盘、肥料等在温室狭小区域内频繁往返搬运，劳动强度极大而作业效率很低，加之温室的长度越长，人员往返所需的时间越久。

虽然草莓高垄栽培发展很快，形势喜人，但是草莓种植是典型的劳动密集型产业，设施促成栽培的草莓从 9 月份秧苗定植到来年 5 月份采收完成，生长周期长达 7~8 个月，大量的管理操作和精细的处理程序使人工成本较高，从定植、授粉、打叶到收获采摘的作业环节众多（图 1.14），投入的劳动力极大。据日本有关调查，草莓生产的劳动力消耗达 20000h/hm²；根据徐丽明等[18] 在河北省保定温室草莓生产基地的实地调查结果，在草莓温室生产中，每公顷需要约 528 个工日，其中移栽、摘除枯枝老叶和采收是用工量最大的生产环节。

(a) 草莓苗移栽　　　　(b) 授粉　　　　(c) 打老叶　　　　(d) 草莓采收

图 1.14　高垄草莓的人工管理作业

同时高垄设施栽培，需要大量劳动力在狭小垄沟内长时间弯腰或下蹲劳作，劳动强度极大，且长时间保持该动作容易造成作业质量下降。

高架栽培尽管将人工从弯腰或下蹲作业中解脱出来，但是由于栽培由地面向空中的转移，各类土地耕整及植株管理作业机械均无法适用 (图 1.15)，基质向栽培床上的摊铺等管理作业的人工投入与劳动强度反而大大增加。大量老叶无序落地后的收集清运工作烦琐，同时浆果的随采随放和现场运输亦成为需实现省力化的重要环节。

图 1.15　高架草莓的人工管理作业

目前全国草莓产业从业人员达到 350 多万人，农民的老龄化、年轻劳动力紧缺和从事该行业的意愿极低使草莓产业的发展面临严峻的挑战，采用机械代替人工的需求极为迫切！

第三节　草莓生产的作业装备现状

一、欧美草莓生产作业装备现状

欧美普遍以露地垄栽的草莓大规模生产为主，其草莓生产作业装备，无论耕整、移栽、植保、收获、田间转运等，均以大型化为主。

（一）耕整机械

起垄机、覆膜机是各类农田种植中应用广泛的机械设备，但草莓的高垄栽培对设备提出了特定要求。Kennco 制造公司开发配套的系列草莓高垄耕整机械 (图 1.16) 和高垄覆膜机械 (图 1.17)，可实现高垄紧实的塑形，垄体可使用多季。

（二）移栽机械

草莓苗的大苗移栽和弓背定向移栽两大特点，使其和现有各类秧苗的移栽相比具有特殊性和挑战性。Kennco 等公司的机械式草莓苗移栽机 (图 1.18)，主要解决田间移栽中大量苗盘的携带和有序输送，再由后部乘坐的多名劳动力手工取苗，完成在垄上的移栽 (图 1.19)。该移栽机需和高垄打孔机配合使用[17]。

图 1.16 高垄起垄机

图 1.17 高垄覆膜机

图 1.18 机械式草莓苗移栽机

图 1.19 半自动草莓苗移栽机

Driscoll's、Plantel 和 Solex 公司合作推出美国加州首台草莓苗移栽机,该机器是在意大利制造商 Checchi e Magli 研制的辣椒苗移栽机型的基础上改进而来,可跨三垄移栽,价格达 12 万美元。该移栽机作业需配 19 个人工,包括驾驶员、苗盘搬运装载员、12 个投苗手和 5 个移栽检查员,可以替代 100 个人工的移栽作业。

(三) 植保机械

病虫害防控是草莓种植的关键环节。欧美面向大田的规模化草莓种植中,通用型的大型喷杆喷雾施药机可被用于草莓的施药作业。但是,垂直向下喷施的雾滴穿透性不佳,下层、背面难以有效着药。为此,冠层侧向施药,即从草莓行的两侧进行喷施的方式得到了普及应用,改进的侧喷式喷杆喷雾施药机及类似结构相继应用于高垄及高架草莓的施药 (图 1.20)。美国康奈尔大学于 2007 年开发

(a) 高垄

(b) 高架

图 1.20 侧喷式草莓施药机

了包括多达 5 个喷头的弧形改进结构，沿草莓冠层的侧面和上部同时喷施，有效提高了三维冠层的穿透性和喷施均匀性[19](图 1.21)。此外，市场上还陆续出现了弧面侧喷及侧向风送的草莓施药机等结构 (图 1.22，图 1.23)。

图 1.21   5 喷头弧形喷施结构

图 1.22   弧面侧喷草莓施药机   图 1.23   侧向风送草莓施药机

英国 MiCRON 公司开发的 Flexidome 草莓除草施药机，用于草莓的行间除草。圆顶式旋转施药方式可以避免对柔嫩果实的损伤，特别适合于在垄沟内施药[20](图 1.24)。

图 1.24   草莓垄沟除草施药机

(四)　采收机械

采收是草莓种植生产中劳动力耗费最大的环节。特别是地面栽培，劳动者需要弯腰趴俯，在枝叶遮挡下寻找和完成柔嫩易损小草莓果的采摘。同时，采后的装箱、田间搬运工作量也很大。在规模化生产中，工人们需手持包装箱，俯身从藤蔓上摘下草莓果，放进箱内透明的塑料袋里，收满后经过田头的检查，把这些袋子送到等候的运输工具上 (图 1.25)，现在越来越难找到足够的劳动力去采收[21]。

(a) 持箱采摘　　　　　　　　　　　　(b) 田头检查

图 1.25　草莓的人工采摘

大幅减轻劳动者的强度和减少劳动力的数量，已成为草莓生产经营者的头等大事。在装备开发上，目前主要有两类模式。第一类是采收辅助装备，避免劳动者的弯腰采摘，减轻长时间作业的疲劳。在美国宾夕法尼亚州，草莓收获季节长达 4~6 周，持续弯腰采摘的强度过大，亟须寻找减轻工人疲劳的方式。PBZ LLC 开发了一款草莓采摘助手 (picking assistant)，采摘者趴在机器上，其额头、腹部和腿均放在支撑板上，其面部和手完全自由，可以在机器前行时观察草莓行并完成采摘。采摘者可以通过脚踏板控制车速。该机器为纯电动，可同时带 6 箱草莓，采摘者无须每箱采满放至行边再来收集搬运[22] (图 1.26)。同时，同类型结构多行的采摘助手也已投入应用 (图 1.27)。

图 1.26　小型草莓采摘助手　　　　　　图 1.27　多行采摘助手

　　第二类模式是全自主的草莓采摘机器人研发，也已经得到科研单位、草莓生产者和相关组织、企业的普遍关注。欧美主要针对大田多垄多行的草莓采摘机器人开展研发。在加州草莓协会资助下开发的草莓采摘机器人，使用了立体相机实现草莓果实的识别定位和成熟度判别，并用三指夹持草莓完成采摘，进而将其送入传送带。目前，该技术仍然存在着障碍。实验室完美环境条件和实际田间状况差别很大，枝叶的遮挡使果实难以被发现和采到，草莓果实易伤，同时目前机器人成本仍然过高。

　　Harvest CROO Robotics 开发了多行草莓采摘机器人 (图 1.28)，可同时完成十几行草莓的采收，基于 GPS 导航，由相机的旋转获得草莓冠层的立体图像，进而由手爪完成采摘。但目前其采净率偏低，速度也大大低于人工，仍难以满足实际生产需求[21,23]。

图 1.28　Harvest CROO Robotics 公司的高垄多行草莓采摘机器人

　　Noronn 公司基于 Saga Robotics 公司开发的多功能平台推出了草莓采摘机器人概念机 (图 1.29)，基于机器视觉和人工智能识别成熟果实，采摘器可基于手上感知，轻轻拨开障碍物，无接触地吸入果实并剪断果梗，果实直接落入果篮。

图 1.29　Noronn 公司的草莓采摘机器人

西班牙 AGROBOT 公司和美国大型农场主合作，推出 AGROBOT SW 6010 草莓采摘机器人样机 (图 1.30)，能够适应传统的高垄草莓采摘。该机器人应用超声导航，具有多只机械手爪同时作业，应用了 AgVision 机器视觉系统实现草莓果实的实时识别定位和采摘标准判定，果实采后被放在输送带上送至包装区，完成即刻的分拣和包装[23]。

图 1.30　AGROBOT 草莓采摘机器人

英国 Octinion 公司则针对高架草莓开发了 Rubion 采摘机器人 (图 1.31)，可以实现高架草莓的采摘、同步分级入箱，理论上可以在 16h 内完成 11500 个草莓果的采摘。该机器人通过激光检测成熟草莓果实并从下向上完成采摘[24]。

图 1.31　Rubion 草莓采摘机器人

(五)　田间转运机械

田间的果箱转运，特别是在大田块大规模种植生产中，是一个劳动量极大的环节。美国 GK 设备公司开发的大型草莓果箱转运机 (图 1.32)，采用遥控操作方式，机器可沿垄沟行走，完成多果箱的田间搬运，适合于高垄的规模化采收辅助作业[25]。

图 1.32　大型田间草莓果箱转运机

二、日韩草莓生产作业装备现状

(一) 耕整机械

日本是一个土地资源紧张的国家，其草莓生产以精细种植管理为主，各类生产作业装备以温室的小型化机器为主。

PLUS Y'S 公司的手扶式草莓起垄机总重 108kg，最大输出功率 2.7kW，结构紧凑，适合于开筑紧实高垄；其售价为 3.2 万 ~3.3 万元。

(二) 采收机械

尽管草莓的经济价值很高，但是其采收要比稻麦、番茄、黄瓜等辛苦得多。在日本，针对温室的高垄、高架、吊床等不同草莓栽培模式，各高校、科研单位和企业陆续开展了草莓采摘机器人的研发，相继推出了各种结构的样机，并不断改进和推出新一代机型。

日本国家农业与食品研究组织 (NARO) 针对高架栽培开发的草莓采摘机器人样机 (图 1.33)，作业速度达到 9s/个，能采到约 60% 的草莓果实，其由双相机获得果实的立体图像并完成颜色检测和成熟度判断[26]。

Shibuya Seiki 公司研发了新一代草莓采摘机器人 (图 1.34)，该机器人是日本国家农业与食品研究组织 (NARO) 研发的草莓采摘机器人 (图 1.33) 的商业版。其通过三维立体摄像系统捕捉草莓的颜色来最终确定是否成熟，然后通过机械臂剪切后装进筐中，整个剪切过程只需 8s[27,28]。

图 1.33　NARO 研发的草莓采摘机器人样机

图 1.34 Shibuya Seiki 公司研发的草莓采摘机器人

宇都宫大学针对日本草莓出口的无损、保鲜需要，开发了一款水培草莓采摘机器人 (图 1.35)，可识别定位成熟草莓并剪断果梗和夹持果梗，将果放入胶囊容器中，实现安全无损的保鲜移送[29]。

图 1.35 宇都宫大学开发的水培草莓采摘机器人

(三) 田间转运装备

在日本，大型农场和大型卫星导航农机装备已经得到了发展。但是，日本约 70% 的农业生产者为中小规模 (小于 5hm²)，并且栽培作物品种多样，大型农机难以应用。草莓采摘中，需要频繁挪动、搬运果箱，劳动量很大 (图 1.36)。为此，日本综合研究所开发了 MY DONKEY 多功能农业机器人 (图 1.37)，实现随同使用者的草莓承接、转运和产量测定。该机器人可以检测高垄并实现自动沿垄的防撞行走，检测使用者从而实现自动随同的配合作业[30]。

图 1.36 垄栽草莓的人工采摘　　　　图 1.37 MY DONKEY 多功能
　　　　　　　　　　　　　　　　　　　　　　　农业机器人

三、我国草莓生产作业装备现状

我国草莓种植的总体规模为全球第一，但经营主体分散、规模小，模式多样且规格不一，导致草莓生产的机械化率极低，目前普遍以人工作业为主。

（一）　耕整装备

受大棚规格的影响，宽度为 4m 的塑料大棚中机具的进入及作业均有难度，故一般以人工为主。在宽度 6m 及超过 6m 的塑料大棚和日光温室中，微型耕耘机或手扶式拖拉机加装耕整地机械的使用率较高，但由于日光温室中垄是南北走向，机具作业时需要频繁掉头，严重影响作业效率。而在连栋温室中，耕整地作业一般由大棚王等中小型拖拉机和旋耕机、起垄机共同完成。

微型耕耘机是指功率不大于 7.5kW，可以直接用驱动轮轴驱动旋转工作部件的机型。目前草莓种植主要使用各式微型耕耘机，但是专门应用于草莓机械的微型耕耘机很少[31]。

起垄机具有灭茬、旋耕、起垄三大功能，主要用于绿叶蔬菜、花生、马铃薯、甘薯等的整地作业。大型牵引式起垄机难以在温室大棚空间内作业，因而多用手扶式起垄机械。采用常规的起垄机进行起垄作业，普遍存在垄体矮小、垄沟无坐土、垄帮无浮土和耕层过浅的问题。较为老式的起垄机的主要组成部件为手扶式拖拉机、起垄刀、成型板等，新式草莓起垄机在成型板后再安装一对镇压锥形筒，但镇压轮的形状、尺寸和规格的不一致，造成最终起出的垄形侧壁角度也存在不同（图 1.38）。

图 1.38　草莓专用起垄机

在草莓的高垄栽培中，可在栽植前喷上除草剂和杀虫剂，再将垄面和垄沟全部覆盖上黑色薄膜。垄面上的薄膜起到保水、保湿、促进根系发育等作用；垄沟上的薄膜主要是防止草莓果实与土壤接触。我国已经有成熟的较大型的机引铺膜机，机型有开沟铺膜机、开沟铺膜播种机、起垄铺膜机等，同时手扶式喷药铺膜机也陆续出现，但适用于温室高垄草莓生产的专用小型铺膜机的研制还亟待攻关。

（二）　栽种装备

我国移栽机技术研发起步较晚，但发展很快。目前薯类、油菜、甜叶菊、烟草、甘蓝、西兰花、洋葱、番茄等各类秧苗半自动移栽机均已投入市场 (图 1.39)，许春林等进行了全自动草莓钵苗移栽机的设计与试验 (图 1.40)。但是上述机型均无法解决草莓超大苗的取苗与打孔放苗问题，市场上各类半自动移栽机主要适用于钵，许春林等所开发的机型亦仅适用钵深为 40mm 的草莓苗。同时，现有机型均无法满足草莓苗的弓背向外特定朝向要求[32,33]。

 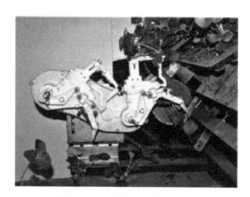

图 1.39　半自动移栽机　　　　　　　　图 1.40　全自动移栽机构

（三）　田间管理装备

草莓的田间管理环节众多，但田间管理作业装备极少，目前基本依赖人工。

灌溉和施肥是田间管理的重要环节，近年来针对高架与高垄草莓栽培，基于水肥一体化的滴灌技术逐渐被引进和应用 (图 1.41，图 1.42)，并进一步和物联网技术相融合，实现对草莓种植的高效精准灌溉[34]。

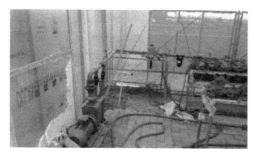 

图 1.41　水肥一体化系统　　　　　　　图 1.42　滴灌系统

　　草莓的生长期较长，在温室大棚条件下的病虫害发生概率高，需要频繁打药。目前主要采用背负式施药器和高压手推打药机等机具作业 (图 1.43)。目前各类机械化施药装备亦主要采用压力或风送喷雾方式，利用高压、强风力获得足够的射程和较强的穿透性。但草莓植株低矮娇嫩、冠层浓密且作业时多处于花期，高压力、强风力不仅导致穿透性不佳、背面着药率低，产生药液的严重浪费，更易造成较小草莓植株和花序的损伤。另外，背负施药劳动强度大且施药均匀性不佳，而高压打药机水压大，高压喷出的药液容易损伤甚至打落花序造成减产。同时，二者均存在药液浪费严重、在温室密闭条件下容易引起施药人员中毒等问题。而且害虫主要集中在叶片背面，叶片正面相对较少，但现有施药方式，叶片背面的着药率较低，对叶片背面的病虫害防治效果不佳。

(a) 人工背负式

(b) 高压手推式

图 1.43 现有施药机具

　　我国浙江台州生产的背负式草莓臭氧植保机，售价 300~500 美元，无化学药剂，采用水分子电解代替传统的电晕放电作为臭氧发生方式，破坏害虫或细菌的黏膜和呼吸系统，可广泛应用于草莓、蔬菜等的病虫害防控，主要销往南美、西欧和北美，但在我国草莓生产管理中尚较少应用。

(四) 收获转运装备

　　草莓果实采摘工作量巨大，特别是垄栽草莓的收获需要长时间弯腰和俯身作业。目前我国草莓的收获通常由人工提篮完成，或采后就地装入包装盒，进入销售。近年来小型便携的采摘凳逐渐应用于草莓等的采收，以减轻劳动者的疲劳 (图 1.44)。

图 1.44　采摘凳

国家农业智能装备工程技术研究中心、中国农业大学、西北农林科技大学等主要针对高架草莓开展了采摘机器人的研发 (图 1.45)。国家农业智能装备工程技术研究中心的样机采用果实吸附、果柄夹持和电热切割的方式对果实进行柔性操作[35]；中国农业大学"采摘童 1 号"样机采用 3 直动直角坐标机械臂和夹剪一体式末端执行器进行细长果梗的夹持剪断[36]；西北农林科技大学则利用多关节机械臂搭载近景相机和剪刀式末端执行器进行采摘[37]。

(a) 国家农业智能装备　　　　(b) 中国农业大学　　　　(c) 西北农林科技大学
　　工程技术研究中心

图 1.45　我国开发的草莓采摘机器人样机

目前设施内草莓的运输仍以人工为主，但部分日光温室和大棚开始建设轨道式的人工或电动运输系统 (图 1.46)，小型的轮式手推车和电动运输车也逐渐进入生产应用 (图 1.47)。

(五)　我国草莓生产机械化的现状分析

1) 耕整装备多，其他装备少

目前生产上仅有土地耕整、筑型和极少量的管理辅助工具、简易设备等，针对草莓耕、种、管、收全程众多管理作业环节的装备严重缺乏。

图 1.46　大棚轨道运输车　　　　　　　图 1.47　大棚电动运输车

2) 专用设备少，通用设备性能受限

生产中以可借用的土地整理、现场运输等通用型设备为主，而针对草莓栽培模式、草莓植株特性的起垄、移栽、施药、授粉、采摘等特定专用设备均严重缺乏。

3) 低端简易装备多，高端装备少

生产中以低端的微耕、起垄、背负施药设备和简易的采摘凳、推车等设备为主，而适应草莓栽培环境和特点的高效移栽、采摘作业设备尚为空白，适应草莓设施促成栽培的半封闭空间内使用的无排放绿色纯电设备、低量精准施药设备等亦为空白。

4) 应用亟缺，研究严重不足

除了生产中的机械化设备缺乏以外，相关研究和开发工作亦严重滞后，针对草莓苗移栽、草莓均匀低量施药、草莓机械化授粉、草莓辅助采摘等的基础研究和技术攻关严重不足，机器人采摘技术研究仅针对环境结构更为简单，但在我国生产中比重偏低的高架栽培开展了少量研究，且研究的资金与技术力量投入、技术深度、技术架构完整性、与我国草莓栽培模式和规模的匹配性、样机的成熟度等，和发达国家的差距仍然较大。

第四节　我国温室草莓生产作业装备的发展目标

针对我国草莓种植劳动力占用巨大而老龄化严重的现状，鲜食草莓的特点和栽培管理要求，我国以较小规模的设施栽培为主的生产方式，以及生产中农艺差异大、标准化欠缺的现状，目前我国草莓生产作业装备的发展目标，应立足于强化"农艺-草莓特性-作业原理"基础研究，进而通过智能化技术手段的赋能，实现满足我国草莓生产作业的小型化、模块化、全电化、轻简化的装备需要。

1) 小型低成本

我国草莓种植普遍以各类日光温室、塑料大棚为主，入门窄、肩高低、垄行间距小、单体规模小，适宜大力发展小型化、非乘坐式的作业机型，并需有效降低装备成本，从而适应我国散户经营的需求和保证其产业化前景。

2) 一机多能

针对草莓长达半年以上的种植期和多茬管理作业特点，特别针对较小规模经营的需要，应基于高垄或高架行进的通用底盘和统一接口，开发各类作业模块，实现多种作业部件的模块化更换挂接，"一机多能"满足长种植期内多轮次频繁更换部件管理作业的需要。

3) 全电化

针对设施栽培的半封闭环境和草莓种植绿色无污染的要求，同时根据设施栽培的电力补充便捷性和避免风雨、暴晒、大温差等苛刻环境条件的优势，以及机身传动简化、小型化和低负载的需要和优势，大力发展易控和无尾气排放的全电动作业设备。

4) 轻简智能化

温室大棚的狭小空间和高架、高垄的狭窄通道，使小型化草莓管理作业装备难以应用传统的驾驶操控方式，可根据技术成熟度和生产实际需要，以高架间、垄上无人作业和一端遥控调头、中途便捷补粉、补苗、补药等极少量的人工介入有机结合，实现最少劳动力、最少强度的轻简操控作业。

参 考 文 献

[1] 罗学兵, 贺良明. 草莓的营养价值与保健功能 [J]. 中国食物与营养, 2011, 17(4): 74-76.

[2] Huang W Y , Zhang H C , Liu W X , et al. Survey of antioxidant capacity and phenolic composition of blueberry, blackberry, and strawberry in Nanjing[J]. Journal of Zhejiang University, 2012, 13(2): 94-102.

[3] 伊兴凯. 草莓优质高效栽培新技术 [M]. 合肥: 安徽科学技术出版社, 2015.

[4] 刘红晓. 大棚草莓栽培技术 [J]. 现代农业科技, 2008, (21): 59.

[5] 余娟. 滇中通海草莓高垄双行栽培技术 [J]. 中国园艺文摘, 2017, 33(11): 215.

[6] 宋红梅. 高垄栽培草莓产量高 [J]. 农民致富之友, 2009, (7): 6.

[7] 王立革, 焦晓燕, 韩雄, 等. 起垄高度对设施土壤温度、黄瓜根系生长及产量的影响 [J]. 山西农业科学, 2015, 43(11): 1450-1453.

[8] 金丽. 大连金普新区草莓高垄单行与高垄双行种植比较 [J]. 农家致富顾问, 2017, (6): 2.

[9] 刘小明, 陈兴明. 日本草莓高架栽培发展现状 [C]//第四次全国草莓研究会暨中国园艺学会草莓分会成立大会, 北京, 2001.

[10] 李国平, 吉沐祥, 霍恒志, 等. 草莓高架栽培技术研究 [J]. 中国园艺文摘, 2015, (7): 199-200.

[11] 王壮伟, 赵密珍, 吴伟民, 等. 不同品种草莓高架基质栽培研究 [J]. 园艺与种苗, 2014, (12): 1-4.

[12] 宗静, 刘宝文. 草莓双层高架栽培模式的气象条件分析 [J]. 北方园艺, 2015, 35(23): 58-61.

[13] 赵密珍, 王静, 王壮伟, 等. 世界草莓产业发展现状及江浙沪草莓产业可持续发展对策 [J]. 江苏农业科学, 2012, (2): 1-2.

[14] 崔思远, 肖体琼, 陈永生, 等. 江苏省设施草莓机械化生产现状与制约因素分析 [J]. 中国蔬菜, 2016, 1(9): 5-7.

[15] 李莉, 杨雷, 杨莉, 等. 两个适宜加工草莓新品系的选育 [C]//第七届中国草莓大会暨第八届中国草莓文化节, 北京, 2013.

[16] 项玉英, 陈跃军, 李海亮, 等. "红颊" 草莓穴盘育苗技术 [J]. 上海农业科技, 2014, (5): 80.

[17] Vegetable Growers News. Plastic aids strawberry growth in Kansas[EB/OL]. [2020-06-30]. https://vegetablegrowersnews.com/article/plastic-aids-strawberry-growth-in-kansas/.

[18] 徐丽明, 张铁中. 我国草莓生产作业机械的设计特点探讨 [J]. 中国农机化, 2006, (5): 4.

[19] McDermott L, Landers A. Designing a better sprayer for pesticide application in strawberries[J]. New York Fruit Quarterly, 2011, 19(4): 17-19.

[20] Flexidome—A shielded sprayer for weed control in soft fruit [EB/OL]. [2020-06-30]. https://www.microngroup.com/files/flexidome_v2.pdf.

[21] Charles D. Robots are trying to pick strawberries. So far, they are not very good at it [EB/OL]. [2020-06-30]. https://www.npr.org/sections/thesalt/2018/03/20/592857197/robots-are-trying-to-pick-strawberries-so-far-theyre-not-very-good-at-it.

[22] Vegetable Growers News. Machine makes it easier to pick strawberries [EB/OL]. [2020-06-30]. https://vegetablegrowersnews.com/article/machine-makes-it-easier-to-pick-strawberries/.

[23] Agrobot SW 6010 Strawberry Harvester[EB/OL]. [2020-06-30]. https://www.designitives.com/2013/06/agrobot-strawberry-harvester.html.

[24] E&T editorial staff. Strawberry-picking robots to gather fruit for Wimbledon fans [EB/OL]. [2020-06-30]. https://eandt.theiet.org/content/articles/2019/06/strawberry-picking-robots-to-gather-fruit-for-wimbledon-fans/.

[25] Revolutionary Time and Cost Savings[EB/OL]. [2020-06-30]. http://www.gkmachine.com/brochures/berry_transport_20161101.pdf.

[26] Kantharia R. The Strawberry picking Robot[EB/OL]. [2020-06-30]. https://walyou.com/blog/2010/12/15/strawberry-picking-robot/.

[27] Hornyak T. $ 50,000 Strawberry-picking robot to go on sale in Japan[EB/OL]. [2020-06-30]. https://www.cnet.com/news/50000-strawberry-picking-robot-to-go-on-sale-in-japan/.

[28] 8 秒摘一枚草莓日本公司展示售价 $ 5 万的采摘机器人 [EB/OL]. [2020-06-30]. https://www.cnbeta.com/articles/tech/254576.htm.

[29] Sankei Shimbun. Japan develops robot strawberry pickers to expand exports[EB/OL]. [2020-06-30].http://japan-forward.com/japan-develops-robot-strawberry-pickers-to-expand-exports/.

[30] Yorozu A, Ishigami G, Takahashi M. Ridge-Tracking for Strawberry Harvesting Support Robot According to Farmer's Behavior[C]//Field and Service Robotics. Singapore:

Springer, 2021: 235-245.

[31] 吴代林. 江宁区草莓生产机械化问题的分析及解决办法的探讨 [J]. 农业开发与装备, 2013, (2): 55.

[32] 于晓旭, 赵匀, 陈宝成, 等. 移栽机械发展现状与展望 [J]. 农业机械学报, 2014, 45(8): 44-53.

[33] 许春林, 吕志军, 辛亮, 等. 全自动草莓钵苗移栽机构优化设计与试验 [J]. 农业机械学报, 2019, 50(8): 97-106.

[34] 徐俐琴. 基于物联网技术草莓种植滴灌水肥一体化应用研究 [D]. 武汉: 华中师范大学, 2019.

[35] 冯青春, 郑文刚, 姜凯, 等. 高架栽培草莓采摘机器人系统设计 [J]. 农机化研究, 2012, 34(7): 122-126.

[36] 张凯良, 杨丽, 王粮局, 等. 高架草莓采摘机器人设计与试验 [J]. 农业机械学报, 2012, (9): 171-178.

[37] 张曼. 草莓采摘机器人远-近景组合视觉系统设计 [D]. 咸阳: 西北农林科技大学, 2018.

第二章 草莓的特性与温室栽培农艺特点

第一节 草莓的植物学特征

一、草莓植株

草莓是多年生常绿草本植物，植株矮小，呈半匍匐或直立丛状生长，高 20~30cm。完整草莓植株分为地下部和地上部两部分，由根、茎、叶、花、果实、种子组成 (图 2.1)。根、茎、叶为营养器官，花、果实、种子为生殖器官。草莓苗当年形成花芽，结果早，盛果年龄为 2~3 年。

(一) 茎

草莓茎很短，分为新茎、根状茎和匍匐茎 3 种 (图 2.2)。在短缩茎上密生着叶片，短缩茎顶端开花结果。匍匐茎上产生匍匐茎苗。

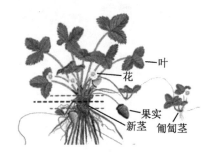

图 2.1 草莓植株结构

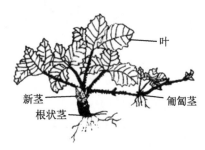

图 2.2 草莓的茎

1. 新茎
草莓植株的中心生长轴为短缩茎，当年萌发的短缩茎叫新茎，一般呈"弓背形"，花序均发生在弓背方向，栽植时根据这一特性确定定植方向。新茎节间较短，其加长生长缓慢、加粗生长旺盛。

2. 根状茎
草莓根状茎是短缩茎的根部，在第二年，当新茎上的叶全部枯死脱落后，形成外形似根的根状茎，根状茎是草莓多年生的茎，是一种具有节和年轮的地下茎，是储藏营养的器官。

3. 匍匐茎

草莓匍匐茎是由新茎腋芽萌发形成的特殊地上茎，茎细、节间长，也是草莓的营养繁殖器官。匍匐茎一般在坐果后期开始抽生，在花序下部新茎叶腋处先产生叶片，然后出现第一个匍匐茎，开始向上生长，长到叶面高度，逐渐垂向株丛少、光照充足的地方，沿着地面匍匐生长。多数品种草莓的匍匐茎，先在第二节处向上发生新叶，向下形成不定根，当接触湿润土壤后即扎入土中，形成一株匍匐茎苗。随后在第四、第六等偶数节继续形成匍匐茎苗。在营养条件正常的情况下，一条先期抽出的匍匐茎，能继续延伸形成 3~5 株匍匐茎苗。一般在 20d 左右苗可独立成活，长成新的植株。

大量抽生匍匐茎的时期一般在浆果采收后。而浆果采收前抽生的少量匍匐茎，多由未开花的株丛上抽生。草莓利用匍匐茎能较快获得营养繁殖苗，这为工厂化育苗提供了条件。

（二）叶

成熟期草莓一般有 6~8 个叶柄，叶柄细长，一般为 144~249mm，并着生绒毛，叶柄与新茎相连部分着生 2 片托叶，其顶部呈螺旋状着生三个椭圆形叶片，叶长 44~71mm，草莓叶子为基生三出复叶，叶宽 33~51mm，新生叶片先竖直向上生长，后期则开始下垂向四周延伸生长，因此叶片在竖直空间分布上，呈现分层现象，且上层叶片较多，下层较少，上下层叠遮挡，冠层浓密郁闭。

在正常情况下，每株草莓间隔 8~12d 发生 1 片叶子，一年内能产生 20~30 片叶子，在草莓生长过程中可通过摘除老叶，以减少其呼吸消耗和病害发生，并促进花芽分化。

（三）花

草莓花序为二歧聚伞花序（图 2.3），单株草莓一般可抽生花序 2~8 个，每个花序着生 10~30 朵花。花序顶端发育成花后停止生长，称为一级序花，在该花苞片间生出 2 个等长的花柄，形成二级序花，依次类推，形成三级序花、四级序花等。在同一花序上，各小花的发育程度不同，开花时期、果实大小和成熟期都不一样。

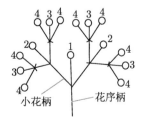

图 2.3 草莓花序示意图

草莓花多为两性花，一般有 5~8 个花瓣，雄蕊和雌蕊在同一朵花上，雄蕊一般有 30~40 个，雌蕊离生，螺旋状排列在花托上。草莓的花很特别，看起来是一朵花，实际上是 100 多个花序。

（四）　果

草莓的果实为聚合果，在果树园艺学上称为浆果。果肉是由花托膨大变成的，果面分布着许多小型瘦果，通常称为种子。果实柔软多汁，形状有圆锥形、长圆锥形、短圆锥形、圆球形、扁圆形、楔形等。果实大小因品种差异而不同，以第一次收获的一级序果最大。

二、草莓秧苗

（一）　裸根苗

我国草莓种植大多采用裸根苗（图 2.4）。裸根苗的优点是重量小，包装运输方便，价格便宜，且后期根系发达，不容易出现早衰。缺点是缓苗期较长，缓苗一般需要 10~15 天，缓得不好会产生死苗或者延长缓苗期；裸根苗在土壤中培育，容易携带病菌，生产上要做好土壤严格消毒。

图 2.4　草莓裸根苗

（二）　钵苗

钵苗取下小方盒，就是很好的基质和苗，不要洗根，把根部的土稍稍松散下，防止窝根。新叶是否立挺是判断能不能直接晒太阳的标准。只要新叶立挺，就可以大胆地晒，如果晒蔫了就需要遮阴处理或者移到阴凉的地方，在叶面上稍微喷一点水。钵苗的缺点是价格较高。

(三)　穴盘苗

草莓的育苗方式为利用植株抽生出匍匐茎来形成子株,采用穴盘育苗有助于草莓苗的根系发育,提高草莓的栽培质量,已经得到逐步推广[1](图 2.5)。草莓穴盘苗的幼苗是将匍匐茎扦插到穴盘基质中,由于扦插的匍匐茎植株较大,一般采用 32 孔 110mm 深的育苗盘育苗。

图 2.5　草莓穴盘苗

目前普遍采用设施促成栽培的冬草莓生产方式,育苗期长,移栽苗龄达到 50~70d,从而促使子苗生长健壮,每株含 4~5 片功能叶,可满足冬季发育和坐果的需要。

基质穴盘苗因为不用土壤做基质,因此不会携带土壤中可能有的病虫害,而且基质的营养充足,根系生长得好,这样苗的抵抗力也能好,才能更好地吸收其他的营养物质。基质穴盘苗的成活率高 (≥95%),可长途运输,其根系和叶子不会脱水,栽下 3 天就可以长新根,不用缓苗,比普通裸苗早成熟 15 天,基本不用补苗,产量高而品质优。同时,草莓穴盘苗苗坨大小一致、质量相等,苗株的株高、冠层展幅相近,穴盘苗的规格已经趋于标准化,能与各种手动或者自动移栽机械配合,因此选用草莓穴盘苗能更好地满足移栽作业需求,实现规范化栽植。

第二节　草莓的物理特性

一、草莓穴盘苗的物理特性试验

(一)　材料与方法

1. 材料和设备

试验用草莓穴盘苗由江苏省农业科学院提供,品种为"宁玉",苗龄控制在 90 天,以满足冬季发育和坐果的需要。育苗穴盘采用 4×8 的 32 孔穴盘,整体长 × 宽尺寸为 540mm×240mm,穴孔上、下口径边长分别为 60mm 和 24mm。育苗基质为草炭、蛭石、珍珠岩按照 3∶2∶1 均匀混合而成，孔隙率为 25%，持水空隙体积分数为 50%。

2. 试验方法

对穴盘苗株高的测量方法是用卷尺测量穴盘上表面到最高叶片的垂直距离；对穴盘冠层直径的测量方法是用卷尺测量草莓不同叶柄上叶片边缘间的最大水平距离；对草莓穴盘苗的叶面积的测量方法是将整株的叶子从叶柄上摘下，放在叶面积指数仪的塑料纸下方，用红外测试头慢速扫描；对苗坨根系状况的测定方法是将穴盘苗拔出后，去土观察根系发育、包络情况。

(二)　试验结果与分析

1. 草莓穴盘苗植株形态特征

对 5 盘穴盘苗的株高、冠层直径进行统计，结果如图 2.6 所示，80% 以上的植株冠层直径范围在 11~18cm；随机选择株高展幅发育良好的草莓苗 8 株，其叶柄数为 4~5 个，如表 2.1 所示，叶面积在 130.4~143.4cm^2 之间。

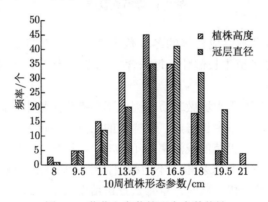

图 2.6　草莓穴盘苗的形态参数统计

表 2.1　草莓叶面积测量结果

编号	1	2	3	4	5	6	7	8
叶柄/个	4	4	5	4	5	4	4	4
叶片/个	12	12	15	12	15	12	12	12
叶面积/cm^2	130.4	134.1	143.4	138.5	142.8	137.3	135.5	132.9

草莓苗的育苗周期长达 8 周，株高约 160mm，叶片展幅约 150mm。与其他苗龄只有 20~40d 的移栽期蔬菜穴盘苗形态参数 (表 2.2) 相比较可以得出，草莓穴盘苗与黄瓜、番茄、辣椒等蔬菜穴盘苗相比，生长周期是其他种类的 2~4 倍，叶柄数多，叶片数多，植株高，多个叶柄形成了较大冠层面积，具有"大苗"特征。

表 2.2 草莓与其他蔬菜穴盘苗的形态参数比较

作物种类	苗龄/d	叶柄数/个	叶片数/个	株高/mm	展幅/mm
生菜[2]	24	1	4	42	30
黄瓜[3]	22	1	3	42	106.4
番茄[4]	39	1	5~6	93.1	83.7
辣椒[5]	42	1	6~7	167.2	120
草莓	90	4	12	160	150

2. 草莓穴盘苗苗坨的形态特征

草莓苗根系发达，草莓的完整穴盘苗苗坨和去土的根系状态如图 2.7 所示，草莓穴盘苗根长约达 100mm，根系组织由上到下逐渐减少，呈现较好的整体性。根系在基质中穿插、缠绕、包络，形成良好的基质-根系结合体。

(a) 苗坨整体形态　　(b) 草莓穴盘苗的形态

图 2.7 草莓穴盘苗苗坨与苗株形态

3. 草莓穴盘苗弓背特征

草莓幼苗弓背特征如图 2.7(b) 所示，花序从弓背伸出，移栽到高畦垄或高架栽培后要求弓背方向朝向垄沟或架外，使草莓果实避免接触到地表或者高架，以保证草莓品质和便于收获。

二、草莓叶柄的物理特性试验

(一) 材料与方法

试验在江苏大学现代农业装备与技术教育部重点实验室进行，室温 24℃。选择江苏省农科院培育的"宁玉"品种草莓植株叶柄进行试验，为防止叶柄失水而影响试验结果，提前将试验用叶柄标号后放在常温水中保鲜待用。试验时，将准备好的 31 个草莓叶柄依次取出，用数显游标卡尺分别测量叶柄的长度和上、中、下 3 处的直径并记录，计算上、中、下 3 处直径的平均值作为叶柄直径(图 2.8)。

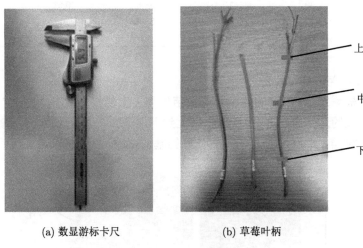

(a) 数显游标卡尺　　　　　　　(b) 草莓叶柄

图 2.8　试验材料

(二)　试验结果与分析

经对所测数据进行统计分析可得叶柄长度范围为 126~246mm，其中 78% 分布在 150~200mm；叶柄直径为 1.76~3.25mm，其中 84% 分布在 1.5~3.0mm。从图 2.9 看出，叶柄长度和叶柄直径分布图总体趋势一致，即叶柄长度和直径近似呈正相关。

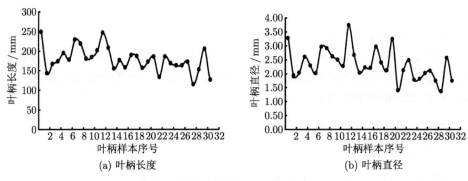

(a) 叶柄长度　　　　　　　　　(b) 叶柄直径

图 2.9　草莓叶柄长度和直径统计结果

第三节　草莓的力学特性

一、草莓穴盘苗的力学特性试验

(一)　试验材料与设备

为分析草莓穴盘苗苗坨在不同含水率区间的力学特性差别,将试验按照含水率水平分为两组,利用烘干法测得低水平组含水率为 40.65%~44.84%,高水平组含水率为 65.41%~69.17%。

由于草莓大苗坨长度和质量分别达到 100mm 和 90~120g,且根系发达,为保证顺利入土、减少对根系的伤害的同时提供足够的拔苗力,设计了 2mm 厚不锈钢材质的单指双针取苗指结构 (图 2.10)。将 DESIK 数显式推拉力计 (量程 100N,精度 0.01N) 竖直固定于直线模组 (上银 CS150-1000) 的滑台上,并通过 PLC 控制器 (三菱 FX2N) 进行竖直速度与加速度的设定。

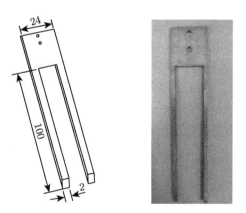

图 2.10　取苗指结构 (单位：mm)

(二)　试验方法

1. 苗坨单指刺入阻力特性试验

入土阻力体现取苗指在一定速度下插入苗坨的阻力与位移的关系,反映了基质-根系的复合体的硬度。

试验平台由三菱 PLC(FX2N)、直线模组 (HIWIN CS150-1000)、400W 伺服电机 (松下 MHMD042G1U)、DESIK 数显式推拉力计等组成。为测量取苗指刺入苗坨受到的阻力,将单取苗指固定在 DESIK 推拉力计的连接头上,直线模组带动推拉力计和取苗指竖直向下刺入草莓穴盘苗苗坨 (图 2.11)。通过 PLC 控制器分别设定滑台直线速度为 50mm/s、100mm/s、200mm/s,模组驱动取苗指垂直向下插入苗坨,插入深度为 100mm,推拉力计测量和记录力的变化。每组试验重复测量 10 次。

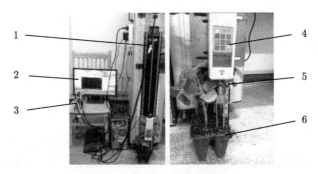

图 2.11 刺入阻力试验现场图

1. 直线模组;2. 推拉力计测量软件;3. 伺服器;4. 推拉力计;5. 取苗指;6. 穴盘苗

2. 苗坨拔苗力学特性试验

为测试将草莓苗整体拔出穴盘的力学规律和观察拔苗出盘过程中苗坨的状态,将草莓苗茎秆的底端用电工塑料胶带束紧包裹,用固定在推拉力计连接头上的 F0053 夹头夹紧柔性材料和茎秆 (图 2.12),直线模组带动草莓苗分别以加速度 0.05m/s^2、0.2m/s^2、0.8m/s^2 向上拔苗,拔苗位移为 50mm,由推拉力计实时测量和记录拔苗阻力的变化。每一加速度下分别随机选择 10 株健康苗进行夹茎拔苗试验。每组试验重复进行 10 次。

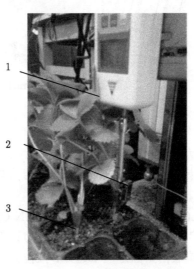

图 2.12 夹茎拔苗阻力测试示意图

1. 推拉力计;2. F0053 夹具;3. 穴盘苗

3. 约束苗坨的双指夹拔破坏试验

为判断草莓苗坨强度所许可施加的最大取苗针夹拔力,将取苗针驱动装置固定在数显式推拉力计的测试头上,驱动两取苗针沿 15° 斜插入苗坨,插入深度约 50mm。约束苗坨和穴盘上表面,由直线模组带动取苗针分别以加速度 0.05m/s²、0.2m/s²、0.8m/s² 夹拔苗坨上升,直至取苗针从苗坨内脱出 (图 2.13)。推拉力计测量和记录约束夹拔力的变化。每组试验重复进行 10 次。

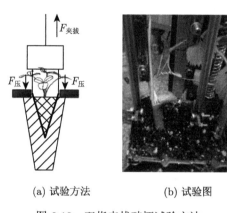

(a) 试验方法　　　　　　　(b) 试验图

图 2.13　双指夹拔破坏试验方法

(三)　试验结果与分析

1. 草莓苗坨的单指刺入阻力-位移规律

刺入阻力反映了苗坨的土壤硬度及根须盘绕后苗坨整体强度等。高含水率组在 50mm/s、100mm/s、200mm/s 速度下,入土阻力值分别是 13.44N、30.75N、45.53N;低含水率组在对应的 3 种速度下,入土阻力值分别为 21.82N、37.49N、57.09N(图 2.14)。两种含水率情况下,入土阻力值均随着速度的增加而增大,低含水率情况下,入土阻力的增长幅度更大,在相同速度下低含水率苗坨的入土阻力更大。

Kang 等测得 4 种指型对生菜苗坨的入土 30mm 深度时最大阻力为 14~22N[5]。梁喜凤等测得 80% 质量含水率的入土 20mm 的静态最大单指刺入力为 5~12N[6]。相比小穴盘的入土阻力,草莓苗坨的入土阻力大 1~2 倍,反映了草莓苗坨长、取苗指取苗刺入深度大,且苗坨根系更发达造成对取苗指刺入更大的阻碍作用。

2. 夹茎拔苗阻力-位移规律

夹茎拔苗阻力是苗坨与穴孔侧壁、底面间黏附力和自身重力的综合体现。由于根系包络良好,试验中苗坨能被整体拔出,未出现苗坨断裂、破碎的情况。图 2.15 中,在 0.8m/s²、0.2m/s²、0.05m/s² 加速度下,高含水率组的夹茎拔苗阻力峰值分别为 9.64N、7.53N、5.67N,低含水率组则分别为 6.76N、5.32N、3.71N。

同含水率组内夹茎拔苗阻力最大值与加速度呈正相关，高含水率组夹茎拔苗阻力大于低含水率组，拔苗时苗坨与穴孔壁的黏附距离为 0~15mm，其后夹茎拔苗阻力主要来自苗坨的质量。人工移栽时，亦通常在移栽前 24h 停止浇水，以易于拔出苗坨。

由于草莓苗坨长、质量大、与穴孔壁的接触面积大，其最大夹茎拔苗阻力比韩绿化[7]、韦康成[8] 分别测定的 22d 苗龄、54.21%~60.47%含水率的黄瓜穴盘苗和 25d 苗龄、61.20%~79.24%含水率的黄瓜苗最大拔苗阻力大 1~3 倍。

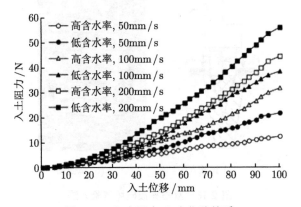

图 2.14　入土阻力-入土位移关系

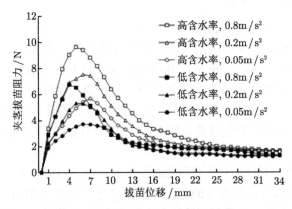

图 2.15　夹茎拔苗阻力与拔苗位移曲线

3. 有约束苗坨的双指夹拔力-位移规律

现有夹拔力测试方法仅能反映苗坨与穴孔侧壁、底面间的黏附力。而约束苗坨的拔苗破坏试验是在苗坨被取苗指夹持后人工固定苗坨上表面，然后取苗指强力向上拔出并破坏苗坨的试验，测量在一定速度下拔苗破坏力与位移的关系，是取苗针结构尺寸、入土深度与角度和苗坨强度的综合反映。拔苗破坏力反映了苗坨复合体的强度，即苗坨强度能许可的最大夹拔力。显然，只有该约束夹拔力超过夹茎拔苗阻力时，苗坨才可能被顺利地从穴孔中夹持拔出。

试验中双指形成锥形向上移动，指面与苗坨接触面间的挤压力不断增大，苗坨内产生指面夹持部位的挤压变形和与相邻区域间的剪切变形，直至指针从苗坨中滑脱出。如图 2.16 所示，指针滑脱后，在苗坨表面形成 4 个孔洞，但苗坨中心区域由于根系发达而未被破坏。

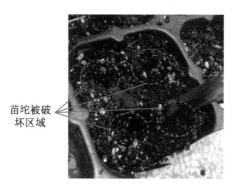

苗坨被破坏区域

图 2.16　苗坨被约束夹持破坏表面

图 2.17 中，在距离苗坨上表面大约 10mm 位置时约束夹拔力达到最大，在 $0.05m/s^2$、$0.2m/s^2$、$0.8m/s^2$ 加速度下，高含水率组苗坨的有约束夹拔力峰值分别为 23.51N、26.5N、31.1N，低含水率组则分别为 28.7N、33.8N、42.5N。有约束夹拔力与加速度呈正相关，且低含水率组的拔苗力要大于高含水率组，表明低含水率组苗坨能够提供更大的约束夹拔力。将拔苗阻力与约束夹拔力进行比较，低含水率下苗坨易于被拔出穴盘，且苗坨能承受的破坏力亦更大，因而低含水率组更适用于苗坨的移栽作业。

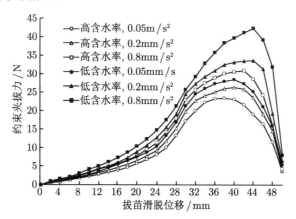

图 2.17　约束夹拔力与拔苗滑脱位移曲线

从约束夹拔力与取苗指滑脱位移变化曲线中看出，在 10~20mm 的滑脱位移时，约束夹拔力开始超过夹茎拔苗阻力，而滑脱位移继续增加尽管可获得更大的约束夹拔力，但移栽作业中将导致夹持不稳定、放苗出现定位的不可控和直立度误差过大。

二、草莓叶柄的力学特性试验

(一)　材料与方法

选择与草莓植株的叶柄物理特性测量相同的叶柄试验对象，随机选取 5 根叶柄，进行简支梁弯曲试验 (图 2.18)，根据叶柄上的标签号，查找试验所测叶柄长度和直径并记录。试验仪器为 TA.XTplus 型质地分析仪，试验时用测头在叶柄轴左、中、右端分别竖直加载，取 3 处测量数据的平均值为该叶柄的测量值，以 1.5mm/s 的初速度缓慢加载，直至载荷达到 1N 并保持 10s，将所测数据分类保存并分析结果。

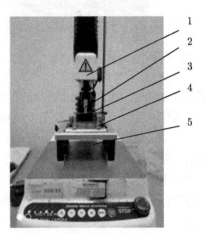

图 2.18　草莓叶柄力学特性试验
1. 加长杆；2. 测头；3. 叶柄；4. 支撑件；5. 载物台

(二)　试验结果与分析

试验过程加载力变化如图 2.19(a) 所示，当曲线达到峰值时，即为加载力达到设定值 2N，此时叶柄形变将达到最大挠度，草莓叶柄挠度变化如图 2.19(b) 所示，其中叶柄挠度变化范围主要分布在 10.8~14.1mm，且在 12mm 上下浮动。

叶柄的弯曲弹性模量 $E_t^{[9]}$ 为

$$E_t = \frac{F_t L_t^3}{48 I \gamma} \tag{2.1}$$

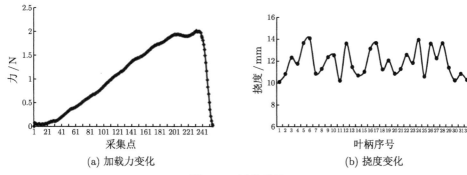

(a) 加载力变化　　　　　　　　(b) 挠度变化

图 2.19　试验结果

$$I = \frac{\pi D^4}{64} \tag{2.2}$$

式中，F_t 为主穗轴中部集中载荷，试验设定为 1N；L_t 为支撑件间距，试验设定为 100mm；I 为惯性矩，mm^4；γ 为主穗轴挠度，mm；D 为主穗轴截面直径，mm。

将试验的数据代入式 (2.1)、式 (2.2)，得到叶柄弯曲弹性模量统计结果如表 2.3 所示。

表 2.3　草莓叶柄弯曲弹性模量统计

样本数	截面直径/mm	挠度/mm	弹性模量/MPa
32	2.8~3.4	10.8~14.1	225.2~638.7

第四节　草莓的长季节栽培

草莓生长周期短，是定植后结果最早、见效最快的水果之一，促成栽培的草莓果实采收期可提早到定植当年的 11 月，采收结束期延至第二年的 4~5 月，连续采收上市达半年，生产经济效益十分显著。同时，从草莓秧苗定植到采收完成的生长周期长达 7~8 个月，从定植、授粉、打叶到收获采摘的作业环节众多，多茬轮替作业，投入的用工量极大，机械化作业的需求极为迫切。

第五节　温室草莓栽培的环境特征

一、高垄草莓栽培

(一)　草莓温室大棚

草莓通常于 9 月初进行种植，冬、春季成熟收获，设施栽培是我国草莓种植的主要方式，且目前我国草莓种植以散户居多，对设施的成本造价较为敏感，目前仍以圆拱形插地棚 (图 2.20)、日光暖棚等为主，连栋大棚 (图 2.21)、钢架大棚等造价较高,但发展迅速。

图 2.20   圆拱形插地棚   图 2.21   连栋大棚

作者分别对镇江市左湖村草莓种植散户、江苏省农科院溧水草莓基地和金坛区一号农场草莓种植棚进行了现场调研。江苏省农科院溧水草莓基地和金坛区一号农场均采用连栋温室,室内高度在 3~4m,推拉门宽 2.3m、高 2.5m。镇江市左湖村草莓种植散户采用圆拱形插地棚。同时,我国的华东地区因为冬天气温过低,尤其夜间田间气温易跌破 0℃,单层塑料拱棚不足以实现草莓棚内的保温保湿,通常棚内再架设一套不锈钢内棚框架,并铺设大棚膜。因此大棚内部空间将被进一步压缩,为下一步机械化设备的研发提出了更为苛刻的要求。按标准大棚规格,其宽度可分为 6m、8m、10m,棚顶距地分别为 2.6m、2.8m、3.0m 三类,但拱棚边缘高度仅有 1.8m,仅能满足人直立行走,拱棚长度方向大多在 50~100m,棚内空间较为低矮狭小。

(二) 垄体规格

高垄种植,垄体高有利于草莓根系的生长,同时草莓生长结果后,果实可悬挂于高垄侧壁,避免草莓果实贴近地面,造成病虫灾害,也可方便莓农在垄间行走和果实采摘。以"宁玉"草莓为例,标准的垄体规格为垄宽连沟 100cm,垄高 35cm,垄面宽 60cm(图 2.22)。在实际种植起垄过程中,各个莓农也会结合草莓品种和场地规格进行调整。作者分别调研了镇江市左湖村草莓种植散户、江苏省农科院溧水草莓基地和金坛区一号农场草莓种植棚的起垄规格,发现各个种植点的起垄规格差异较大,如图 2.23 所示。

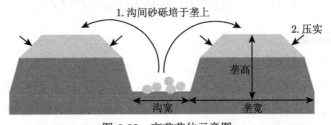

图 2.22   高垄垄体示意图

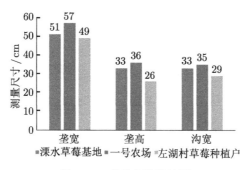

图 2.23 垄体参数统计图

左湖村草莓高垄的调研参数如表 2.4 所示。综合各地的调研结果，草莓起垄规格变化较大，垄宽范围在 45~52cm，沟宽范围在 24~33cm，垄高范围在 21.4~31cm，其垄高、垄宽远超普通垄田、畦田。同时由于人工修葺垄壁，造成垄形的一定差异，其垄角的变化范围在 98° ~ 138°。

表 2.4 左湖村高垄调研参数

序号	垄高/cm	沟宽/cm	垄宽/cm	沟底深/cm	沟底角度/(°)	培土高/cm	培土角度/(°)
1	23	27	51	15	107	8	138
2	24.2	30	50	15	104	9.2	135
3	21.4	24	52	14.5	108	6.9	134
4	25.5	26	48	17	105	8.5	135
5	27	33	51	18.5	109	8.5	137
6	25.5	31	50	15.5	105	10	133
7	25.4	26	52	16.7	98	8.7	136
8	27.5	32	46	18	105	9.5	131
9	26.8	32	48	16.5	116	10.3	134
10	31	33	49	17.5	105	13.5	126
11	28.5	31	45	18.5	98	10	130
12	26.5	26	49	16.5	108	10	136
平均值	26.03	29.25	49.25	16.6	105.67	9.43	133.75

二、高架草莓栽培

(一) 现场调研

对江苏省农科院溧水植物科学基地 (南京市溧水区白马镇)、江苏省农科院草莓示范基地 (南京市玄武区)、江苏一号农场科技股份有限公司 (常州市金坛区仙姑村) 的大棚高架设施进行实地调查，对高架设施的结构、环境参数进行了测量和统计 (图 2.24)。环境参数有大棚长度、相邻两排高架间距、水泥过道宽度、高架高度、大棚边缘肩高、栽培槽内宽等。各个参数每隔 1m 用卷尺进行一次取样测量，测量工具为卷尺，精度 0.1mm。

图 2.24　草莓与高架尺寸调研

（二）　调研结果

1. 栽培高架类型与材料

草莓高架栽培是将草莓从地面抬升至半空的栽培方法。日本等发达国家从 20 世纪 80 年代开始研发，90 年代开始在生产中推广。十几年来，我国陆续引进并研发适合我国国情的草莓高架栽培模式，并快速在生产中推广应用。

生产中，连续栽培床高架设施有 W 形、U 形和双层等不同结构形式，高架栽培床通常以栽培槽和栽培袋两种方式出现，通常由成型泡沫板、无纺布或塑料膜等铺设成宽 300~400mm 的 W 形或宽约 200mm 的 U 形栽培槽[10]。

2. 栽培高架规格

由于架台、栽培床的结构、构造材料以及建造面积等不同，因此各地设计安装的高架栽培床尺寸有所差异。由于建设误差的存在，同一棚室内不同高架栽培床之间也会存在竖直和水平方向上的尺寸波动。

草莓高架栽培床一般由不锈钢管搭建而成，高度在 800~1200mm，不同地区的高度相差高达 400mm，同一棚室内的高度偏差也达到 80mm。高架槽宽的地区差异和个体差异均较小，槽宽偏差为 0~10mm。高架栽培床的长度可依照温室大棚的长度合理设计，一般为 30~50m。通过统计得知，架间过道宽度在 64.5~67.5cm，相邻架间的距离为 68.2~74.1cm，过道宽度稍小于高架外侧间距，高架的整体高度区间为 86.8~94.2cm；大棚边缘肩高的平均竖直高度为 151.03cm；高架设施的各项参数均有一定误差范围，要求各类管理作业装备具有一定的高架环境偏差适应能力（图 2.25~ 图 2.27）。

3. 高架间廊道特征

1）路面形式

因不同用户对通道形式和建设成本的不同要求，高架通道路面有不同形式，主要分为土质路面、水泥路面和砖砌路面（图 2.28）。其中水泥路面和砖砌路面较为平整，成本较高，土质路面表面只简单覆盖了一层防潮布，成本较低，其路面较软且凹凸不平。考虑建设成本问题，通道路面大部分都是土质路面，这也对施药机行走机构的设计提出了挑战。

图 2.25　栽培高架 (单位：cm)

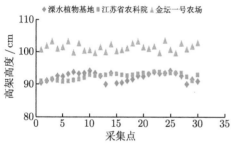

图 2.26　温室高架高度

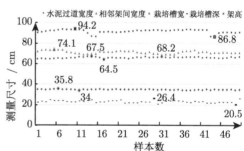

图 2.27　高架环境参数散点图

(a) 土质路面

(b) 水泥路面

(c) 砖砌路面

图 2.28　高架通道路面形式

2) 尺寸

不同地方高架间的行走通道差异较大,即便是同一棚室内,为考虑棚内高架整体布局的合理性,不同高架通道宽度也存在较大差异。据实地调研,江苏省农科院的高架通道宽为 701~942mm,溧水植物科学基地的高架通道宽为 682~730mm,金坛一号农场的高架通道宽为 715~923mm。其中江苏省农科院和金坛一号农场的高架通道宽度偏差较大，为 0~241mm，而溧水植物科学基地的高架通道宽度偏差较小，为 0~52mm(图 2.29)。

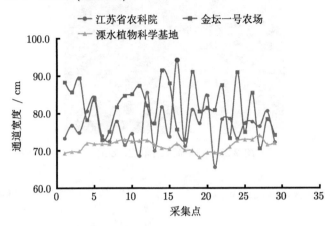

图 2.29　温室高架间通道宽度

第六节　温室草莓栽培的农艺特点

一、土壤、基质管理

(一) 起垄

草莓连续种植时，一般会先进行土壤消毒。在前茬生产结束后，及时清除草莓前茬植株，并进行土壤深翻。如草莓前茬是温室大棚设施生产，应密封棚膜连续 1 周 (至少有连续 3 天的晴天)，以杀死前茬植株以及植株上和地表的病原菌。然后去除棚膜，将前茬病残株捡走集中销毁，再次深翻。7、8 月份时，利用夏季高温进行土壤消毒。

在草莓起垄前，先在土面上施入肥料，保证起垄后草莓秧苗后续生长健壮有力。然后按生产农艺打灰线，以灰线为导向开沟作垄，最后再人工修葺垄形，完成起垄流程，具体过程如图 2.30 所示。

(二) 基质摊铺

高架栽培生产中，通常基质在温室外进行混配或堆积发酵，摊铺中需由人力依次完成"①棚外装料 → ②沿廊道向架间运送 →③提举上料 →④将基质倒入高架栽培床 →⑤手工摊平"等多个环节 (图 2.31)。

以每次装袋运送 30L 基质计算，每亩[①]高架需人工重复流程 400 次左右，意味着工人将累计负重运输 8km 甚至更长，并完成 400 次左右的装、举、倒、摊和

---

① 1 亩 ≈666.7m²。

累计 8km 的返程。因此，人工作业的路径长，过程复杂，难度高，强度极大。基质摊铺的机械化作业成为推动高架栽培快速发展的客观要求。

　　(a) 打灰线　　　　　　(b) 施有机肥　　　　　　(c) 起垄　　　　　(d) 人工修葺垄形

图 2.30　起垄流程

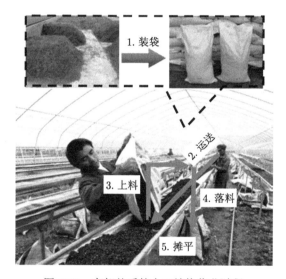

图 2.31　高架基质的人工填换作业过程

二、移栽

(一)　草莓苗对高垄的移栽

　　大棚内起垄后，为实现适度密植和充分利用高垄垄高、垄宽的形貌优势，在草莓生产中，通常采用双行栽植这一方式 (图 2.32)。

　　实际作业过程中，莓农多采用大水漫灌方式，仅露出垄顶部分，也有采用滴灌带或雾化微喷头进行垄土的充分润湿，定植的草莓苗可分为裸根苗、穴盘苗两类，每垄双行，以行距 20~25cm、株距 16~18cm，在高垄上表面沿垄中心线对称挖穴，将苗坨塞入穴中并压紧，其叶鞘基部与垄面持平或略低于垄面。

移栽时，草莓的弓背严格朝向沟侧，实现结果后果实悬挂于沟侧垄壁上，便于通风、管理和采收，若弓背朝内，草莓果实易埋入土中，产生虫害和霉病。

定植全过程中，莓农需要脚穿雨靴，行走在宽度仅有 30cm 左右的狭长垄沟中，沟内空间难以蹲俯，要长时间保持 90° 以上的角度弯腰进行作业，该方式对莓农身体损伤极大。同时草莓定植期一般仅有半个月，每亩定植数量在 6500~7500 株，单人的种植效率仅为 150~300 株/h，且草莓秧苗尤其是裸根苗不耐储存，9 月初气温较高、光照较强，一般秧苗挖出后需在 1~2d 内种下，否则易出现死苗。作业周期紧、劳动强度大、消耗大量劳工是草莓移栽的难点。

图 2.32 草莓种植现状和效果

栽前要剪除老叶、病叶、匍匐茎，剔除小苗、病弱苗和根系损伤严重的苗。一般每畦栽两行，栽植深度满足"深不埋心，浅不露根"。栽植时应注意将苗的弓背向沟道一侧，使花序着生在同一方向，一穴一株，随起苗随栽植，栽后立即浇透水，以后 2~3 天内每天早晚各浇水一次，使土壤保持湿润状态。

(二) 草莓苗对高架的移栽

人工将草莓苗向高架栽培床移栽时 (图 2.33，图 2.34)，需配备多个人力，陆续完成秧苗从育苗棚向生产高架上的搬运、秧苗在高架上的间隔摆放、用手或铲子在高架床的基质上打孔、取秧苗向孔内定植等多个操作，作业费时费力，且难以保证直立度、苗距、行距和直线度，对成活率和后续机械化管理带来不利影响。因此，机械化移栽已成为草莓生产的现实需要。

| (a) 运苗 | (b) 摆苗 | (c) 打孔 | (d) 定植 |

图 2.33 高架草莓苗的人工移栽流程

图 2.34 不同种植户的高架草莓苗人工移栽

三、施药

(一) 草莓病虫害

大棚高架草莓从生长到结束一般需要 260 天左右。由于温室大棚内温度高、湿度大，加之草莓本身易感病害的特点，在整个生长过程中草莓容易产生各种病虫害。草莓设施栽培常见的病害主要有灰霉病、白粉病、炭疽病等，其主要感染草莓的叶和果[11,12]。草莓设施栽培常见虫害主要有红蜘蛛、蚜虫和盲椿象等，多以刺伤草莓的嫩叶和幼果为主，破坏叶绿体，影响光合作用或造成果实畸形，进而影响果实品质[13]。

1. 灰霉病

草莓灰霉病 (图 2.35) 是典型的低温高湿型病害，由真菌半知菌亚门灰葡萄孢菌侵染所致，病菌喜温暖潮湿环境，发病最适宜温度条件为 18~25℃，相对湿度 90% 以上，保护地栽培比露地栽培的草莓发病更早、更重。阴雨连绵、灌水过度、种植密度过大等条件，易导致草莓灰霉病的严重发生。

图 2.35 灰霉病

灰霉病是我国草莓产区普遍发生的主要病害之一，也是最危险的病害之一，会导致果实腐烂，表面产生浓密的灰色霉层，造成严重减产。

2. 白粉病

草莓白粉病 (图 2.36) 是保护地栽培中的重病害，是由真菌子囊菌亚门单囊壳属的羽衣草单囊壳菌侵染所致，主要危害叶、叶柄、花、花梗和果实，病菌侵染的最适宜温度为 15~25℃，相对湿度 80% 以上。保护地栽培比露地栽培的发病早、危害时间长、受害重。栽植密度过大、通风透光条件差易导致白粉病的加重发生。

图 2.36　白粉病

叶片发病后，叶片产生白色粉状物并萎缩、焦枯，花蕊受害后幼果不能正常膨大。后期受害，则果面覆有一层白粉，失去光泽并硬化，着色缓慢而失去商品价值。

3. 炭疽病

炭疽病 (图 2.37) 主要发生在育苗期和定植初期，由真菌半知菌亚门毛盘孢属炭疽菌侵染所致，主要危害匍匐茎、叶柄、叶片、托叶、花瓣、花萼和果实。炭疽病是典型的高温高湿型病害，病菌侵染最适宜温度为 28~32℃，相对湿度 90% 以上，高温多雨季节此病盛发，一般从 7 月中旬到 9 月底发病，可延续到 10 月。

图 2.37　炭疽病

植株受害，可造成局部病斑和全株萎蔫枯死。浆果受害，产生近圆形病斑，淡褐至暗褐色，软腐状并凹陷，后期也可长出肉红色黏质孢子堆。

（二）草莓施药制度

病虫害对草莓产量和品质影响巨大，因此需要在草莓的整个生长周期内进行频繁施药。通过向江苏省农科院果树研究所草莓研究室专家咨询，获得了高架草莓病虫害及防治制度表 (表 2.5)。目前，生产中通常在每茬草莓采收间隙，采用背负式施药器和高压手推打药机等机具进行多茬频繁施药作业。

表 2.5　草莓病虫害及防治制度表

生长期	主要病虫害	药剂名称	施药时间
9 月	炭疽病	咪鲜胺、凯润、速克灵	每周施药 1 次
	红蜘蛛、白蜘蛛	扫螨净、尼索朗、苯丁锡	
10 月		BB RSR、世高、施加乐	10 月 20 日左右
11 月～翌年 1 月	灰霉病、白粉病	阿米西达、世高、乙嘧酚	每月施药 1 次
2～5 月	红蜘蛛、蚜虫	啶虫脒、阿维菌素	每月施药 1 次

四、授粉

草莓从开花到落花一般 4~5d，在低温条件下蜂群授粉均匀性不佳甚至停止工作，在开花期间可用毛笔进行人工授粉 (图 2.38)。在给草莓进行人工授粉时，一般在天气晴朗的时候进行，可选在每天上午 10 点到下午 3 点间进行，授粉前戴一只手套，用棉签或毛刷 (毛头要柔软) 轻轻去碰一朵花的花蕾，在花瓣的内侧、花蕊的外侧扫一遍 (雄蕊)，再在花中间凸起的柱头部分 (雌蕊) 扫一遍，有的要在花朵中间凸起部分 (雌蕊) 稍微深入地扫两遍，一朵一朵连续进行。

(a) 蜂群授粉　　　　　　　　　(b) 人工授粉

图 2.38　棚内蜂群授粉与人工授粉

这种授粉方式保证了草莓授粉成功，但费工费时，增加了劳动强度，而且常常难以把握最佳的授粉时机，容易造成大量畸形果的出现，导致果实品质下降和减产，商品性也无法保障。

五、采收

草莓成熟后要及时、适时采收 (图 2.39)。采收过晚，浆果容易腐烂，造成不应有的损失；采收过早，尚未达到果实应有的品质。草莓的采收期应根据具体情况来决定。

栽培形式不同，草莓的采收期有很大差异。露地栽培在 5 月上旬至 6 月上旬；促成栽培为 12 月中下旬至翌年 2 月中旬；半促成栽培为 3 月上旬至 4 月下旬。草莓果实的成熟期持续 20~30d，第一批果实成熟后 7~8d，进入盛果期，必须分批分期采收。果实开始成熟时，每隔 1~2d 采收一次，盛果期间可每天采收一次。一般鲜食用果以出售鲜果为目的，要力争在采收的当天或第二天清早上市，时间过长会影响草莓的商品价值。草莓的成熟度应以九成为好，即在果面着色部分达90％左右，但果实向阳面尚未呈紫红色时采收。如果采收时的外界气温较高，采收时果实的成熟度可适当降低。

草莓采摘要轻拿、轻摘、轻放，前端留果柄 1~2cm，将畸形果、烂果、虫果挑出。为保证采后质量，可以使用果篮、果盘等不同容器，但摆放层次要少，以相互之间不挤压为宜。如图 2.39 所示。

图 2.39　草莓的采收

随着电商销售配送等模式的发展，传统采后流通管理措施已经不能满足大批量草莓订单配送的要求。针对电商销售配送的采收要求，一般在上午 10 时之前或下午 3 时之后的温度较低时段采收，要求戴手套采摘、轻拿轻放、小心装卸，最好将等级、规格一致的草莓直接放到包装盒里，避免二次分装导致果实损伤。草莓要求保留萼片和果梗，外观新鲜，果面洁净，无畸形果，无机械损伤，无腐烂，无病虫害，无异常外部水分。

第七节　温室草莓生产机械化的特殊性

一、草莓的特性

1) 冠层多层密集

草莓叶片为三出复叶，叶宽且后期喜平生长，冠层浓密郁闭，上下层叠遮挡，施药难以打透、下层背面着药不佳；花、果被遮挡，给授粉和采摘带来较大困难。

2) 花果娇嫩

草莓的花序在机械化施药、授粉时易被吹落或碰落，大量落花可严重影响后期坐果率，对草莓产量和品质的提高非常不利。同时，草莓果实极为娇嫩，易损伤腐烂，电商销售配送对采收的极高要求更使其机械化采收或采收辅助作业具有挑战性。

3) 大苗定向定植

大棚促成栽培的草莓长周期育苗，使其具有显著超出一般秧苗的大苗、长根 (大苗坨) 特点，现有机械化移栽装备均无法满足需要。同时，其特有的弓背朝外定植要求，更使现有机械化移栽装备的无定向式移栽无用武之地。

4) 不同传粉方式

由于品种差异，草莓会表现出自交亲和与自交不亲和两种相反的生理特性，导致其所需要的传粉方式 (自花、异花) 截然不同；并且，受光照、温度、湿度、养分等栽培环境的影响，草莓不同级次花序的雄蕊与雌蕊的发育成熟情况不同，也会增加成熟花粉与成熟雌蕊的匹配难度[14]。因此草莓的生理特征对其机械化授粉作业的精准性提出了极高的要求，要达到理想的授粉效果非常困难。

气力辅助授粉不依赖气候，也不受光照、温度、湿度、施药等环境影响，可灵活搭配于地面小车、无人机等移动平台作业，易于控制，目前逐步应用于大田、果园和温室的授粉作业中[15-17]。但由于精准气力辅助授粉机理研究的匮乏，现阶段生产中仍采用“大风漫授”的方式，只能勉强满足规模化生产、花粉量大、抗破坏性强的特定品种农作物的授粉作业需求，而无法满足设施环境下草莓的精准授粉需求。

5) 小花小果

草莓具有大叶、小花、小果的特点，在不同生长期花、叶、果易感病虫。在垄栽、架栽不同模式下，植株的分布和植株-机具的空间相对关系差异，使机械化施药、授粉、采收等作业均呈现出高度复杂性。

二、行走要求

(一)　高垄草莓作业的行走

1. 可能的行走方案

由于通常起垄栽培的垄沟狭窄，且在生产中常存在垄体坍塌、垄形误差大等现象，很难满足机具在垄沟内通行的需要，因此生产中通常采用跨垄行走方式，即作业装备骑跨在单垄或多垄上行走，并采用由上至下的作业方式。目前人工驾驶的垄上作业装备 (图 2.40)，依赖人工的视觉判断和方向操控，来完成跨垄和沿垄的行进与作业，观察与操控较为困难且精度、速度受限。

2. 高垄草莓作业的要求

(1) 目前高垄草莓种植普遍以各类低矮的塑料大棚为主，高度较低、空间狭窄、入口小，同时种植规模普遍偏小，大型化作业装备还难以满足目前的生产需要和适应莓农的承受能力，普及应用受到影响，小型化、轻简化的跨高垄作业底盘及作业装备是我国草莓生产的客观需要。

(a) 单垄覆膜打孔机　　　(b) 单垄膜上移栽机　　　(c) 多垄移栽机

图 2.40　跨垄作业装备

(2) 草莓作业环节繁多，同时冬天棚室保护地栽培一般可以结 4~5 茬果，存在不同作业环节的多次轮替，在较小种植规模下，莓农配置大量作业装备的意愿低，以具备一定通用性的跨垄底盘配置模块化的多类作业部件，将大大提高装备的市场前景。

(3) 覆膜及秧苗移栽等作业在垄体上完成，而授粉、施药、采收等作业则针对垄上的草莓植株来进行，草莓花蕊、果实等在垄顶和垄侧面均有分布，在不同环节的有、无植株对底盘的行走方式、车身与垄顶间隙、行走作业的操控方式等均提出了不同要求。

(4) 目前大棚作业机械通常以汽油机为动力，但发动机尾气排放等在封闭空间内易造成对果蔬产品的污染；同时由于国家对汽油的严格管控，各类汽油小农机的加油难已成为农户普遍反映的问题。

(二)　高架草莓作业的行走

1. 可能的行走方案

1) 跨高架行走

即作业装备骑跨在单高架或多高架上行走和作业。由于单栽培高架的高度仅为 1m，跨高垄行走并采用人工驾驶，装备庞大和过高，难以适应多数的塑料大棚、日光温室等低矮空间环境。

2) 架间行走

即作业装备在高架间的通道内行走，并完成向两侧高架和高架上草莓植株的作业。高架间的通道宽度可以满足较窄机身的通行，并使机身有效降低。但同时果实、秧苗、肥药等的储放将布置于高架间的机身上，采收、移栽、施药等作业时均需要完成果实、秧苗、肥药等的横向输送 (图 2.41)。

2. 高架草莓作业的要求

(1) 目前生产大棚一般较低矮。为充分利用室内空间，架设栽培高架设施的两端通道通常较窄，两侧空间也较为狭小，增搭作业部件的架间行走底盘通行，对底盘的高度、宽度、长度和操控方式都提出了要求。

图 2.41　架间行走的物料横向输送

(2) 由于架间通道狭窄，底盘在架间行驶时极易发生同高架钢架结构的碰撞，造成车体、作业部件或高架设施的损伤，大大影响作业性能。

(3) 生产中高架间通道有土质、覆布、砖砌、水泥等多种路面形式，通行条件存在差异，高架结构的建设规范也存在差异，对底盘和行走操控带来了挑战。

(4) 基质摊铺、移栽、采收等不同作业中对载荷、行驶速度的要求也存在差异，通用化、非引擎动力更使架间底盘的优化设计成为关键。与拖拉机的部件悬挂不同，架间底盘所搭载不同作业模块的传感、控制、动力规格不一，其简便快速的换接对其性能提高和应用推广具有重要意义。

三、操控模式

(一)　传统农机装备操控模式

1) 乘坐驾驶式

乘坐驾驶是传统农机装备的主要操控模式，目前各类拖拉机、旋耕机、移栽机、施药机、插秧机、收割机等均采用人员驾驶的牵引或自走模式 (图 2.42)。对传统农业机械，驾驶操控需要在机身上布置乘坐、监测仪表面板和各类行驶、转向、作业的离合器、换挡杆、作业操控杆等，并在机身布置从驾驶操控台到底盘、作业部件的长距离机械传动系统，造成机身复杂庞大、载荷增加，进行以发动机为动力的大能耗作业。

(a) 拖拉机　　　　　　　(b) 插秧机　　　　　　　(c) 收割机

图 2.42　农机的乘坐驾驶

2) 手扶操控

在较小型农业机械中，手扶操控模式曾流行一时，且在目前的较小型田园管理机、开沟机、收割机等装备中仍然是一类重要的操控方式 (图 2.43)。手扶操控具有转弯半径小、质量轻、机型小巧、操作灵活、适应性强等优点，具有更灵活的通行作业能力，更适合于一些不规范的地形地块条件。

(a) 微耕机　　　　　　　　　　　　　(b) 收割机

图 2.43　手扶式农机装备

但是，相对来说，手扶作业的速度慢、操控强度大，难以满足高效率、高舒适性的作业要求。同时，操控精准度差、走直稳定性差，难以适用于精准度较高的作业场合。

(二)　智慧农机装备操控模式

1) 全遥控作业

随着农业装备的发展和对从业者要求的提高，农业机械操控的智能化已经成为近年来的重要发展方向。遥控作为一种基本的离机或远程操控模式，在农用无人机、微耕机、果园施药机等装备中得到越来越多的应用，大大拓展了农业机械的适用范围，同时离机遥控使机身的结构大大简化，并有效保障了从业者的安全、健康和舒适 (图 2.44)。

(a) 无人机　　　　　　　　　　　　　(b) 遥控微耕机

图 2.44　遥控式农业机械

但是，离机的遥控操作，更适合于动作相对单一、无须精准行走和对作业部件操控的应用场景，而对于需根据现场环境和对象精准作业的场合，则由于人、机的远离而变得不可能实现或操作极度困难、操作人员劳累和作业低效。

2) 全无人化作业

无人化农机与无人化农场的概念在我国已经迅速得到科研、生产和应用主体的共鸣。完全离机和无人介入，全程实现自主规划、自主作业、自主掉头转弯的作业模式充分体现了农机装备的智能化水平，使农机作业有效摆脱了对机手经验、操作水平的依赖，使农业对劳动力的依赖降到最低，劳动力的安全、舒适得到充分保障，成为未来农业发展的趋势。

但是，无人化农机仍处于起步阶段，对标准大田田块的无人化作业已初步实现 (图 2.45)，但对地形不平整、不规则，较小规模田块的无人化作业仍然具有挑战，而设施蔬菜、茶园、果园等更高度依赖劳动力投入的生产领域距离无人化更是遥远。同时，目前的无人化农机产品及示范更局限于单机和纯作业环节的无人化，实际生产中大量进出田块、作业启停、补秧、补药、卸粮、意外状况干预等仍需人工介入和保障才能得以实施。

(a) 无人拖拉机　　　　　　(b) 无人插秧机　　　　　　(c) 无人收割机

图 2.45　无人化农业机械

在智慧大田生产及各类非大田的作业场合，基于有效的环境感知理解、实现自主决策作业的农业机器人将发挥巨大的作用。近几十年来，农业机器人技术成为全球关注的热点，各类移栽、采摘甚至打叶、授粉机器人样机不断涌现，发展前景极为广阔 (图 2.46)。但是，目前农业机器人技术尚未成熟，成本、作业成功率、适应性、效率等与农业生产的实际需求仍有一定距离，农业生产条件与机器人作业的配套性、农艺与机器人作业的融合性仍有待提高。

(a) 采摘机器人　　　　　　(b) 修剪机器人　　　　　　(c) 除草机器人

图 2.46　各类农业机器人

(三)　草莓作业装备的操控模式问题

1) 遥控作业

如上所述，遥控作业模式适合于环境条件相对简单、作业动作也相对简单和无须较高精度要求的场合。在垄栽和架栽鲜食草莓生产中，首先其跨垄或高架间的无碰撞、精准流畅行走是遥控所难以实现的，其次基质摊铺、移栽等多个动作的协调和根据高垄、高架实际误差进行仿形精准作业等，更是遥控所无法达到的。

2) 全无人作业

全无人作业代表了未来农业的发展方向，但是在现有温室、大棚和高垄、高架条件下，大量/非作业工况的切换、调头换行、补苗换箱等劳动强度低、人工较轻松实现的环节，对装备的全自主实现仍是极大的挑战，其技术成本、生产成本、运行可靠性等暂时仍难以适应现阶段草莓生产的需要。

参 考 文 献

[1] 余红, 来文国, 童建新, 等. 现代草莓栽培新技术——高架栽培 [J]. 杭州农业与科技, 2009, (3): 46-47.

[2] 李光远, 王凤华, 蒋燕, 等. 叶面喷施 Fe^{2+} 对生菜形态和生理指标的影响 [J]. 北方园艺, 2014, (24): 31-34.

[3] 韩长杰, 赵晓伟, 郭辉, 等. 辣椒穴盘苗形态特性的测定试验研究 [J]. 农机化研究, 2015, (7): 191-193.

[4] 金鑫. 蔬菜穴盘苗自动移栽技术与装置研究 [D]. 北京: 中国农业大学, 2014.

[5] Kang D H, Kim D E, Lee G I, et al. Development of a vegetable transplanting robot[J]. Journal of Biosystems Engineering, 2012, 37(3): 201-208.

[6] 梁喜凤, 蔡阳阳, 王永维, 等. 番茄钵苗自动移栽钵体物理机械特性试验 [J]. 浙江大学学报 (农业与生命科学版), 2015, (5): 616-622.

[7] 韩绿化. 蔬菜穴盘苗钵体力学分析与移栽机器人设计研究 [D]. 镇江: 江苏大学, 2015.

[8] 韦康成. 穴盘苗夹持装置综合性能指标研究 [D]. 北京: 北京工业大学, 2014.

[9] 唐善奇. 葡萄采摘的果穗振动耦合仿真和末端执行器设计及试验 [D]. 镇江: 江苏大学, 2016.

[10] 智雪萍, 董飞. 新疆设施草莓高架基质栽培技术 [J]. 北方果树, 2015, (5): 19-21.

[11] 陈化寨, 林燕春, 张少东, 等. 草莓设施栽培病虫害发生规律与防治技术 [J]. 湖北植保, 2010, (5): 22-23.

[12] 罗明云, 巫箭, 林燕春. 草莓设施栽培病虫害综合防治技术 [J]. 现代农业科技, 2011, (17): 162-163.

[13] 陈永华, 徐秋营, 高会侠. 浅谈设施栽培草莓病虫害发生规律与综合防治 [J]. 中国果菜, 2012, (1): 8-9.

[14] 罗学兵, 贺良明. 草莓的营养价值与保健功能 [J]. 中国食物与营养, 2011, 17(4): 74-76.

[15] 汤楚宙, 王慧敏, 李明, 等. 杂交水稻制种机械授粉研究现状及发展对策 [J]. 农业工程学报, 2012, 28(4): 1-7.

[16] 池越, 张若男, 周亚同, 等. 一种基于双目视觉技术的苹果树自动授粉机: CN201711335481.1 [P]. 2017-12-14.

[17] 戴朝新. 日光温室有轨式自动授粉机: CN201320558641.X[P]. 2014-10-22.

第三章　温室草莓生产管理的智能底盘技术与装备

第一节　温室草莓管理作业对底盘的要求

一、温室草莓生产对底盘的要求

(1) 小型化：生产大棚内部空间有限，且多数大棚的棚门狭窄，大型化、跨多垄多行的作业机械难以实施，客观要求机械的小型化，与大田和露地生产相比更要求底盘的小型化，特别是跨单垄作业机械的小宽度、小接地比压要求，使人员驾驶和乘坐辅助投苗、授粉等作业方式更难以实现。

(2) 灵巧性：生产大棚内高架、高垄两端的回转空间普遍有限，必须尽可能缩短机身长度并减小转弯半径。

(3) 通用性：草莓生产管理的环节众多，且在长达 7~8 个月的生长周期内施药、授粉、采收等多轮次频繁交替进行，底盘的通用化对于其实际使用非常关键。

(4) 电动化：电动化对于缩小机身尺寸和多路传动的灵活、精准控制极为有利，同时在相对封闭的棚室空间内，电动化可有效避免发动机的较大噪声，特别是尾气排放对草莓、土壤的污染和对人身健康的损害。

二、高架间移动作业对底盘的特殊要求

(1) 架间行走：生产大棚内普遍肩高和空间有限，使跨高架行走作业难以实施，也难以满足灵活便捷的掉头换行要求。在高架设施间仅 60~70cm 狭窄的通道行走作业，对底盘的规格、形式均提出了要求。

(2) 精准行走：在 60~70cm 的狭窄架间通道内完成行走和作业，首先应有效避免底盘车身和两侧高架设施的碰撞，以保证车身和高架设施的安全；同时，移栽、摊铺、施药等各类作业均要求一定的沿高架行走直线精度，对底盘的动作精度、操控方式等亦提出了要求。

(3) 自主行走：60~70cm 的狭窄架间空间，使得传统乘坐驾驶操控的空间极为有限，同时受两侧高架设施的限制，使人工操控防碰和精准行走作业的难度与强度巨大，人离机的遥控操作方式可摆脱尺寸、空间的约束，但单纯遥控难以保证全程精准的行走和作业。面向高架的精准作业使底盘的自主行走成为客观需要。

三、跨垄移动作业对底盘的特殊要求

目前草莓以棚内高垄的促成栽培为主,棚内高垄条件下的机械化作业具有一定的特殊性和挑战性:

(1) 垄体尺寸大:和传统的垄作方式相比,高垄双行栽培的垄高和垄顶宽分别达到 30cm 和 50cm 左右甚至更大,平地、矮畦和传统垄作的配套管理机械均难以适用。

(2) 垄沟条件复杂:垄沟的沟底宽度仅为 30cm 左右,仅能以跨垄行进方式作业;同时垄沟内为不平坦且土块较多的软泥地面,对整机的作业重量和接地比压提出了限制。

(3) 规格差异大:生产中人工起垄、机械起垄的高垄规格不一[1],且高垄多为人工修葺,垄形变化较大,垄体尺寸以及垄沟宽度、垄距等不一致,同一棚内甚至同垄的尺寸均存在误差,对机械的跨垄行进作业造成了困难。

第二节　高架底盘与导航技术

一、高架轮式底盘设计

(一)　设计依据

1. 地面条件

对高架间平整规范的水泥、砖砌等硬质路面,轮式底盘具有良好的适应性。

2. 性能要求

根据温室草莓生产管理对底盘小型化、灵巧性、通用性、电动化的要求和高架作业的精准、自主行走需要,开发目标定位于可搭载多种作业模块,并具有自主导航行走能力的通用化架间行走纯电动轮式底盘。

3. 参数要求

根据高架间通道宽度和搭载摊铺、移栽、乘坐采摘多种模块作业的载荷、速度等要求,将底盘的尺寸定为 1200mm×600mm×540mm(长 × 宽 × 高)、额定载荷定为 250kg,并将最大作业行进速度定为 0.5m/s。

(二)　底盘结构设计

1. 底盘驱动形式

传统燃油轮式底盘的驱动方式是指发动机的布置方式以及驱动轮的数量、位置的形式,有前置前驱、前置后驱、前置四驱、中置后驱、中置四驱、后置后驱、后置四驱等多种形式。电动底盘则包括双电机后驱、双电机四驱、三电机四驱、四电机四驱、电子适时四驱的驱动形式。对于自动或自主操控轮式底盘,目前应用

较多的驱动方式包括单轮驱动、两轮差速驱动、前转向后驱动、全方位驱动等不同类型，其运动灵活性、承载能力、操控性等存在一定差异：

(1) 单轮驱动：一般使用三轮结构，用一个兼有驱动和转向功能的车轮作为驱动轮，两个脚轮作为从动轮，其结构简单、运动导引性高，但其转弯半径大、横向能力与灵活性差，只适合宽敞的空间，难以适应通道狭窄、弯道半径小的温室环境。

(2) 两轮差速驱动：是指采用左右对称安装不带转向功能的两驱动轮，以一个或者多个脚轮为从动轮，通过驱动轮的速度差来实现转向。此驱动方式可用于三轮、四轮和六轮式移动机器人，运动控制性能良好，能绕自身中心零半径旋转，灵活性较高。

(3) 前转向后驱动：一个动力通过前桥驱动两个前轮左右偏转实现转向，另一动力通过驱动桥 (主减速器、差速器、半轴) 传递到两个后轮上驱动底盘行驶。该驱动方式成熟且应用广泛，运动控制性能良好，但受前桥结构的限制，其前轮的最大转向角度一般不超过 40°，导致该类方式的转弯半径往往超过车身长度，生产大棚不具备调头换行所需的空间。

(4) 全方位驱动：通常以两个兼有驱动和转向功能的车轮作为驱动轮，以多个脚轮为从动轮。由瑞典 Mecanum 公司设计的麦克纳姆轮是全方位轮的代表，其同时具有纵向、横向运动能力，但其车轮结构复杂且车轮与地面接触面积小，轮缘的滚子易磨损，滚子轴受力不均、易损坏，因此承载能力较低且成本偏高。

根据温室草莓生产的实际条件、管理作业和各种驱动形式的特点，选定两轮差速驱动形式。

2. 底盘驱动组合结构

底盘可以采用驱动轮与不同脚轮的组合结构。根据脚轮的结构和运动特征，可分为固定脚轮 (定向轮) 和活动脚轮 (万向轮) 两个大类。定向轮具有定向引导效果，但水平转向灵活性差；而万向轮可水平 360° 自由旋转，但定向性差，其与驱动轮搭配构成的不同底盘驱动组合结构亦存在性能的差异。

根据不同的组合方式，两轮差速驱动的结构可分为以下五类 (图 3.1)：

(1) 结构 A 为后双轮差速驱动与前部双定向轮的组合，其特点是定向性好、运动精度高，但由于转向时前部两定向轮的所需动作方向和实际受限的定向间存在角度差 (图 3.2)，水平转向灵活性差，更难以发挥两轮差速驱动的零转弯半径优势，因而该类结构通常用于直线移动或轻微方向变换的场合。

(2) 结构 B 为后双轮差速驱动与前部两万向轮的组合，与结构 A 相比，其特点是水平转向灵活性好，但后轮驱动时前端的万向轮会因为左右手推力不均匀而发生瞬时的卡死或不可控的转向。

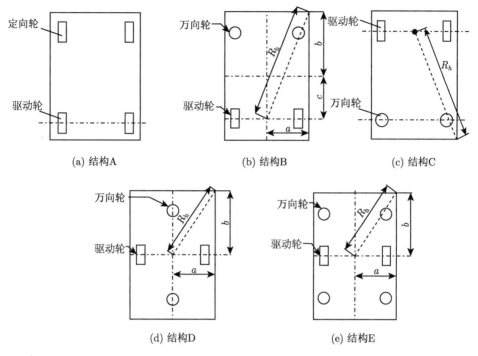

图 3.1　各类两轮差速驱动结构

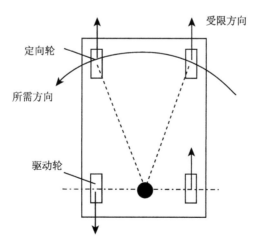

图 3.2　驱动结构 A 的转向受限问题

(3) 结构 C 为前双轮差速驱动与后部两万向轮的组合，该结构原理在四轮手推车上广泛应用，其特点是水平转向灵活性好，且避免了前置万向轮的卡死或转向不可控问题。

(4) 结构 D 为车身中部双轮差速驱动与前后两居中万向轮的组合，将双轮差速驱动放在中部改善了驱动性能，同时与结构 C 相比进一步缩小了车身长度所需的转弯空间。

(5) 结构 E 为车身中部双轮差速驱动与前后各两万向轮组合的六轮结构，该结构与结构 D 相比，除具有驱动性能好和转弯空间小优点外，车身承载能力和稳定性进一步增强。

根据底盘的设计尺寸 1200mm×600mm(长 × 宽)，可以估算得到结构 C 的回转半径 R_h 约 900mm，而结构 D、结构 E 的回转半径 R_h 则仅为 600mm，能够满足多数生产大棚内的转弯或调头需要。

综合以上不同驱动结构的性能特点，底盘采用中间两驱动轮与前后各两万向轮的组合驱动结构。

3. 万向轮浮动支撑结构

中间两驱动轮与前后各两万向轮的组合驱动结构，转弯半径小、承载能力强、控制简单，能够适应移动平台在温室内狭小空间运行的要求。但由于轮数增多，以及高架间路面不平、左右轮胎压差、样机制造装配误差等因素，很难保证底盘的两个驱动轮和四个万向轮同时着地承载。

为有效改善多轮可靠着地承载性能，采用了浮动支撑万向轮结构。四个高强度聚氨酯丝口万向轮分别与 4 个弹性支座使用螺纹连接 (图 3.3(a))。弹性支座为具有一定刚度的弹性阻尼元件 (图 3.3(b))，载荷范围 45~80kg，竖向刚度 52.3N/mm。当移动平台沿着路面行进时，其在竖直方向能够进行约 11mm 的位移补偿，来保证所有车轮同时着地承载。

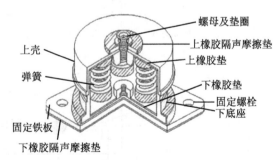

螺母及垫圈
上橡胶隔声摩擦垫
上壳
上橡胶垫
弹簧
下橡胶垫
固定螺栓
下底座
固定铁板
下橡胶隔声摩擦垫

(a) 万向轮与弹性支座连接　　　　(b) 弹性支座

图 3.3　浮动支撑结构

二、高架履带底盘设计

（一）方案设计

根据现有草莓高架设计要求，架间通道狭小，无法满足人机同时通过，更不具备人工驾驶施药作业空间，要实现施药机在高架间自由行走，且在行间尽头顺利换行转弯，整机尺寸应以小型化为设计目标。在高架尽头的换行通道与高架行间通道之间存在 100mm 左右高的台阶 (图 3.4)，同时，高架行间通道地面有土质路面、水泥路面和砖砌路面等不同形式，所以底盘应具有行走稳定性和越障能力，满足高架间多种形式狭小路面的行进作业需要。同时，目前生产中迫切需要小型化和机下操控施药装备来满足不足 1m 的窄棚门的进出和狭小通道内的移动作业需求。

图 3.4　温室高架间台阶

为实现施药机顺利通过大棚入口，并在高架间自由行走和行间尽头顺利换行转弯，整机尺寸应该以小型化为设计目标，因此设计整机外形尺寸为 800mm×600mm×700mm(长 × 宽 × 高)。为适应不同路面形式以及在温室大棚里的台阶，采用橡胶履带式行走底盘，底盘两侧履带双轴独立驱动，可实现原地转向，转弯半径仅为 500mm，使作业机械可以在大棚的狭小空间内灵活行走、转向和换行。

（二）结构设计

1. 骨架结构

由于底盘整体尺寸较小，故采用中间单横梁连接，单侧履带包括一个驱动轮、一个支重轮和一个导向轮，为增加底盘顶板的承重能力，设计了前端两小 U 形支撑和后端一大 U 形支撑的方式，为了充分利用空间，在横梁前端留有电池仓，可以容纳两块 48V 锂电池。底盘整体尺寸为长 800mm、宽 600mm、高 300mm，两侧履带配有独立电机驱动，可实现原地转向 (图 3.5)。

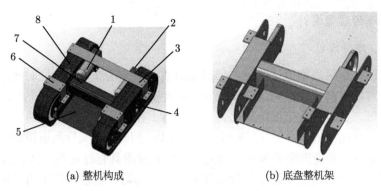

(a) 整机构成　　　　　　　　　　(b) 底盘整机架

图 3.5　履带底盘及其结构

1. 电机；2. 减速器；3. 后支撑架；4. 底盘整机架；5. 电池仓；6. 前支撑架；7. 底盘机架横梁；8. 橡胶履带

2. 动力系统

履带底盘行驶阻力包括外部行驶阻力和内部滚动摩擦阻力。外部行驶阻力即土壤受到履带挤压而产生的变形阻力，在设计时可以使用外部滚动阻力系数来表示外部行驶阻力。面向高架草莓的侧倾微风送施药机在温室作业时，行驶路面主要为水泥、砖砌和土质三种形式，常见路面类型滚动摩擦系数如表 3.1 所示。内部滚动摩擦阻力即驱动轮和履带的啮合摩擦力、支重轮和导向轮与履带之间的滚动摩擦力，内部滚动摩擦系数一般可取 0.05～0.07。

表 3.1　常见路面类型滚动摩擦系数

路面类型	轮式底盘	履带底盘
混凝土	0.018	0.05
松散土路	0.07	0.1
冻结冰雪地	0.023	0.03～0.04
泥泞路、沙地	0.09～0.18	0.1～0.15
坚实土路	0.045	0.07

同时，为保证作业机械满足水泥、砖砌、土质等不同路面的使用要求以及有一定的越障性能，所选电机需留有一定动力余量。经过对不同电机和减速器的对比选型，最终选择北京飞力美 60FSM-04030-48 直流伺服电机配精密行星减速器，具体参数如表 3.2 所示。

表 3.2　直流减速电机参数

直流伺服电机				减速器	配合后参数		
功率	电压	额定转速	额定扭矩	减速比	输出转速	输出扭矩	质量
300W	48V	3000r/min	1.3N·m	30:1	100r/min	39N·m	5kg

三、基于光电开关圆弧阵列的沿边导航方法

(一) 沿边导航问题与研究现状

1. 温室的沿边导航

现代温室环境中具备越来越多的栽培槽、栽培高架、立体栽培装置等结构化设施条件，移动平台需要在其行间通道行驶，进行采摘、施药、移栽、基质摊铺等自动作业，底盘相对于道路边沿的位姿信息的获取，是其在行间通道自动行进作业的前提。根据道路与边沿的几何关系不同，路沿主要可分为以下两种：凸起路沿与下沉路沿 (图 3.6)，其中凸起路沿为两侧路沿高于路面，下沉路沿为两侧路沿低于路面，均具有显著的高度差和边沿特征。

(a) 栽培槽间通道   (b) 高架间通道

图 3.6 温室行间通道示意图

2. 现有沿边导航技术

结构化环境内的沿墙导航技术是研究的热点方向之一，在基于图像信息提取道路边沿进行底盘导航方面已开展了大量研究[2-11]，但其较易受复杂的背景干扰，且算法较为复杂。

基于距离或接近信息进行沿墙导航在诸多领域已得到应用，如扫地机器人等设备具备简单的机械、红外光电或超声的距离或碰撞感知，但其仅能实现边墙的防碰撞或防跌落控制，难以精确地确定自身与边沿的相对位置和姿态，因而无法满足温室内准确沿边快速行进的需要。周慧等[12] (图 3.7(a))、查峰等[13] 通过在车辆沿墙一侧安装一个超声或红外光电传感器对墙体进行测距，从而实现沿边行走，但无法实现对车身长度方向的倾斜状态的感知判断，无法避免车头或车尾越过边界，难以保证安全可靠和平顺快速的沿边行进。

由于单距离传感器的缺陷，多距离传感器组成为沿墙行走的常用方案。袁宇龙和李军通过在 Khepera 移动机器人前方弧形布置多个距离传感器对墙体进行测距，进而通过多个距离信号的模糊逻辑融合等来实现沿边行走，但其计算量较

大、行走姿态不够稳定 (图 3.7(b))[14]；杜利超等亦采用在前方弧形布置多个红外传感器、两侧和后方各加装单个红外传感器的组合实现沿墙行进 (图 3.7(c))[15]。广东省机器人与智能系统重点实验室的 Chen 等提出一种基于粒子群的混合算法选择最优参数，并通过在 Pioneer 3 DX 移动机器人上安装 8 个超声波传感器进行试验验证，其试验最高导航精度达 98.8%，且训练时间是传统网格法耗时的 1/4，但其直线行走轨迹的最大偏差超过 0.2m(图 3.7(d))[16]。日本筑波大学的 Ando 和 Yuta 在 Yamabico 机器人上安装 12 个定向声呐传感器 (图 3.7(e))，通过声呐的发出信号、接收到反射信号的时间差来确定机器人相对于墙面的位姿信息，每行走 3cm 对 Yamabico 机器人进行一次动作调节，并进行了不同环境下的沿墙试验[17]。试验证明使用该方法，机器人可以进行沿边导航，但由于声呐传感器本身精度不高，且存在有限波束角现象，导航精度较低，沿直线墙面导航的轨迹最大波动超过 0.15m。

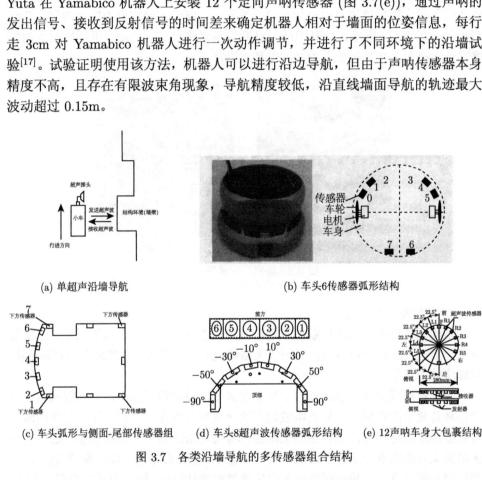

(a) 单超声沿墙导航　　　　　　　　　　　(b) 车头6传感器弧形结构

(c) 车头弧形与侧面-尾部传感器组　　(d) 车头8超声波传感器弧形结构　　(e) 12声呐车身大包裹结构

图 3.7　各类沿墙导航的多传感器组合结构

上述车头弧形多距离传感器方案具有前方探测范围大的优点，但要实现机身相对侧面墙体的位置、姿态准确判定，必须依赖足够大的圆弧范围 (圆心角) 和足够多的传感器数，否则需依赖额外的侧面距离信息融合进行判断，沿边位姿信息的直接性差、方法复杂。同时，无论是在车头圆周大范围布置传感器还是进一步增加侧面、尾部传感器布置，均不利于沿边导航传感器系统的模块化和在不同机身条件下的布置加装。此外，现有基于多距离信息的沿边研究都是针对"沿墙"，即高于车身大凸起路沿的研究，各传感器通常水平布置而无须考虑被探测墙体目标的信息有效获取问题，而对矮凸起路沿和下沉路沿的沿边导航的研究尚未见报道。

(二)　移动平台沿边运动模型

1. 移动平台的运动学模型

根据中间两驱动轮、前后各两万向轮的差速结构，如图 3.8 所示，以向量 $\boldsymbol{p}$ 描述其任一时刻的位姿信息：

$$\boldsymbol{p} = (x, y, \gamma)^{\mathrm{T}} \tag{3.1}$$

式中，x 为移动平台中心点 M 的纵向坐标，mm；y 为移动平台中心点 M 的横向坐标，mm；γ 为移动平台的航向角，(°)。

并以向量 $\boldsymbol{q}$ 描述移动平台任一时刻的速度：

$$\boldsymbol{q} = (v, \omega)^{\mathrm{T}} \tag{3.2}$$

式中，v 为移动平台中心点 M 沿纵向的瞬时速度，mm/s；ω 为移动平台的瞬时角速度，rad/s。

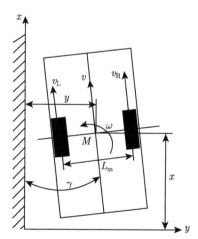

图 3.8　移动平台运动学模型

假设移动平台在温室的道路行走时，其接触状况良好，轮胎与路面之间纯滚动摩擦，无滑动摩擦，则有

$$\boldsymbol{q} = \begin{bmatrix} v \\ \omega \end{bmatrix} = \begin{bmatrix} 1/2 & 1/2 \\ \dfrac{1}{L_{\mathrm{m}}} & \dfrac{1}{L_{\mathrm{m}}} \end{bmatrix} \begin{bmatrix} v_{\mathrm{R}} \\ v_{\mathrm{L}} \end{bmatrix} \tag{3.3}$$

其中，

$$v_{\mathrm{R}} = \omega_{\mathrm{R}} R_{\mathrm{c}} \tag{3.4}$$

$$v_{\mathrm{L}} = \omega_{\mathrm{L}} R_{\mathrm{c}} \tag{3.5}$$

由式 (3.3)~ 式 (3.5) 可得

$$\boldsymbol{q} = \left[\begin{array}{c} \dfrac{\omega_{\mathrm{R}} R_{\mathrm{c}} + \omega_{\mathrm{L}} R_{\mathrm{c}}}{2} \\ \dfrac{\omega_{\mathrm{R}} R_{\mathrm{c}} - \omega_{\mathrm{L}} R_{\mathrm{c}}}{\omega_{\mathrm{L}} R_{\mathrm{c}}} \end{array} \right] \tag{3.6}$$

式中，v_{L} 为左驱动轮的线速度，mm/s；v_{R} 为右驱动轮的线速度，mm/s；L_{m} 为移动平台驱动轮的轮距，mm；ω_{L} 为左驱动轮的角速度，rad/s；ω_{R} 为右驱动轮的角速度，rad/s；R_{c} 为移动平台驱动轮行驶半径，mm。

则移动平台的运动学方程可由以下方程表示[18-23]：

$$\dot{\boldsymbol{p}} = \left[\begin{array}{c} \dot{x} \\ \dot{y} \\ \dot{\gamma} \end{array} \right] = \left[\begin{array}{cc} \cos\gamma & 0 \\ \sin\gamma & 0 \\ 0 & 1 \end{array} \right] \boldsymbol{q} = \left[\begin{array}{cc} \cos\gamma & 0 \\ \sin\gamma & 0 \\ 0 & 1 \end{array} \right] \left[\begin{array}{c} \dfrac{\omega_{\mathrm{R}} R_{\mathrm{c}} + \omega_{\mathrm{L}} R_{\mathrm{c}}}{2} \\ \dfrac{\omega_{\mathrm{R}} R_{\mathrm{c}} - \omega_{\mathrm{L}} R_{\mathrm{c}}}{\omega_{\mathrm{L}} R_{\mathrm{c}}} \end{array} \right] \tag{3.7}$$

2. 移动平台沿边模型分析

移动平台在温室栽培槽、高架行间道路沿边行驶时，除了拐角、急弯等极少数情况外，在导航计算区域内道路边沿相对于移动平台可近似为直线，如图 3.8 所示，x 轴为移动平台所沿的道路边沿，则移动平台相对于道路边沿的位姿 $\boldsymbol{p} = (x, y, \gamma)^{\mathrm{T}}$ 可简化为由移动平台中心点 M 相对于路沿的横向位移 y 与航向角 γ 来表示：

$$\boldsymbol{p} = (y, \gamma)^{\mathrm{T}} \tag{3.8}$$

由式 (3.7)、式 (3.8) 联立，可得

$$\boldsymbol{p} = \int \left[\begin{array}{c} \dfrac{\omega_{\mathrm{R}} + \omega_{\mathrm{L}}}{2} R_{\mathrm{c}} \sin\gamma \\ \dfrac{\omega_{\mathrm{R}} - \omega_{\mathrm{L}}}{L_{\mathrm{m}}} R_{\mathrm{c}} \end{array} \right] \mathrm{d}t + \boldsymbol{p}_0 \tag{3.9}$$

式中，$\boldsymbol{p}_0$ 为移动平台的初始位姿；R_{c}、L_{m} 由移动平台自身固定结构参数决定。

由式 (3.9) 可以发现，移动平台的位姿 $\boldsymbol{p}$ 取决于初始位姿 p_0、上一时刻的航向角 γ 以及移动平台的左、右驱动轮的速度 ω_{L}、ω_{R}，因而航向角 γ 的准确检测是实现移动平台位姿控制和沿边导航的前提，而沿边导航控制必须通过对移动平台的左、右驱动轮的速度 ω_{L}、ω_{R} 调节来实现。

(三)　沿边导航的多光电开关布置

1. 基于光电开关的路沿识别原理

如图 3.9 所示,当路沿处于检测范围内时,在车体侧面布置的光电开关会相应地输出一个设定的低电平或高电平信号,但单个光电开关只能获得车体安装点相对于路沿的位置,无法获得车体姿态信息。而通过在车体侧面以一定结构布置多个光电开关,其产生的各高低电平信号包含了车体相对于路沿的距离与偏转姿态信息,从而可能实现低成本和高实时性、高可靠性的温室边沿检测和导航。

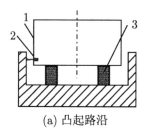 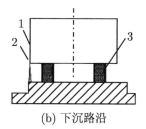

(a) 凸起路沿　　　　　　　　　(b) 下沉路沿

图 3.9　光电开关的路沿检测示意图

1. 自主小车;2. 光电开关;3. 车轮

2. 光电开关的安装

1) 凸起路沿

移动平台相对于道路边沿的位姿信息的获取,是移动平台在行间通道自动行进作业的前提。在移动平台沿边行走的一侧安装光电开关,通过光电开关的高低电平状态变化可检测移动平台和道路边沿的位置关系,针对规范化建设的温室内具有槽间 (图 3.9(a)) 这类凸起路沿的行间通道,可以按图 3.10(a) 在移动平台沿边一侧安装光电开关:

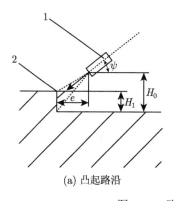 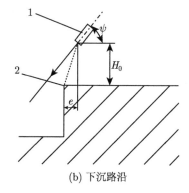

(a) 凸起路沿　　　　　　　　　(b) 下沉路沿

图 3.10　路沿光电开关安装图

1. 光电开关;2. 路沿

(1) 当由底盘的离地间隙所决定的光电开关 1 离地高度 H_0 不超过凸起路沿的高度 H_1 时，各光电开关以水平朝向凸起路沿安装；

(2) 当由底盘的离地间隙所决定的光电开关离地高度 H_0 超过凸起路沿的高度 H_1 时，各光电开关 1 按同一水平倾角 ψ 朝向凸起路沿：

$$\arctan\left(\frac{H_0 - H_1}{e}\right) < \psi < \arctan\frac{H_0}{e} \qquad (3.10)$$

式中，e 为底盘行驶过程中与路沿的安全距离，mm；H_0 为光电开关安装在移动平台的离地高度，mm；H_1 为凸起路沿的高度，mm。

2) 下沉路沿

针对规范化建设的温室内高架间 (图 3.9(b)) 下沉路沿的行间通道，按图 3.10(b) 在沿边一侧安装的光电开关按同一水平倾角 ψ 朝向下沉路沿：

$$\arcsin\frac{H_0}{H_L} < \psi < \arcsin\frac{H_0}{e} \qquad (3.11)$$

式中，H_0 为光电开关安装在移动平台的离地高度，mm；H_L 为光电开关的量程，mm。

当底盘在行驶过程中，其到路沿的水平距离大于或小于安全距离 e 时，光电开关的状态会随之改变，以达到路沿检测的目的。但由于移动平台本身具有一定的长度，依靠单个光电开关只能确定移动平台上的光电开关安装点相对于道路边沿的距离，无法确定移动平台本身相对道路边沿的航向角。

(四)　光电开关阵列的侧面布置方案

由于单光电开关仅能粗测路沿的有无或接近程度，而无法准确给出沿车身长度相对边沿的距离和偏角，如前所述，车头多光电开关布置存在沿边信息不直接、算法复杂、系统不便于模块化和车身布置等不足，首先探索侧面多光电开关布置对底盘相对边沿的横向距离与航向角同步获取的可能效果。根据沿边导航的特征和为便于理解，仅针对单侧的光电开关布置展开分析。

1. 离散光电开关的侧面布置

首尾双光电开关的布置方式 (图 3.11)，可以通过车头、车尾光电开关被触发的高低电平变化，做出车头或车尾与路沿过近或过远的单向定性判断，而无法给出车身与路沿相对位置、车身偏斜程度的定量信息。

2. 光电开关阵列的侧面线性布置

1) 横向线性布置

多光电开关在底盘沿边一侧沿横向线性均匀布置 (图 3.12)，由于光电开关所布置的横向位置确定，可以由光电开关状态得到移动平台局部相对于路沿的水平离散距离；但是在同一光电开关状态下，移动平台的航向角可以变化很大，因而无法从光电开关组的当前状态直接得到有效的航向角 γ，只能由光电开关组安装位置、光电开关组前后状态变化的时间、移动平台的运动状态的信息，通过一定的算法进行姿态趋势推理，因而难以为移动平台沿边导航控制提供完整有效信息。

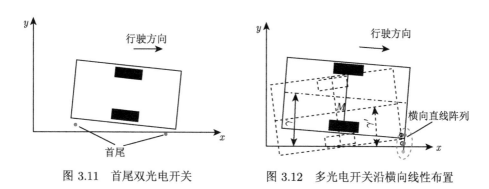

图 3.11　首尾双光电开关　　　　　图 3.12　多光电开关沿横向线性布置

2) 纵向线性布置

多光电开关在底盘沿边的一侧按纵向线性均匀布置 (图 3.13)，可以由光电开关状态获取移动平台车身方向不同部位的离散距离信息，并给出车头或车尾偏斜的定性判断，但无法直接获取航向角信息，亦只能由光电开关组状态的时序变化做复杂的推理，难以满足沿边导航的需要。

3) 线性倾斜布置

多光电开关在底盘沿边一侧线性倾斜均匀布置 (图 3.14)，同样可以获取移动平台局部相对于路沿的水平离散距离，但也难以获取较精确的航向角，无法为沿边导航的控制提供完整有效信息。

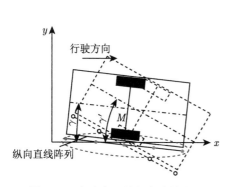

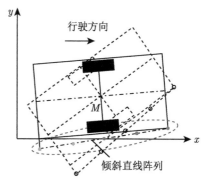

图 3.13　多光电开关纵向线性布置　　　图 3.14　多光电开关线性倾斜均匀布置

因此，线性布置难以满足沿边导航的量化位姿信息获取需要。

3. 光电开关阵列的侧面非线性布置

针对多光电开关不同线性布置难以获得量化的沿边位姿信息，进一步提出不同的非线性布置方案。

1) 弯角阵列布置

多光电开关在底盘沿边一侧呈内凹或外凸的弯角布置 (图 3.15)，根据车头、车尾不同光电开关触发的次序，可以获得车身相对边沿的位置信息并进一步获得一定的航向角信息。

2) 圆弧阵列布置

多光电开关在底盘沿边一侧呈内凹或外凸的弧形布置 (图 3.16)，根据车头、车尾不同光电开关触发的次序，可以获得车身相对边沿的位置信息并进一步获得一定的航向角信息。

侧面弯角与圆弧阵列均能实现位姿的量化测量，但传感器的不同布置将带来探测范围、姿态分辨率等差异。

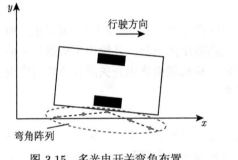

图 3.15　多光电开关弯角布置

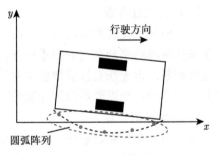

图 3.16　多光电开关圆弧布置

(五)　基于光电开关圆弧阵列的沿边导航原理

1. 光电开关圆弧阵列布置方案

如图 3.17 所示，在自主小车的沿边一侧，沿半径 R、圆心角 θ 的圆弧均匀布置 n 个光电开关，由各光电开关的量程所决定，n 个光电开关检测点亦分布于同一检测圆弧上。根据各光电开关的朝向关系，可有多开关平行和圆心放射两类布置方式，其区别在于：多开关平行布置方式的检测圆弧与开关器件圆弧尺寸相同，但位置根据量程向外侧偏移 (图 3.17(a))；而多开关圆心放射布置方式的检测圆弧与开关器件圆弧为同心圆，但半径根据量程放大 (图 3.17(b))。因此，在相同的光电开关器件布置空间内，圆心放射布置方式能够获得更大的检测范围，选择其作为最终设计方案。

(a) 平行布置　　　　　　　　　　　　　(b) 圆心放射布置

图 3.17　光电开关圆弧阵列布置示意图

1. 光电开关；2. 道路边沿；3. 底盘；4. 圆弧阵列；5. 开关器件圆弧；6. 检测圆弧

2. 检测圆弧尺寸

1) 凸起路沿检测圆弧

对凸起路沿，以七光电开关圆心放射布置的圆弧阵列为例：

(1) 当由底盘离地间隙所决定的光电开关离地高度 H_0 不超过凸起路沿的高度 H_1 时，各光电开关水平朝向凸起路沿；由各光电开关的量程 S 导致标记为 $A_1' \sim A_7'$ 的各检测点所分布的检测圆弧的半径为 $R + S' = R + S$；其中 S' 为每一光电开关 1 与其对应检测点的水平方向距离，即量程 S 在水平方向上的投影长度。

(2) 当由底盘离地间隙所决定的光电开关离地高度 H_0 超过凸起路沿的高度 H_1 时，各光电开关按同一水平倾角 ψ 朝向凸起路沿，由各光电开关 1 的量程 S 和水平倾角 ψ 导致各检测点 $A_1' \sim A_7'$ 所分布的检测圆弧的半径为 $R + S' = R + S\cos\psi$。

2) 下沉路沿检测圆弧

对下沉路沿，光电开关圆弧阵列中各光电开关按同一水平倾角 ψ 朝向下沉路沿，由各光电开关 1 的量程 S 和水平倾角 ψ 导致各检测点 $A_1' \sim A_7'$ 所分布的检测圆弧 6 的半径为 $R + S' = R + S\cos\psi$。

3. 光电开关圆弧阵列的位姿检测原理

沿边导航的目标是控制车体始终在与路沿处于相对稳定的位姿范围内平顺行进，为此根据光电开关圆弧阵列结构，将检测点 $A_2'A_6'$ 和 $A_3'A_5'$ 两连线之间形成的宽度带作为位姿理想目标带 (图 3.18)，当路沿处于理想目标带内时，小车处于沿边的理想位姿而不需调节。当路沿跨出理想目标带时，将导致光电开关圆弧阵列的高、低电平状态发生变化，根据各光电开关的高低电平状态规律可判断小车位姿，进而完成沿边行进的调控。

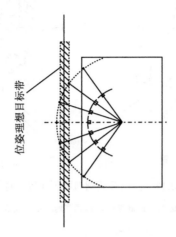

图 3.18　光电开关圆弧阵列位姿理想目标带示意图

（六）　光电开关圆弧阵列的沿边位姿检测方法

1. 光电开关圆弧阵列位姿检测指标

为了从圆弧阵列多个高低电平信号中判断底盘的位姿状态，引入信号触发数 N_d 和触发中心序号 N_f 两个位姿检测指标：

（1）N_d 表示在光电开关量程 S 范围内检测到路沿而被触发的光电开关的数量，即图 3.19 所示侵入路沿部分检测圆弧中检测点的个数。N_d 越大表明底盘距离路沿越近，反之 N_d 越小表明底盘距离路沿越远。假设底盘在沿边行驶过程中标号为 $A_a \sim A_b$ 的光电开关检测到路沿而被触发，标号为 $A_1 \sim A_{a-1}$ 和 $A_{b+1} \sim A_7$ 的光电开关未检测到路沿而未被触发，则

$$N_d = b - a + 1 \tag{3.12}$$

（2）N_f 为光电开关量程 S 范围内检测到路沿而被触发的光电开关的序号的平均值，即图 3.19 所示侵入路沿部分检测圆弧的中心弧顶位置序号，N_f 越大，底盘的头部越偏离路沿，反之 N_f 越小，则表明底盘的头部越偏向路沿。假设底盘在沿边行驶过程中标号为 $A_a \sim A_b$ 的光电开关检测到路沿而被触发，标号为 $A_1 \sim A_{a-1}$ 和 $A_{b+1} \sim A_7$ 的光电开关未检测到路沿而未被触发，则

$$N_f = \frac{b + a}{2} \tag{3.13}$$

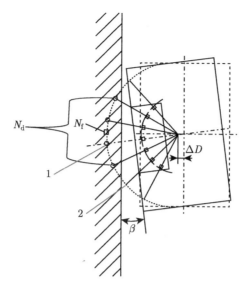

图 3.19　位姿检测指标示意图

1. 触发的光电开关检测点；2. 未触发的光电开关检测点

2. 底盘沿边位姿状态判定

1) 位置判断

底盘沿边自动导航的理想位姿是处于理想目标带内，根据理想目标带的设定，由 N_d 可以进行底盘位置状态的判断：

(1) 当 $N_d = 0$ 时，底盘已经远离路沿，处于沿边导航失效状态 (图 3.20(a))；

(2) 当 $1 \leqslant N_d < 3$ 时，底盘离路沿过远；

(3) 当 $N_d = 3$ 时，底盘与路沿处于理想距离；

(4) 当 $3 < N_d \leqslant 5$ 时，底盘离路沿过近；

(5) 当 $N_d > 5$ 时，底盘已经越过或撞击路沿，处于沿边导航失效的不可控状态 (图 3.20(b))。

2) 姿态判断

根据理想目标带的设定，由 N_f 可以进行底盘姿态状态的判断：

(1) 当 $3 \leqslant N_f < 4$ 时，底盘的头部偏向路沿；

(2) 当 $N_f = 4$ 时，底盘与路沿处于理想姿态；

(3) 当 $4 < N_f \leqslant 5$ 时，底盘的头部偏离路沿；

(4) 当 $N_f < 3$ 或 $N_f > 5$ 时，底盘相对路沿已经严重倾斜，处于导航失效的不可控状态 (图 3.21)。

在导航有效范围内，将移动平台位姿分为 9 种状态 (表 3.3)。在基于七光电开关弧形阵列的沿边导航过程中，控制程序根据各个光电开关 1 的高低电平状态信号进行信号触发数 N_d 和触发中心序号 N_f 计算，进而根据信号触发数 N_d 和触发中心序号 N_f 的数值自动进行 9 类状态的判断并自动选择相应导航轨迹曲线，并根据由式 (3.13) 和式 (3.14) 计算出的底盘具体位置和姿态偏差确定导航轨迹的参数，通过调控使底盘回到理想目标带内，从而使底盘行驶过程中与路沿的位姿始终保持在稳定范围内，实现底盘的沿边导航控制。其中 E 为理想位姿状态，当处于其他状态时即启动对应调控程序向该理想位姿状态 E 的调节。

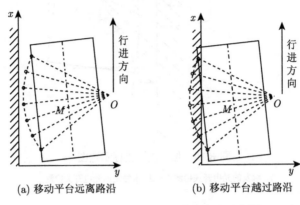

(a) 移动平台远离路沿　　　　　　(b) 移动平台越过路沿

图 3.20　移动平台远离、越过沿示意图

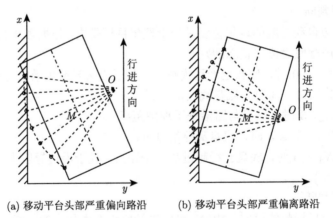

(a) 移动平台头部严重偏向路沿　　　　(b) 移动平台头部严重偏离路沿

图 3.21　移动平台严重倾斜示意图

表 3.3　底盘有效位姿状态表

姿态	位置		
	$1 \leqslant N_d < 3$	$N_d = 3$	$3 < N_d \leqslant 5$
$3 \leqslant N_f < 4$	A 过远外偏	B 正位外偏	C 过近外偏
$N_f = 4$	D 过远不偏	E 正位不偏	F 过近不偏
$4 < N_f \leqslant 5$	G 过远内偏	H 正位内偏	I 过近内偏

3. 位姿检测误差分析

假设移动平台在沿边导航过程中,标号 $A_a \sim A_b$ 的光电开关检测到路沿,根据图 3.1、图 3.7 和图 3.8 所示几何关系,由七光电开关圆弧阵列所检测出的底盘相对于绝对理想姿态的偏差可进一步表征为触发中心序号 N_f 的函数:

$$\frac{(7 - 2N_f)\theta}{12} < \Delta\gamma < \frac{(9 - 2N_f)\theta}{12} \tag{3.14}$$

式中,$\Delta\gamma$ 为正时,表示移动平台头部偏向路沿,$\Delta\gamma$ 为负时,表示移动平台头部偏离路沿。

同时根据图 3.1 和图 3.7 所示几何关系,由七光电开关圆弧阵列所检测出的移动平台相对于绝对理想位置的偏差可进一步表征为信号触发数 N_d 的函数:

$$(R + S')\left(\cos\frac{N_d\theta}{12} - \cos\frac{\theta}{4}\right) < \Delta D < (R + S')\left(\cos\frac{(N_d - 1)\theta}{12} - \cos\frac{\theta}{4}\right) \tag{3.15}$$

(七) 光电开关圆弧阵列的设计

由式 (3.14)、式 (3.15),光电开关圆弧阵列的位姿检测范围、检测的位姿偏差精度与布置圆弧的圆心角 θ、半径 R 相关,而两参数由位姿的检测精度要求和系统响应时间共同决定。

1. 位姿检测范围

由图 3.19,布置圆弧的圆心角 θ、半径 R 越大,决定底盘相对路沿的位置检测范围越大;而圆心角 θ 越大,对底盘相对姿态偏差检测范围也越大。对底盘导航而言,只有其落入有效沿边探测范围内,始终处于表 3.3 所示 9 类相对位姿状态之一,才能实现有效的导航控制。因此,较大的有效沿边探测范围意义重大。

2. 位姿检测精度要求

由式 (3.15),七光电开关圆弧阵列的位置检测误差为

$$2R\sin\frac{(2N_d - 1)\theta}{24}\sin\frac{\theta}{24} < [Y] \tag{3.16}$$

式中,$[Y]$ 为移动平台沿边导航中对七光电开关圆弧阵列的位置检测误差要求。当在表 3.3 所示有效调控范围内,N_d 为最大值 5 时,

$$2R\sin\frac{3\theta}{8}\sin\frac{\theta}{24} < [Y] \tag{3.17}$$

由式 (3.14),七光电开关圆弧阵列的姿态检测误差为

$$\frac{\theta}{6} < [\gamma] \tag{3.18}$$

式中，$[\gamma]$ 为移动平台沿边导航中对七光电开关圆弧阵列的姿态检测误差要求。

容易理解，对同一圆弧，当圆弧上光电开关的数量越多，检测精度也越高。而由式 (3.17) 和式 (3.18) 可以发现，当光电开关数量一定时，圆弧阵列的半径 R 越小、圆弧的范围 θ 越小，由底盘位姿变化导致相邻光电开关被触发的分辨率越高，表 3.3 所示 9 类位姿状态越敏感，位姿检测的分辨率则越高。

3. 系统响应时间要求

为保证移动平台行进过程中，各光电开关的高低电平信号变化能够有效地反映移动平台对路沿的位姿变化，要求：

$$\omega_0\tau < \frac{\theta}{6} \tag{3.19}$$

式中，ω_0 为移动平台沿边行进中可能出现的最大偏转角速度；τ 为系统从光电开关触发到车轮作出导航控制响应的时间。

沿边导航控制的实现需以系统的有效响应为前提，各光电开关的间隔过小可能导致 9 类状态切换过于频繁，进一步导致导航控制的滞后性频繁响应，失去平滑性并影响导航精度。

4. 光电开关圆弧阵列的设计准则

探测范围越大，则光电开关圆弧阵列有能力将底盘从较大的位置、姿态误差引导进入沿边导航行走状态，特别对于底盘与边沿间较大的启动初始偏差情况具有更强的容忍度。同时，圆弧对心角度的间隔越大，对系统响应的滞后性就具有更大的包容度。但是，对探测范围与系统响应时间的过度包容将牺牲位姿分辨率和导航精度。因此，光电圆弧阵列的设计，必须兼顾探测范围、分辨率和系统响应时间的要求。

在进行光电开关圆弧阵列布置时，首先可由式 (3.18) 和式 (3.19) 确定七光电开关圆弧阵列的检测圆弧的圆心角

$$6\omega_0\tau < \theta < 6\,[\gamma] \tag{3.20}$$

进而由式 (3.20) 和式 (3.17) 可确定七光电开关圆弧阵列的检测圆弧的半径 R。

(八)　基于不同位姿的调控方案

针对表 3.3 所示移动平台的 9 种不同位姿状态，当路沿跨出理想目标带时，采取相应的调控轨迹模式，使移动平台回到理想目标带，从而实现移动平台的沿边自动行走。其具体调节如图 3.22 所示。

A、B、D、G、H 状态下，光电开关圆弧阵列的目标带的中心点 D 在路沿内侧，移动平台处于较安全的状态。其中，A、B 状态下移动平台头部偏向路沿，控制 D 点由道路内侧沿圆弧轨迹向路沿切近，直至光电开关圆弧阵列进入状态 E；

D 状态下，可认为移动平台头部与路沿平行，控制 D 点由道路内侧沿航向角为 $\frac{\theta}{8}$、偏距 $\frac{e}{2}$ 的圆弧轨迹向路沿行走，直至光电开关圆弧阵列状态发生变化，进入 A、B 状态，再按 A、B 的位姿状态进行调节；G、H 状态下，移动平台头部偏离路沿，先将移动平台偏移到其头部与路沿平行的 D 状态，再按 D 状态进行调节。

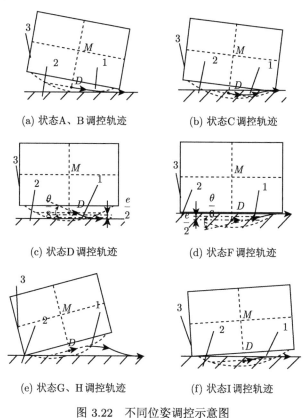

(a) 状态A、B调控轨迹　　　　　(b) 状态C调控轨迹

(c) 状态D调控轨迹　　　　　(d) 状态F调控轨迹

(e) 状态G、H调控轨迹　　　　　(f) 状态I调控轨迹

图 3.22　不同位姿调控示意图

1. 行驶轨迹；2. 路沿；3. 移动平台

　　C、F、I 状态下，光电开关圆弧阵列的目标带的中心点 D 已在路沿外侧，移动平台相对于路沿较近。其中，I 状态下移动平台头部偏离路沿，控制 D 点由道路外侧沿圆弧轨迹向路沿切近，直至光电开关圆弧阵列进入状态 E；F 状态下，可认为移动平台头部与路沿平行，控制 D 点由道路内侧沿航向角为 $\frac{\theta}{6}$、偏距 $\frac{e}{2}$ 的圆弧轨迹向路沿行走，直至光电开关圆弧阵列状态发生变化，进入 I 状态，再按 I 的位姿状态进行调节；C 状态下，移动平台头部偏离路沿，光电开关圆弧阵列的目标带的中心点 D 在路沿外侧，先将移动平台偏移到其头部与路沿平行的 F 状态，再按 F 状态进行调节。

根据上述调控模式和式 (3.14)、式 (3.15) 得到的移动平台的位姿，通过控制两轮差速移动平台的左右轮速 v_L、v_R 来实现沿边行进。

第三节　仿形行走高垄轮式底盘与技术

一、仿形行走高垄轮式底盘总体方案设计

(一)　设计依据

根据高垄草莓管理作业的需求，其底盘应具备跨单垄垄体的沿垄自动行走能力。

1. 不同垄体规格的适应能力

通过现场调研可知，不同种植户和种植品种的草莓大棚，在起垄打灰线时，灰线间距就存在一定的差异，造成相邻两垄的间距有所不同；同时不同的起垄机械，成型板结构参数不同，造成开沟宽度存在差异；不同莓农在操作起垄机械时，调整起垄机限高轮高度不同，且受起垄时土壤湿度、固结程度影响，造成起垄开沟深度有所不同。综上，多重因素的影响，使得垄体最后成形的垄高、垄宽、沟宽都存在极大的差异。

不同种植户的垄体差异大，而同一种植户垄体差异性较小，即每个种植户为适应自身的大棚规格、草莓种植品种和起垄机械规格，形成了自身的农艺体系，不同种植户，农艺不同，造成差异巨大，因此底盘需要适应不同农户的起垄规格，且应便于调整和操作。

2. 仿形导向行走

底盘跨高垄的自主行走，可利用主动式的探测导航方式，利用超声、光电等测距传感器探测垄体侧壁作为导向特征，或采用视觉系统获取高垄垄体垄顶线或垄沟线作为导向特征。

但是，由于垄体是由起垄刀破碎后的土粒堆积而成，高垄垄沟、侧壁、垄顶的平整性有限，且易出现破碎和垮塌，实际应用中难以获得精确的轮廓与线性特征，给导航带来困扰。

为此，基于跨垄行走的垄体-底盘空间位置关系，提出被动仿形结构和方法。

(二)　高垄自适应仿形底盘设计

1. 底盘驱动形式

根据在窄垄沟内跨垄行走的要求，采用前双轮差速驱动与后部两万向轮的组合结构，后轮采用轮毂电机作为驱动轮，轮毂电机将动力、传动和制动装置都整合到轮毂内，从而实现高集成度和结构的大大简化，能够满足跨垄行走的车体布置和便捷控制需要。

轮毂电机的驱动力、传动都在其机身内部，可以通过通反向电压进行制动，动力结构大为简化，整体小巧紧凑，能满足在仅有 30cm 宽的垄沟中行走的需求。采用深圳中菱科技生产的 6.5 英寸[①]智能机器人无刷无齿专用轮毂电机，由高速脉冲信号控制，可实现定点停车。

2. 垄体自适应结构

图 3.23 所示为由底盘车架和可拆装的调高轮系单元、垄宽调整单元构成垄体的自适应结构。其中调高轮系单元由支撑杆、调高板、减震车叉、轮毂电机和固定块组成。调高板为 90° 折弯结构，减震车叉的下端固定于轮毂电机的轮轴两端，减震车叉的上端固定于调高板的下折弯部分。调高板的上折弯部分开有若干等间距通孔，调高板的上折弯部分和滑块通过螺栓螺母连接。支撑杆的两端分别与调高板和固定块铰接。固定块和纵向车梁的水平纵向槽间通过螺栓螺母连接。根据高垄的垄面高度和作业需要，通过手动调整调高板上折弯部分通孔与滑块上通孔的对应螺栓螺母安装顺序，调整底盘车架底部距离高垄垄面间的高度，从而适应不同高垄的垄面高度。

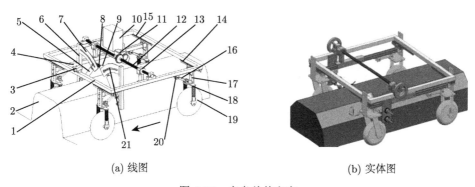

(a) 线图　　　　　　　　　　　　　　　　(b) 实体图

图 3.23　底盘总体方案

1. 底盘车架；2. 高垄；3. 探测装置；4. 纵向车梁；5. 辊筒；6. 仿形单元机架；7. 滑槽板；8. 拉伸弹簧；9. 直动元件；10. 控制箱；11. 电机；12. 双头丝杠；13. 横移螺母；14. 滑轨；15. 滑块；16. 支撑杆；17. 调高板；18. 减震车叉；19. 轮毂电机；20. 固定块；21. 圆弧槽

垄宽调整单元由纵向车梁、电机 (或手摇转柄)、双头丝杠、横移螺母、滑轨和滑块构成。两滑轨分别横向水平固定于底盘车架底部的前后方，纵向车梁沿底盘纵向平行布置，纵向车梁的两端分别与两滑块固定，滑块可沿滑轨横向水平滑动。双头丝杠为横向水平布置，旋向相反的左右两个横移螺母下端固定于纵向车梁的中部。通过手摇转柄或启动电机带动双头丝杠转动，均可调节车轮间距，适应垄宽的变化。

---

① 1 英寸 =1in=2.54cm。

3. 仿形结构

如图 3.24 所示，仿形单元由辊筒、仿形单元机架、滑槽板、拉伸弹簧和直动元件组成。仿形单元机架横向对称，竖直固定于纵向车梁的内侧前部。左右两个滑槽板的一端分别固定于左右两个纵向车梁的内侧上方。两辊筒的下端铰接于左右两个仿形单元机架的下方，上端分别通过销头在左右两个滑槽板上开设的圆弧槽内滑动。两辊筒上端之间通过拉伸弹簧和直动元件的组合相连。根据高垄侧面的倾角控制直动元件的伸缩，从而改变两侧辊筒上端的间距，实现辊筒倾角的自动调整，可适应不同的高垄垄形。

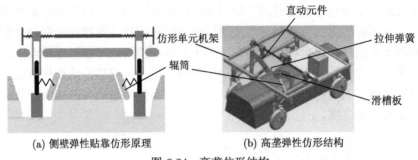

(a) 侧壁弹性贴靠仿形原理　　　　　(b) 高垄弹性仿形结构

图 3.24　高垄仿形结构

两侧辊筒分别贴靠在高垄的两侧壁，当底盘跨垄前进时，由拉伸弹簧的伸缩使两侧辊筒的上端在圆弧槽内滑动，从而使辊筒保持与高垄两侧壁的贴靠，且在垄宽小幅度变化时，能自适应调整贴合力，实现底盘在高垄的垄体误差下的自动仿形行进。

二、高垄仿形部件设计

1. 底盘的作业原理和受力分析

如图 3.25 所示，当底盘偏离垄体中心线时，一侧车轮贴近垄体，另一侧车轮远离垄体，左右弹性仿形装置因与垄体侧壁贴合距离的变化产生力的变化，其仿形导向力 ΔF 与定向后轮形成转向力矩 M。

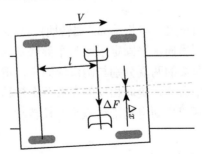

图 3.25　底盘仿形受力示意图

$$M = \Delta Fl \tag{3.21}$$

式中，M 为底盘转向力矩，N·m；ΔF 为仿形导向力，N；l 为仿形装置与后轮中心的距离，m。

实地测定移栽机转向力矩，即可获得仿形装置与垄侧壁所需的接触力，为下一步仿形装置设计提供依据。

2. 仿形装置的改进设计

初始的"单浮动"仿形装置方案如图 3.26 所示，辊筒下端与机架铰接，而通过辊筒上端的弹性浮动，实现对高垄侧壁的仿形。尽管该方案通过两侧仿形单元机架的调节和控制直动元件对拉伸弹簧松紧的调整，可实现针对垄体尺寸和垄形的调整，但由于该方案仅在辊筒上端具有浮动能力，在行走过程中仅能实现辊筒倾斜角度的浮动，对侧壁的尺寸、形状变化和表面不规则的适应性仍然较差。

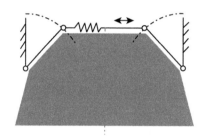 

(a) 初始单浮动仿形装置方案原理简图   (b) 初始单浮动仿形装置照片

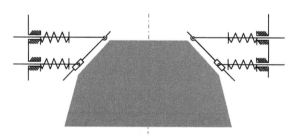

(c) 改进的双浮动仿形装置方案

图 3.26 仿形装置

为此，提出"双浮动"仿形装置的改进方案，如图 3.26(c) 所示，以一仿形触土部件接触垄壁表面，两个串有弹簧的导轨沿垄宽进行弹性适应，将导向装置左右对称安装在底盘两侧车架上，从而实现触土部件的两端浮动，有效改善其仿形适应能力。导向力 ΔF 为

$$\Delta F = |F_{左} \cos \alpha - F_{右} \cos \alpha| = 4K\Delta x \tag{3.22}$$

式中，$F_左$ 为左侧垄壁对仿形装置的压力，N；$F_右$ 为右侧垄壁对仿形装置的压力，N；α 为垄壁与仿形装置接触面的角度，(°)；K 为弹簧的弹性系数，N/mm；Δx 为底盘偏离垄中心线距离，mm。

作业前，将仿形装置的触土装置贴合垄壁侧面，弹簧提供一个初始压力，确保底盘在准许偏差 Δx_0 内，两侧辊筒都能与垄壁接触。作业时，辊筒紧压垄壁两侧土壤，若底盘偏离一侧，该侧的仿形装置距垄壁更近，弹簧拉力变大，另一侧距垄壁更远，弹簧拉力变小，两者相差形成仿形导向力 ΔF，因此，底盘偏离垄中心线越远，仿形导向力越大，直至转向力矩达到或超过底盘转向摩擦力矩，底盘万象轮调整前进角度，缩小底盘偏离距离。

三、高垄仿形行走的 EDEM 仿真与方案改进

(一) 基于 EDEM 的土壤模型建立

在草莓起垄时，通常是由起垄机通过起垄刀旋耕土壤，打碎耕作层，将已经破碎均匀的土壤培于垄面上，其培土高度高于原地表高度 10～20cm，而仿形装置与垄体侧壁贴合区域也主要集中在垄壁上方，接触的土壤结构多为覆于原地表上的团粒状的扰动土，其质地均匀，差异性较小。

通过将质地均匀的垄体土壤离散成一个个单元体，赋予单元间、单元与边界特定的接触模型，设定合适的模型参数，能够深入探究垄土与仿形装置接触时的状态，以及土壤颗粒的变化情况，为后续仿形装置的设计、改进提供参考。

1. 土壤颗粒的接触模型

土壤颗粒作为土壤的整体骨架，颗粒的不同形状和排列方式在骨架内部形成了宽窄不同的孔隙，水和空气相互共存并充斥在孔隙系统中，其中水分是影响土壤性能的重要因素 (图 3.27)。

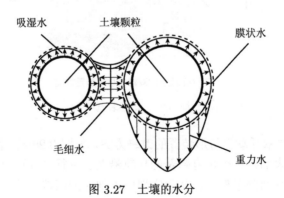

图 3.27　土壤的水分

土壤中的水分也分为固、液、气三态，固态水只能在 0℃ 及以下时才能存在，在我国南方地区草莓种植时，气温高达 30℃ 左右，一般不会存在固态水；气态水是指在土壤颗粒组成的孔隙中的水汽，对土壤系统的影响较小，可以忽略；液态水是土壤中水分的主要形态，可分为附着在颗粒表面上的吸湿水和膜状水、颗粒间的毛细水和重力水，其中毛细水对颗粒间的作用力影响最大。

毛细水是指在土壤颗粒组成的毛细管空隙中，由于水本身携带的分子引力而具有的表面张力，让水分保持在孔隙中，易形成液桥。液桥的存在带来了颗粒间的毛细管力和黏性力，在建立离散元接触模型时要考虑该因素的影响。

EDEM 默认的 Hertz-Mindlin 模型，具有较高的力计算精度，可用于刚体颗粒的仿真计算，但无法清晰表达含湿土壤颗粒受挤压而黏结的现象。因此，对于含湿土壤颗粒需要采用 Hertz-Mindlin with JKR Cohesion 模型。

具体的 JKR 土壤颗粒接触模型如图 3.28 所示，可分为法向力、切向力、法向阻尼、切向阻尼和滚动摩擦。其中，与 Hertz-Mindlin 模型相比，JKR 模型的法向力 $F_{\text{JKR}}^{\text{n}}$ 与颗粒重叠量 δ、表面能 γ 相关，关系如下：

$$F_{\text{JKR}}^{\text{n}} = -4\sqrt{\pi\gamma E^*}\alpha^{\frac{3}{2}} + \frac{4E^*}{3R^*}\alpha^3 \tag{3.23}$$

$$\delta = \frac{\alpha^2}{R^*} - \sqrt{4\pi\gamma\alpha/E^*} \tag{3.24}$$

式中，E^* 为当量杨氏模量；R^* 为当量半径。

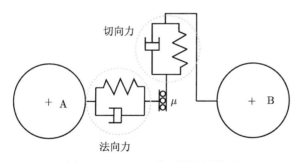

图 3.28　JKR 土壤颗粒接触模型

如图 3.29 所示，Hertz-Mindlin 模型仅开始重叠时才产生斥力，该模型在含湿土壤颗粒逐渐接近且未重叠时，先产生吸引力，随距离逐渐减小而吸引力逐渐增加；当颗粒间开始接触时，法向力 $F_{\text{JKR}}^{\text{n}}$ 仍然表现为相互吸引，并随重叠量 δ 增加而减小；重叠量 δ 增加至某一阈值时，法向力 $F_{\text{JKR}}^{\text{n}}$ 表现为斥力，这很好地体现了含湿土壤颗粒间的凝聚和互斥现象。

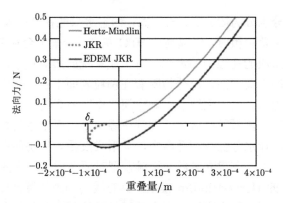

图 3.29　重叠量与法向力关系

2. 高垄垄体土壤物理特性测试

由于高垄垄体是由破碎的土壤颗粒堆积而成，组成垄体的土壤相对于天然林地、草地和其他耕地，土壤颗粒的大小和分布较为均匀和一致，而颗粒性质是决定垄土性质的基本因素，实地采集垄土土样，进行物理特性测试，有助于后续的理论分析和计算。

1) 垄体土壤颗粒分析试验

在经过起垄刀碎土后，原本黏结的土壤团块被打碎成细小的土壤颗粒，土粒的粗细程度和土粒均匀系数深刻影响着垄土的密度和田间机械作业性能。参考 1987 年出版的《中国土壤》，我国对石砾、砂粒、粉粒和黏粒的定义分别为：颗粒大小大于 1mm、0.05~1mm、0.002~0.05mm 和小于 0.002mm。

使用筛分法测定颗粒组成。分别采用孔径 5~0.075mm 的土壤筛，按顺序层层叠好，随机取垄土，质量为 198.1g，将其置于土壤筛顶层上，然后摇振，持续 10~15min，从上至下取筛，称得各个筛子上的土重，数据如表 3.4 所示。

表 3.4　颗粒分析参数

孔径/mm	留筛质量/g	小于该孔径土质量百分比/%
5	27.1	86.32
2	79.5	46.19
1	40.4	25.80
0.5	30.8	10.25
0.25	12.3	4.04
0.1	5.8	1.11
0.075	1.3	0.45
底盘	0.9	0

测定发现，垄体中土壤颗粒大于 1mm 的质量百分比约为 74%，且颗粒大小主要集中在 2~5mm 直径区间内。

2) 土壤自然坡度角试验

在进行土壤细观分析时，由于土壤颗粒间的静摩擦系数、滚动摩擦系数和摩擦阻力难以通过特定的仪器设备直接测量获得，因此通过土壤自然坡度角试验，可间接获得以上参数。

在垄田实际生产中，会进行浇水灌溉，土壤含水率变化较大，分别选择干、半湿、湿三种状态下的土壤进行试验 (图 3.30)，操作流程如下：

(a) 干土壤　　　　　　　　(b) 半湿土壤　　　　　　　　(c) 湿土壤

图 3.30　垄体土壤自然坡度角

(1) 将垄土分为干、半湿、湿三类样本，准备好环刀、烘箱、电子天平，采用环刀法、烘干法测定含水率和密度；

(2) 三类土壤分别进行自然坡度角试验，将一个两头通透的直径 60mm、高 100mm 的铝制圆管竖立在不锈钢板上；

(3) 把样土小心灌入圆管中，直至样土表面恰好与圆管表面齐平；

(4) 缓慢提升圆管，提升过程中，圆管里的土壤颗粒在重力作用下通过圆管与底板的间隙，逐步坍塌，圆管提升至与土壤脱离接触；

(5) 当土壤颗粒稳定下来后，采用角度尺对堆积土壤的堆积角度进行测量。

由表 3.5 可以看出，从干到湿，土壤的自然坡度角逐渐增大，含水率的变化对垄土颗粒的自然坡度角存在一定的影响。

表 3.5　土壤自然坡度角试验结果

类别	密度/(g/cm³)	含水率/%	自然坡度角/(°)
干土壤	1.13	8.74	33.87
半湿土壤	1.37	17.92	41.69
湿土壤	1.49	24.33	49.15

3. EDEM 仿真模型建立

1) 仿真假定

EDEM 通过采用离散单元法，不仅将土壤整体离散为一个个单元颗粒，也将连续的时间离散成一个个固定时间步长。通过获得前一个时刻的土壤颗粒的运动状态，再假设该时间步长内，颗粒不受力的影响，获得下一步长的颗粒位置关系，并计算该位置下，因重叠量 δ 产生的颗粒间作用力，由该作用力更新下一时刻的运动状态。重复上述过程即可以完成整个离散单元的模拟仿真。

实际分析高垄垄体模型时，虽然垄体侧壁与水平地面成一定坡度，但本次仿真的主要目的是研究分析拥土现象的产生原因和改进方案，且实际垄壁坡度误差也较大，完全按照垄体形状进行建模难以实现。因此，不妨将仿形装置与垄壁接触模型简化为仿形装置与水平地面接触模型，其模型满足如下假设：

(1) 土壤离散为刚性颗粒体；

(2) 颗粒接触采用软接触，但重叠量应远小于土壤颗粒粒径；

(3) 接触模型采用 JKR 模型；

(4) 仿形装置与垄体侧壁接触简化为仿形装置与水平地面接触。

2) 土壤颗粒模型

土壤结构通常是由单个土粒聚集组成微团粒，再由微团粒团聚为团聚体，按团聚形状可以分为柱状、核状、块状、棱柱状、片状以及较为理想的圆球状。为了使仿真更加贴近垄土颗粒真实情况，进行实际垄体土壤颗粒采样，其中三角状颗粒占比更高，同时在土壤颗粒分析试验中发现颗粒大小主要集中在 2~5mm 直径区间内，采用 3 个直径大小为 4mm 的圆球进行组合，形成三角三球土壤颗粒模型 (图 3.31)，最大直径为 5mm，并设置土壤颗粒密度为 $2500kg/m^3$。

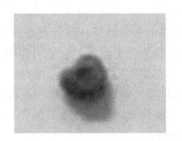

图 3.31　土壤颗粒模型

3) 几何模型创建和导入

虽然垄体高约 30cm，但仿形装置与垄壁实际接触长度为 10~20cm，又仿形圆弧板长为 100mm，仿真设定圆弧板与土壤有效接触面约为 100mm×100mm，通过 EDEM 自带的前处理建模工具进行土槽建模，土槽长、宽、高为 100mm×400mm×100mm，材料为 304 不锈钢。

由于仿形导向装置复杂，采用 UG10.0 进行三维建模，舍弃仿形装置的导杆和弹簧等部件，以降低模型的复杂程度，仅建立与土壤接触的圆弧板模型。将圆弧导向板保存为 .stp 格式，并导入其中，圆弧板的导入单位为 mm，材料为 304 不锈钢，并调整圆弧板导入后的位置。

4) 参数标定

在完成土壤模型定义和部件导入后，需要对土壤颗粒参数、接触模型参数、环境参数进行定义。其中 JKR 接触模型的部分参数难以通过仪器设备直接获得确切值，通过 EDEM 软件自带的 GEMM 数据库，可以针对颗粒的自然坡度角推荐合适的接触参数，并给出初选范围。由土壤自然坡度角试验，可得半湿土壤的坡度角为 41.69°，同时查阅文献获得导入部件和土壤的其他自然特性参数[24] (表 3.6)。

表 3.6 参数定义表

项目	值	项目	值
颗粒密度/(kg/m³)	2500	颗粒间动摩擦系数	0.15
颗粒泊松比	0.25	物体-颗粒恢复系数	0.5
颗粒剪切模量/Pa	1×10^7	物体-颗粒静摩擦系数	1.06
304 不锈钢密度/(kg/m³)	7930	物体-颗粒动摩擦系数	0.15
304 不锈钢泊松比	0.3	颗粒间 JKR 表面能/(J/m²)	8
304 不锈钢剪切模量/Pa	2.01×10^{11}	物体颗粒 JKR 表面能/(J/m²)	1.5
颗粒间恢复系数	0.75	重力方向	$-Z$ 轴
颗粒间静摩擦系数	0.56	重力大小/(m/s)	9.81

5) 颗粒生成

在 EDEM 中采用颗粒的动态生成方式 (图 3.32)，在距离土槽底部 230mm 处建立一个长、宽为 100mm×400mm 的平面，将其设置为虚拟平面，颗粒从此平面生成，设定颗粒在重力作用下以 1m/s 的下降速度下落，堆积于土槽内。

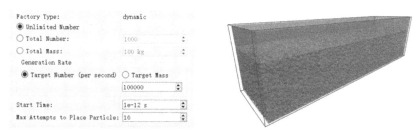

图 3.32 颗粒动态生成方式

将颗粒的生成过程分为两部分，0~0.29s 期间生成土壤的主体，以灰色表示；0.29~0.30s 期间生成的颗粒覆盖在土壤表面，以青色表示，其他颗粒参数与之前完全相同。最终颗粒工厂耗时 0.3s 共生成 19995 个土壤颗粒，土壤的堆积厚度为 200mm，静置 0.2s 使土壤颗粒充分稳定。

(二)　仿形装置的仿形行走过程模拟

由于仿形部件与松散软质高垄侧壁发生挤压，进而通过浮动适应引导底盘沿垄前进，仿形部件与高垄侧壁之间的挤压和相对运动特性是仿形行走能力的关键，也是仿形部件设计的关键。通过仿真，可以为仿形部件的设计或改进提供有效依据。

1. 圆弧板下压过程

调整圆弧板的初始位置，使其紧贴土壤表面，设置圆弧板从 0.5~0.9s 以 0.05m/s 的速度缓慢下压，以检验下压过程颗粒变化 (图 3.33)。

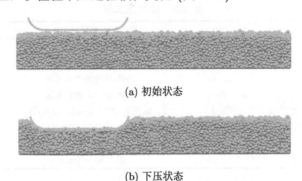

(a) 初始状态

(b) 下压状态

图 3.33　下压仿真

观察下压过程中颗粒变化，其颗粒主要沿圆弧板垂直方向进行压缩，并无明显随下压深度增加，颗粒拥挤于两侧的现象。通过 EDEM 处理软件后，生成圆弧板在下压过程中下压深度和压力曲线，可见下压 20mm 后，下压力即达到 1311N。

通过观察，下压深度与下压力大致呈二次多项式关系，拟合曲线如图 3.34 所示，其下压深度 x(单位：mm) 与下压力 F_{push}(单位：N) 关系如下：

$$F_{\text{push}} = 4.6797x^2 - 27.919x + 33.729 \tag{3.25}$$

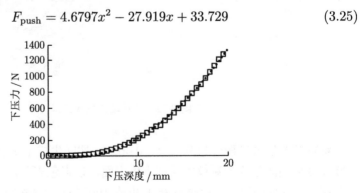

图 3.34　下压深度与下压力拟合曲线

2. 圆弧板前进过程

圆弧板下压入土后,设置圆弧板在 1~4s 内以 0.05m/s 的速度沿水平方向前进,以模拟仿形装置沿垄仿形过程。

如图 3.35 所示,当前进 1.5s 后,圆弧板前进方向上,垄土已部分隆起;前进3s 后,部分垄土超过圆弧板最高点,滚入圆弧板内侧,表现出明显的拥土现象。

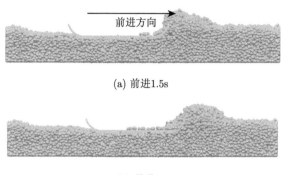

(a) 前进1.5s

(b) 前进3s

图 3.35　前进仿真

通过 EDEM 将圆弧板前进过程中的各个时间步长的受力值导出,绘制图表。由图 3.36 可知,当圆弧板开始前进时,下压力急剧减小,而前进阻力急剧增大;当经过 0.3s 后,圆弧板下压力下降速度减缓,但仍持续减小,前进阻力也随之减小。综上,由于圆弧板与侧壁土壤间的相对滑动方式,圆弧板下压造成土壤颗粒拥挤,导致前进方向上的土壤颗粒在圆弧板的推动下堆积于前侧,而未能如设想进入仿形圆弧板下方,产生较严重的拥土现象。

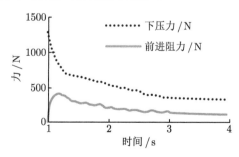

图 3.36　前进过程受力情况

(三)　改进方案与仿真分析

1. 方案改进

仿真分析表明,解决拥土问题的核心在于实现土壤颗粒沿着设定路径导向进入平板下方。为此，将圆弧板与侧壁土壤间的滑动与辊筒的滚动特点相结合，将圆弧板的两端翘起结构改为电动辊筒，形成"双主动辊筒 ＋ 平板"仿形结构（图 3.37）。当仿形装置沿垄行走时，通过平板增大了与侧壁的接触面积，防止明显下陷；而通过电动辊筒的主动转动，将前进过程中的土壤颗粒在辊筒圆弧的引导下，压于平板之下，避免了拥土现象的发生。

图 3.37　改进的"双主动辊筒 ＋ 平板"仿形装置

2. 下压过程仿真

简化改进后的仿形装置，仅保留与土壤接触的两电动辊筒和压板，将其导入EDEM 几何体中。调整位置，使压板紧贴土壤表面，设置电动辊筒、压板从 0.5~0.9s 以 0.05m/s 的速度缓慢下压，土壤颗粒变化如图 3.38 所示。

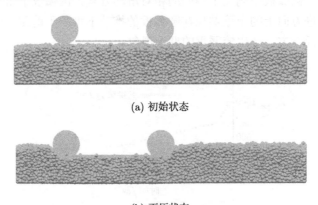

(a) 初始状态

(b) 下压状态

图 3.38　下压仿真

通过 EDEM 处理软件后，生成仿形装置的压板和前后两个电动辊筒在下压过程中的压力值，并导出数据，统计三者的合力，可得下压 20mm 时，下压力为1448.5N。

分析下压深度与下压力大致呈二次多项式关系，数据拟合曲线如图 3.39 所示，其下压深度 x(单位：mm) 与下压力 F'_{push}(单位：N) 关系如下：

$$F'_{\text{push}} = 4.9549x^2 - 29.499x + 33.885 \tag{3.26}$$

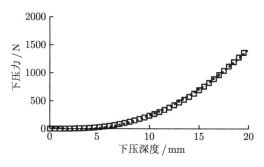

图 3.39 下压深度与下压力

3. 前进过程仿真

仿形装置压入土后，设置压板和两辊筒在 1~4s 内以 0.05m/s 的速度沿水平方向前进，同时设置两辊筒以 2.63rad/s 的转速转动来模拟辊筒的滚动，具体前进过程如图 3.40 所示。

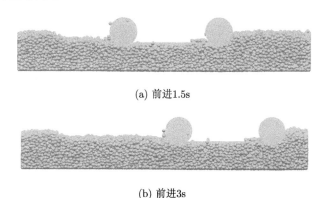

(a) 前进1.5s

(b) 前进3s

图 3.40 前进仿真

改进后，仿形装置在前进方向上不存在土壤颗粒的堆积现象，土壤颗粒被电动辊筒压入平板下方，经过电动辊筒后又恢复部分形变，体现了土壤的可塑性。

将前进过程中各个时间步下的部件受力导出，统计并绘制仿形装置的整体压力和前进阻力图表。由图 3.41 可知，刚开始仿形前进时，下压力急剧减小，总前进阻力急剧加大；持续一段时间后，两者趋于稳定。

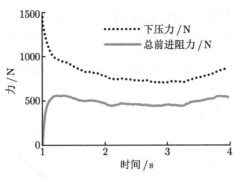

图 3.41　前进过程受力情况

　　因此，该仿形装置的改进方案基本满足仿形作业需求，仿形过程中的总前进阻力主要是平板和土壤的摩擦阻力，下压力也主要由平板提供，两电动辊筒仅起将土壤颗粒导入压板下方的作用，前进过程中不再出现拥土现象。

第四节　底盘通用化技术

一、轻简智能控制的提出

（一）　现有智能操控方式

　　装备的智能操控是降低人力强度和保障装备性能的关键。根据智能化的层级差异，装备的智能操控主要有遥控和全自主作业两类方式。

　　在农业装备领域，遥控操作方式得到了日益广泛的应用。遥控操作简单便捷，可实现人离开机身的远程操作，尤其适合于一些作业空间狭小、需要确保人身健康与安全的作业场合，如温室大棚内的小型机具、施药与有机肥喷洒、丘陵山区作业、攀爬作业及空中无人机飞行作业等，遥控田园管理机 (图 3.42)、遥控果园植保机、遥控无人植保机 (图 3.43) 等陆续进入市场。但是，遥控更适合于作业动作简单、精度要求较低、宜于远程操控的作业场景，而对于动作复杂、精细化的作业，如移栽、嫁接和选择性的采摘、整枝、对靶授粉施药等，遥控操作将极具困难甚至无法实现。近年来也陆续有远程视频操控、远程体感操控等模式运用于农业装备领域的研究，但远程操控作业部件执行精细任务仍有巨大难度，其人工操控强度甚至远远超出现场作业，作业精度、效率亦无法满足实际作业需求，而仅适用于特定、极端场合的作业或故障等的监视排除等。

　　机器人化、无人化的全自主作业可以实现对人力的完全摆脱，成为农业装备发展的未来趋势。基于卫星导航的大田无人化农机 (图 3.44) 正在飞速发展，果园、温室等自主导航作业的植保机器人、搬运机器人等研究取得快速进展并逐步走向产品化，采摘机器人 (图 3.45) 等的研究也得到了高度重视和推进。但是，非选择性、直线导航性的自主作业在现有智能化水平下可以满足实际应用的要求，而基于复杂场景与目标感知理解和复杂自主决策的选择性作业、自主轨迹规划、自主调头换行、自主接续作业等，技术挑战性仍然过高，在现有技术水平下其可实现性和性能仍远远难以达到生产应用的要求。

图 3.42　遥控田园管理机

图 3.43　遥控无人植保机

图 3.44　无人拖拉机

图 3.45　采摘机器人

(二)　遥控极少干预的轻简智能控制概念

对于温室草莓的基质摊铺、移栽、施药、授粉等作业，全遥控无法满足实际作业的需要，原因如下：

(1) 沿数十米高垄、高架间的狭窄空间的精准、无碰撞行走，由全程遥控实施的难度和强度过大。

(2) 特别是基质摊铺与移栽作业的动作环节多，动作匹配协同要求高，且动作精细度要求高，各环节的连续遥控操作更不具备现实可能性。

在具有一定结构化特征的高垄、高架环境下，在解决沿垄、沿架的自主精准行走问题的前提下，具备了沿垄、沿架进行移栽、基质摊铺等自动作业的可行性。但是作业启停、调头换行和基质、秧苗的补充等极少环节，机器人化的全自主决策仍然难度过大。在现有技术水平下，全自主作业的技术成本投入、作业效率仍难以满足生产的需要。而以遥控介入上述环节则可以便捷实现。

为此，将极少数环节的遥控干预与沿垄、沿高架的全自主作业有机结合，实现高垄、高架草莓管理作业的轻简智能控制，实现舒适便捷的高智能化作业目标，将能有效满足草莓生产管理需要，同时该轻简智能控制模式亦为各类农业场景的装备化管理作业提供了优化方案。

二、遥控极少干预的轻简智能控制技术模式

（一）遥控极少干预的人机工程目标

轻简智能控制的基本理念为：

(1) 将解决沿垄、沿架的自主导航行走和移栽、基质摊铺等作业多动作自动协调执行全部内嵌，而仅通过遥控器解决自主作业与遥控介入的状态切换和遥控的启停与转向。

(2) 遥控器界面极简化和傻瓜化，不对自主作业的各动作进行直接操作和直接干预，保证遥控方式的友好性。

(3) 为实现遥控介入与自主作业的无缝衔接，摆脱自主作业全程中操作者连续跟随监控的弊端，实现真正的极少参与、休闲式作业操作，需解决沿垄、沿架的到头自动检测报警和秧苗、基质、药液等的亏缺自动监测报警与作业制停待机，提醒操作者的遥控干预。

（二）遥控的界面设计

1. 遥控界面与控制逻辑

轻简智能操控的遥控器界面如图 3.46 所示，仅包括进退、转向与暂停的集成键和"作业""复位""加减速"按键。

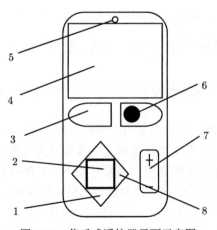

图 3.46　傻瓜式遥控器界面示意图

1. 进退键；2. 暂停键；3. 复位键；4. 显示屏；5. 指示灯；6. 作业键；7. 加减速键；8. 左右转向键

其实现遥控极少干预的轻简智能控制的基本逻辑为：

(1) 底盘换接特定作业模块，作业模块换接到位自动触发遥控模式。

(2) 遥控模式下，按遥控器上的"前、后、左、右"键，遥控管理机进入跨高垄或沿高架的作业区域。

(3) 按下作业键，自动屏蔽除暂停键外的其他遥控按键，并进入自动作业模式。

(4) 作业模块在底盘的承载下，自主沿垄或沿行行进并执行移栽等作业任务。

(5) 当出现缺苗、缺药、缺基质以及作业到头等情况，发出需人工干预的报警，操作者按暂停键，激活遥控器上的所有按键，机器重新进入遥控模式，进行人工干预。

(6) 人工干预完成后，有两类情况：

复位：按遥控器上的复位键将作业模块各执行机构位置清零复位，进而按作业键重新进入自动作业模式；

续接作业：直接按动作业键，底盘及作业模块直接以当前状态进入自动作业模式，续接停机介入前的作业任务。

(7) 作业完成后，按暂停键停止作业动作，激活遥控器上的所有按键，再次进入遥控模式，等待驶离作业区域。

(8) 遥控模式下，按遥控器上的"前、后、左、右"键，遥控管理机离开作业区域至准备区域。

2. 技术特征

(1) 遥控器上的"作业"按键动作同时作为屏蔽其他按键通道的使能信号，防止自主作业过程中的遥控器误碰、误操作。

(2) 遥控器上的"暂停"按键动作同时为激活他按键通道的使能信号，实现由自主作业的防误操作"屏蔽"状态转入退出自主作业模式的遥控操作转换。

(3) 遥控器仅布置唯一作业键，不区分作业任务，而与多作业模块快速换接，与自主匹配系统相配合，按动作业键自动匹配执行当前所换接的作业任务。

该遥控的界面设计，遵从"极少干预"和"轻简智能"的原则，将绝大部分任务交于按动作业键后的全自主作业，仅留布极少的干预入口。同时，由多作业模块快速换接与自主匹配技术支持，将多种作业的复杂驱动-通信处理、多种作业的复杂流程算法、多作业的自主判断和程序匹配执行等均交由系统自主执行，免除了复杂人机界面的人为输入与设定过程，大大降低了使用复杂性和提高了人机交互性能。

三、多作业模块快速换接与自主匹配技术

(一) 自动作业模块的快速电-控换接需要

农业生产的作业环节多、季节性强，为有效提高农业机械的使用效率和降低投资成本，"一机多用"成为农业机械化发展的现实需要。为基于统一平台和多作业机具构建多功能农业装备，模块化设计已成为发展的潮流。

基于通用底盘分别挂接多机具执行不同的作业任务，是传统拖拉机牵引式作业的主要形式。在传统农业机械中，通过无动力或单一动力机具的挂接，即可实现不同作业或对不同对象的作业。如通过拖拉机的后轴动力和三点悬挂，可挂接不同机具完成旋耕、平地、犁地、开沟、施药、播种等作业；通过联合收割机的不同割台驳接，可实现对稻麦、油菜甚至豆类、芝麻等作物的收获。针对各类农业作业的多环节和季节性，自走式装备的多机具模块化换接也成为农业装备发展的重要趋势之一。对于无内置动力源和动作单一的各类机械式作业部件，底盘主要起搭载和牵引功能，可以直接完成机械式换接。

但是，移栽、基质摊铺等作业模块非简单的作业工具，而是不同的机电一体化模块，其供电、控制对象类型与数量、信号输入输出、作业程序等均存在差异，其换接更加复杂化。特别是针对每一作业模块的信号与电控接口需逐一接线调试和做程序更换；同时，针对每种作业都需在遥控器上设置对应的控制按键，使遥控复杂化，且增大了农民错误遥控操作的概率，既不便于轻简化，更存在安全隐患和损失可能。

(二) 快速电-控换接接口设计目标

(1) 一插式电-控一体换接：通过作业模块与通用底盘接口的一插操作，实现电-控的快速一体换接，而无须任何额外硬件处理与软件设置。

(2) 模块自动识别与程序匹配：在一插操作实现电-控的快速一体换接的同时，完成控制系统对作业模块的自动识别和相应作业程序的自动触发匹配。

(3) 防误插功能：具备多类作业模块的电控接口防误插防护，有效保护装备系统安全。

(三) 作业模块自动识别与程序匹配的接口处理方法

通用底盘布置多针接口母头，在各作业模块上布置同规格多针接口公头，并按相同顺序位置在各接口公头、母头上取 3 个引脚为模块自动识别位。如图 3.47 所示。

(1) 通用底盘接口母头的 1# 引脚接电源 + 极，2# 引脚接控制器 I0.0 输入端子，3# 引脚接控制器 I0.1 输入端子。

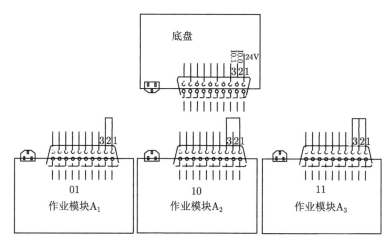

图 3.47　模块自动识别与程序匹配的接口

(2) 作业模块 1、2、3 上的接口公头上，分别将 1#—2# 引脚、1#—3# 引脚、1#—2#—3# 引脚短接。

当作业模块 1 与通用底盘插接时，控制器的 I0.1、I0.0 两个端口分别读入低、高电平信号，即 01；

当作业模块 2 与通用底盘插接时，控制器的 I0.1、I0.0 两个端口分别读入高、低电平信号，即 10；

当作业模块 3 与通用底盘插接时，控制器的 I0.1、I0.0 两个端口分别读入高、高电平信号，即 11。

根据各作业模块的执行子程序触发的预定义，即可由 I0.0、I0.1 两个端口读入的高低电平信号，形成主程序的不同二进制输入，进而通过软件的识别和跳转，实现对作业模块的自动识别和程序匹配。

(四)　快插接口的处理

以基于模块自动识别位的作业模块自动识别与程序匹配为基础，为实现一插式便捷、快速的换接，对通用底盘与各作业模块的接口可以有不同的处理模式。

1. 模式 1

如图 3.48 所示，分别针对每一作业模块，在通用底盘上布置接口母头，每一作业模块布置对应接口公头，且接口均为电源-信号接口；多作业模块的接口母头的电源-信号传输汇于同一电源-信号组合电缆，从而保证一插换接的便捷性。

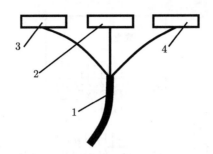

图 3.48　底盘多接口组合

1. 电源-信号组合电缆；2. 作业模块 2 母头；3. 作业模块 1 母头；4. 作业模块 3 母头

2. 模式 2

(1) 如图 3.49 所示，在通用底盘上布置多模块通用多针接口的母头，并将多针接口的引脚分别定义为作业模块自动识别与程序匹配引脚区、作业模块 1 引脚区、作业模块 2 引脚区和作业模块 3 引脚区。

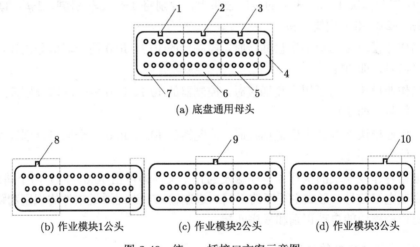

(a) 底盘通用母头

(b) 作业模块1公头　　(c) 作业模块2公头　　(d) 作业模块3公头

图 3.49　统一一插接口方案示意图

1. 作业模块 1 配接凹口；2. 作业模块 2 配接凹口；3. 作业模块 3 配接凹口；4. 作业模块自动识别与程序匹配引脚区；5. 作业模块 3 引脚区；6. 作业模块 2 引脚区；7. 作业模块 1 引脚区；8. 作业模块 1 配接凸口；9. 作业模块 2 配接凸口；10. 作业模块 3 配接凸口

(2) 在各作业模块上分别布置规格对应的多针接口公头，但每一公头仅定义使用作业模块自动识别与程序匹配引脚区和各作业模块对应的引脚区，在插接后由作业模块自动识别与程序匹配引脚区完成相应作业模块的程序激活，由各作业模块对应引脚区完成对该作业模块的供电和通信。

(3) 为防止同一规格公头、母头的错接，在底盘通用母头上分别开设作业模块 1 配接凹口、作业模块 2 配接凹口和作业模块 3 配接凹口，并分别在各作业模块公头的对应位置开设配接凸口，仅当作业模块公头的凸口与底盘母头的凹口相匹配时，才能完成插接，从而有效保证了傻瓜式快接的安全性。

第五节 样机开发与试验

一、沿边导航轮式底盘开发与试验

(一) 样机开发

1. 轮式底盘

试验使用的底盘长 1200mm、宽 600mm、高 550mm，采用两台飞力美 60 系列 400W 伺服电机经过 60PLE-40K 型直角精密减速机为左右驱动轮提供动力，选用 XDM-60T10-E/C 型 PLC 控制器、万虹中业科技发展有限公司的 8 路遥控模块。

2. 光电开关布置参数

试验采用欧姆龙 E3Z-D61，NPN 输出反射型光电开关，检测范围 5~100mm 可调，其调节精度可达 1mm，指向角为 2.5°。为对该方法进行初步验证，下沉路沿和凸起路沿分别按下述布置光电开关圆弧阵列。

(1) 下沉路沿：试验时将光电开关检测距离调节至 90mm，垂直向下入射地面，离地高度为 50mm，布置的光电开关圆弧的弦与小车沿边一侧重合，取圆弧的参数 $\theta = 20°$、$R = 3291mm$，由式 (3.16) 和式 (3.18) 可知，其位置检测最大误差为 12.5mm，姿态检测最大误差为 3.3°。按照车速 0.15m/s 和式 (3.19) 测算，只要系统响应时间 τ 在 0.1s 以内，即可满足光电开关圆弧阵列的位姿检测需要 (图 3.50)。

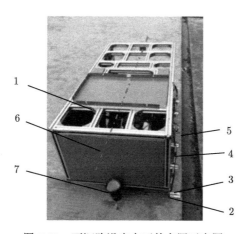

图 3.50 下沉路沿光电开关布置示意图

1. 自主小车；2. 光电开关；3. 光电开关支架；4. 光电开关圆弧；5. 下沉路沿；6. 车体中心线；7. 沙漏

(2) 凸起路沿：试验时将光电开关水平布置在底盘，通过调节光电开关的水平检测距离形成参数 $\theta = 20°$、$R = 3291\text{mm}$ 的光电圆弧，布置的光电圆弧的弦与底盘边缘距离为 30mm(图 3.51)。

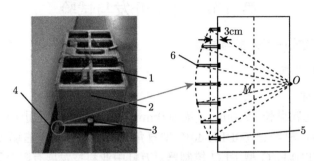

图 3.51　凸起路沿光电开关布置示意图

1. 底盘；2. 车体中心线；3. 沙漏；4. 凸起路沿；5. 光电开关；6. 光电开关检测点

(二)　移动平台行走试验与分析

1. 直线行走性能试验

底盘在实际行走过程中，由于左右车轮安装误差、制作误差、轮胎气压差异等多种因素，其在行驶时可能出现左右车轮速度不等，导致底盘行驶倾斜，对后续沿边导航试验不利，为此对底盘的直线行走性能进行试验。

1) 试验设计与步骤

底盘的自动作业速度大约在 0.1~0.2m/s。为测试样机的直线行驶能力，试验路面选取江苏大学农业装备工程学院实验楼内的水平度良好的水磨石地面。试验时，使底盘从沿同一位置出发，设置其初始速度为 0.05m/s 行驶 1m，测量底盘的横向位移量，重复以上步骤 10 次，测得横向位移量分别为 $y_1 \sim y_{10}$；再分别将初始速度调节为 0.1m/s、0.15m/s、0.2m/s，重复以上试验。

2) 试验结果与分析

对上面的试验数据进行统计可以得到表 3.7 所示结果，可以看出速度分别为 0.05m/s、0.1m/s、0.15m/s、0.2m/s 时，其横向位移偏向两边的偏差极限值都呈增大趋势，横向位移绝对值的均值 $Y = \dfrac{\sum\limits_{i=1}^{10} |y_i|}{10}$，分别为 6.9mm、9.4mm、12.6mm、15mm，也随着速度的增加而变大，其直线保持能力减弱，但未严重偏离理想直线。其向横向位移偏差的正、负值概率大体差不多，未出现底盘总是向一侧偏移的现象，底盘样机的直线行走性能比较良好。

表 3.7　横向位移偏差

速度/(m/s)	横向位移偏差 y_n/mm									
0.05	12	6	−4	−5	−6	7	6	−6	8	−9
0.1	8	11	−9	3	−14	−13	10	9	9	8
0.15	−10	−13	−8	12	−7	17	15	−17	12	15
0.2	18	−12	9	14	8	−16	6	22	24	−21

2. 速度测试试验

1) 试验设计与步骤

由上节试验结果可知，底盘在短距离内，其横向位移最大偏差在 24mm，近似直线行驶。设置底盘的速度分别为 0.05m/s、0.1m/s、0.15m/s、0.2m/s，沿同一路径行驶 1m，用秒表记录下行驶时间，并重复 5 次，可得到每种速度下行驶 1m 所用的平均时间。

2) 试验结果与分析

由表 3.8 得出，底盘的实际平均速度小于其设定的理论速度，大约是设定速度的 0.9~0.92 倍。

表 3.8　底盘车速测试表

行驶距离/m	设定速度/(m/s)	平均行驶时间/s	实际平均速度/(m/s)
	0.05	21.59	0.046
1	0.1	11.12	0.089
	1.15	7.25	0.138
	0.2	5.41	0.185

3. 无障碍沿边行走试验

1) 试验设计与步骤

同时为方便试验开展，对下沉路沿和凸起路沿的沿边行走试验处理分别如下：

(1) 下沉路沿：选取江苏大学农业装备工程学院实验楼旁的水泥路沿，其与所述温室下沉路沿特征相同，路沿的台阶高度约 14cm，在底盘尾部中心处安装一沙漏 (图 3.50)，底盘初始位置中心距离路面边沿 40cm、航向角为 0°。

(2) 凸起路沿：选取江苏大学农业装备工程学院实验楼内的走廊通道的墙壁，在底盘尾部中心处安装一沙漏，底盘初始位置中心距离路面边沿 43cm、航向角为 0°(图 3.51)。

底盘左右轮，使其初始速度为 0.05m/s、0.1m/s、0.15m/s 进行试验，行驶距离为 16m，得到沙漏在水泥路面留下的轨迹，从起点开始使用 T 形尺每隔 50mm 测量一次黄沙轨迹中心点到路面边沿的垂直距离 y_n，并记录下来。

2) 试验结果与分析

试验可得 0.05m/s、0.1m/s、0.15m/s 三不同速度情况下的底盘沿凸起路沿、下沉路沿的行走轨迹，如图 3.52 所示。

由底盘在行驶过程中的横向位移、航向角相对于路沿的变化情况可以反映底盘的沿边导航效果。底盘中心 M 与路沿的位置偏差 Δy_n 为

$$\Delta y_n = y_n - y_0 \tag{3.27}$$

式中，由光电开关的布置参数可知下沉路沿、凸起路沿的 y_0 分别为 335mm、365mm，可得底盘与路沿位置偏差 Δy_n 随底盘沿边行驶距离的变化关系如图 3.53 所示。

底盘相对于路沿的航向角 $\bar{\gamma}_n$ 为

$$\bar{\gamma}_n = \arctan \frac{y_{n+1} - y_n}{\Delta x} \tag{3.28}$$

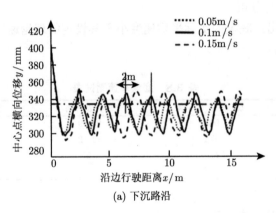

(a) 下沉路沿

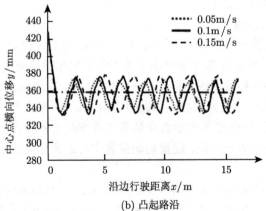

(b) 凸起路沿

图 3.52　底盘沿边行走轨迹图

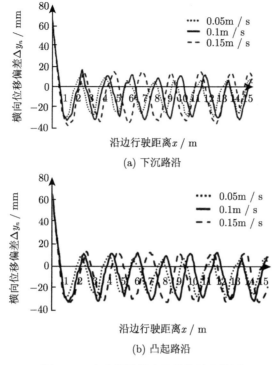

(a) 下沉路沿

(b) 凸起路沿

图 3.53　底盘沿边横向位移偏差变化图

同理可得底盘相对于路沿的航向角变化图如图 3.54 所示。

对上述的 Δy_n、$\bar{\gamma}_n$ 数据进行统计分析可得表 3.9。

由图 3.52~ 图 3.54 及表 3.9 可见：

(1) 随着速度增大，底盘的横向位移偏差、航向角偏差的均值呈变大趋势，且两者的波动也逐渐变大，但在理论设计的速度内，未出现底盘位姿剧烈振荡、调控不稳现象。

(2) 在 0.15m/s 速度内，底盘的实际位置与理想位置偏差保持在 $-35\sim+15$mm，其偏差的绝对值的均值在 16.9mm 以内，角度偏差保持在 $-5°\sim+5°$，其偏差绝对值的均值在 4° 以内，相对于底盘尺寸，此误差基本能够满足实际施药、搬运等作业的行走需求。

(3) 沿边导航中每行驶 2m 自动实施一次调控，且此调控距离随速度增加而呈增加趋势，表明基于光电开关圆弧阵列可实现温室内的低调控频度的沿边平顺导航行进。

4. 路沿障碍物的导航影响试验

底盘实际作业时，温室的下沉路沿可能存在杂物，使部分下沉路沿高度与地面一致，此时光电圆弧阵列反映的底盘的有效位姿与实际位姿具有一定偏差。为验证杂物对沿边导航效果的影响，开展了如下试验。

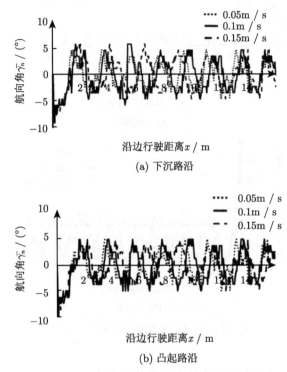

(a) 下沉路沿

(b) 凸起路沿

图 3.54　底盘沿边航向角变化图

表 3.9　底盘行走轨迹误差表

	速度/(m/s)	位置偏差 $|\Delta y_n|$ /(mm)		姿态偏差 $|\bar{\gamma}_n|$ /(°)		轨迹长度周期/m
		均值	方差	均值	方差	
下沉路沿	0.05	11.3	208	2.64	2.65	1.8~2.0
	0.10	13.7	289	2.79	3.47	1.9~2.2
	0.15	16.9	406	3.12	4.12	2.3~2.4
凸起路沿	0.05	10.9	196	2.21	2.45	1.8~2.0
	0.10	12.1	264	2.69	3.01	1.9~2.2
	0.15	15.4	386	3.01	3.98	2.3~2.6

1) 试验设计与步骤

分别在路沿 3m 处设置长 10cm 的杂物、5m 处设置长 30cm 的杂物、12m 处设置长 60cm 的杂物，底盘初始位置中心距离路面边沿 40cm、航向角为 0°，以 0.1m/s 的初速度行驶，得到沙漏在水泥路面留下的轨迹，从起点开始，用 T 形尺每隔 50mm 测量一次黄沙轨迹中心点到路面边沿的垂直距离 y_n，并记录下来。

2) 试验结果与分析

由以上数据可得到有杂物情况下底盘与路沿位置偏差 Δy_n 随沿边行驶距离的变化关系，如图 3.55 所示。

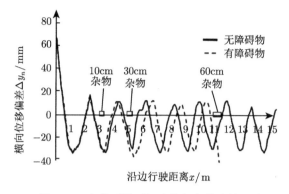

图 3.55　杂物对沿下沉路沿行走轨迹的影响

可见底盘在长度为 10cm 杂物附近的位姿并未发生很大变化，长度为 30cm 杂物附近的位姿波动明显增大，长度为 60cm 杂物附近的位姿偏差急剧增大，严重偏向路沿外侧，底盘坠落下沉路沿。试验表明该系统具有一定的容错性，能够适应一定尺度的杂物，可以适应于生产中绝大多数情况，但当杂物长度较大时，会出现偏航现象。

二、跨垄仿形行走底盘开发与试验

(一)　跨垄仿形行走底盘开发

1. 底盘开发

为验证跨垄仿形行走的性能，开发了轮毂电机差速式跨垄仿形行走底盘 (图 3.56)。

图 3.56　仿形行走底盘样机

2. 仿形装置与部件开发

1) 辊筒式仿形装置

开发直径为 38mm、长为 200mm 的不锈钢制的无动力辊筒作为触土装置 (图 3.57)，可依据仿形导向力的需求，在底盘前部安装一对或多对辊筒。当底盘前进时，辊筒在垄壁摩擦力的作用下自然滚动，在水平导轨的弹簧拉力作用下实现垄壁角度和垄宽方向上的自适应。

2) 圆弧板式仿形装置

圆弧板采用一块长 20cm、宽 10cm 的平板作为主要接触面，平板长度方向上翘起一个半径为 25mm 的圆弧 (图 3.58)。在仿形前进时，垄壁土壤在圆弧角度的导向下压入平板下方，提供仿形导向力，平板与垄壁接触，减小了单位面积的压强和下陷深度。

图 3.57 "双浮动"辊筒式仿形装置

图 3.58 "双浮动"圆弧板式仿形装置

3. 仿形装置弹性元件选型

左右仿形装置采用在导杆上套压缩弹簧方式实现压力输出，需要确定弹簧压力、变形量、有效圈数等参数，其中最为关键的参数在于最大许用变形量 $[\delta]$ 时的最大压力载荷。

跨垄移栽等作业对行走的横向-纵向定位精度有较高要求。在确定弹簧最大压力载荷时，需知道底盘本身的偏转力。将跨垄仿形底盘置于水平地面，采用推拉力计垂直于移栽机中心线缓慢拉动前轮，直至前轮由 0° 转至 90°，记录最大拉力值，共进行 3 次试验 (图 3.59)。采用卷尺测得前轮至后轮的距离为 0.8m，经计算得转向力矩 (表 3.10)。

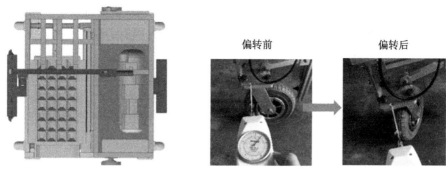

图 3.59　转向力矩测试试验

表 3.10　转向力矩记录表

序号	偏转力/N	转向力矩/(N·m)
1	42.63	34.10
2	47.53	38.02
3	43.12	35.50
平均值	44.43	35.52

因此，左右两侧仿形装置在偏离极限误差时，产生的导向力矩一定要大于转向力矩。采用安全系数 φ 来确保实际导向力矩大于转向力矩，取 φ 为 1.3，并计算获得弹簧的弹性刚度。

$$\Delta F_{\max}l = 4K\Delta x_{\max} = \varphi M_{转} \tag{3.29}$$

最终确定采用镀锌线 304 不锈钢压缩弹簧，线径为 1.0mm，外径为 10mm，自由长度为 90mm。

(二)　仿形触土部件比较试验

1. 辊筒式方案试验验证

在镇江市左湖村草莓种植散户大棚内随机选取一条已经起好的草莓高垄，将仿形装置紧贴高垄侧壁，以垂直于侧壁方向进行缓慢下压，直至导轨上的仿形弹簧达到最大压缩长度。采用卷尺测得弹簧压缩长度、辊筒下陷程度，并观察辊筒沿垄前进效果。

如图 3.60 所示，在压缩弹簧达到最大压缩长度后 (下压力 146.2N)，辊筒陷入土中约为 16mm。滚压一段距离后，滚压后方会形成较为明显的滚压痕迹，滚压过程中，辊筒前方部分受到扰动的土屑随垄壁坡度角掉落于垄沟中，同时辊筒会因下陷深度过大，受到的阻力太大，而无法前进。

综上，该方案已经初步实现沿垄滚压前进，对于垄壁的角度也具有一定的适应性，但由于辊筒与土壤在最初接触时为线接触，随辊筒下陷深度的增加变为面接触，下陷深度越大，土壤对辊筒的反作用力越大，当下陷深度过大时 (超过辊筒半径的 1/2)，极易导致辊筒对土壤的滚压转变为对土壤的推卸，造成前进阻力过大，因此单个辊筒难以满足实际仿形导向力的需求；若是采用排辊增加接触面积的方案，不同于在平地，前方较为松散的垄壁在经过第一个辊筒滚压后，表面已经明显被压低压平，后方辊筒再次滚压垄壁时，易再次扰动土壤，致使已经被压低压平的土屑再次滚落至垄沟中，使得第二个辊筒与垄壁没能实现实质性接触，以达到减小辊筒与垄壁的压强和下陷深度的目的。

(a) 被动辊筒式　　　　　　　　　　　　(b) 下压效果

图 3.60　辊筒式仿形装置的仿形行走试验

2. 圆弧板式方案试验验证

1) 试验材料与方法

以开发的跨垄仿形底盘为例，在镇江市左湖村草莓种植户大棚内进行原理验证试验。起垄一条，并进行人工修葺，量得垄宽 47cm、垄高 27cm、垄沟宽 29cm、上侧垄壁与沟侧水平地面角度为 131°。首先手动下压圆弧板式仿形装置，观察下陷深度，再将圆弧板式仿形装置安装在底盘上，推入垄间，按下启动按钮，观测沿垄行走效果 (图 3.61)。

(a) 圆弧板式仿形装置　　　　　　　　　(b) 拥土现象

图 3.61　圆弧板式仿形装置的仿形行走试验

2) 试验结果与现象

在下压过程中，圆弧板的下陷程度远小于辊筒，基本与原表面保持一致。在底盘仿形行走时，前进一段距离后，底盘卡住停止。经检测发现，仿形装置的圆弧板在前进方向上堆积大量土壤，仿形装置的弹性元件未按设想缩回，前方土壤堆积过多，前进阻力过大造成底盘停止。

(三) 跨垄仿形行走试验

1. 试验方法

(1) 起垄一条，测得垄体参数，手动调节底盘轮间距和高度，将移栽机推至垄间，沿车轮前进方向铺设皮尺。

(2) 先在垄体中间打一对穴孔，启动移栽机底盘电机，当移栽机行至该处时，光电传感器触发，底盘停止，分低、中、高三种速度进行试验。

(3) 以改进后的仿形装置和电动辊筒部件，分别进行前差速驱动-后双万向轮和前双万向轮-后差速驱动的两类跨垄仿形行走试验。

(4) 采用中菱伺服轮毂电机配备的伺服调试软件实时采集轮毂电机运行状态。

(5) 底盘停止后，由皮尺读出停车位置与穴孔位置的差值。

移栽机行走试验如图 3.62 所示。

图 3.62 移栽机行走试验

2. 行走结果分析

1) 行走能力

(1) 底盘跨高垄行走，在垄沟内轮毂电机及万向轮轮胎有一定下陷，但在垄沟的行驶流畅。

(2) 底盘将万向轮置于后方、前差速驱动时，底盘启动顺畅且导向性良好，而将万向轮置于前方时，受到垄沟复杂地面和松散土块的影响，行走启动和导向性明显不满足要求。

(3) 同时发现，底盘在垄沟内的行走性能与底盘搭载作业模块后的重心有关，当重心位置不当时，由于两侧垄沟的地面条件差异，可能出现一侧驱动轮翘起打滑现象，从而影响行走的顺畅性和仿形行走的直线性。

2) 仿形能力

试验发现，改进后的"双主动辊筒 + 平板"仿形结构，使拥土现象大大改善，仿形行走顺畅性和直线性得到了保证。但是，在老化坍塌高垄、规格差异较大高垄的仿形行走能力，仍需更进一步的分析和验证。

3) 行走控制性能

通过伺服调试软件采集轮毂电机的前进试验数据，将数据进行去噪拟合，分别获得在 25mm/s、65mm/s、130mm/s 的速度下轮毂电机的启动曲线。由于移栽机车身较重、惯量较大，加速较慢，3s 后才能达到设定速度，且由于地面不平，速度曲线存在一定程度的波动。

通过垄沟间测量发现，当底盘被穴孔触发停止时，在 25mm/s、65mm/s 的速度下，底盘停止位置与穴孔触发位置相同，不存在惯性前冲；当移栽机速度在 130mm/s 以下时，移栽机前冲 13mm。而实际作业中，在间歇行走状态下，当检测到穴孔时，底盘要立刻停止，以减少放苗时的位置偏差，因此，设定移栽机的前进速度为 65mm/s。

参 考 文 献

[1] 李宗耕, 杨其长, 刘文科, 等. 起垄内嵌式基质栽培垄规格对根区温度和甜椒生长的影响 [J]. 河北农业大学学报, 2018, 41(6): 52-57.

[2] 王新忠, 韩旭, 毛罕平, 等. 基于最小二乘法的温室番茄垄间视觉导航路径检测 [J]. 农业机械学报, 2012, 43(6): 161-166.

[3] 贾士伟, 李军民, 邱权, 等. 基于激光测距仪的温室机器人道路边缘检测与路径导航 [J]. 农业工程学报, 2015, 31(13): 39-45.

[4] 江镑, 肖爱平. 喷药机器人在温室中道路识别及边界提取的研究 [J]. 林业机械与木工设备, 2014, (10): 18-21.

[5] 赵颖, 陈兵旗, 王书茂, 等. 基于机器视觉的耕作机器人行走目标直线检测 [J]. 农业机械学报, 2006, 37(4): 83-86.

[6] Wu G, Tan Y, Zheng Y, et al. Walking goal line detection based on DM6437 on harvesting robot[C]// Computer & Computing Technologies in Agriculture. Berlin, Heidelberg: Springer, 2012.

[7] 高国琴, 李明. 基于 K-means 算法的温室移动机器人导航路径识别 [J]. 农业工程学报, 2014, 30(7): 25-33.

[8] Jung K, Lee I, Song H, et al. Vision guidance system for AGV using ANFIS[C]// International Conference on Intelligent Robotics and Applications. Berlin, Heidelberg: Springer, 2012.

[9] Butdee S, Suebsomran A . Automatic guided vehicle control by vision system[C]// 2009 IEEE International Conference on Industrial Engineering and Engineering Management, Hong Kong, China, 2009: 694-697.

[10] Eric W, Grimson L, Tomos L P. Model-based ecognition and localization from sparse range or tactile data[J]. International Journal of Robotics Research, 1984, (2): 374-380.

[11] 李明, 李旭, 孙松林, 等. 基于全方位视觉传感器的农业机械定位系统 [J]. 农业工程学报, 2010, 26(2): 170-174.

[12] 周慧, 李剑汶, 江昊威, 等. 基于单超声传感器的移动机器人沿墙导航 [C]// 中国声学学会全国声学学术会议, 南京, 2014: 243-246.

[13] 查峰, 肖世德, 冯刘中, 等. 移动机器鼠沿墙导航策略与算法研究 [J]. 计算机工程, 2012, 38(6): 172-174.

[14] 袁宇龙, 李军. 基于模糊逻辑的移动机器人沿墙行为精准控制 [J]. 世界科技研究与发展, 2013, (6): 704-708.

[15] 杜利超, 钱桦, 肖爱平. 大棚喷雾作业机器人底盘的设计与研究 [J]. 广东农业科学, 2010, (5): 202-203.

[16] Chen Y L, Cheng J, Lin C, et al. Classification-based learning by particle swarm optimization for wall-following robot navigation[J]. Neurocomputing, 2013, 113: 27-35.

[17] Ando Y, Yuta S. Following a wall by an autonomous mobile robot with a sonar-ring[C]// IEEE International Conference on Robotics and Automation, Nagoya, Japan, 1995.

[18] 徐俊艳, 张培仁. 非完整轮式移动机器人轨迹跟踪控制研究 [J]. 中国科学技术大学学报, 2004, (3): 376-380.

[19] Le-Anh T, de Koster R B M. A review of design and control of automated guided vehicle systems[J]. European Journal of Operational Research, 2004, 171(1): 1-23.

[20] 马勤勇. 两轮差速驱动移动机器人运动模型研究 [D]. 重庆: 重庆大学, 2013.

[21] 史晨红, 左敦稳, 张国家. 基于轨迹控制的 AGV 运动控制器设计研究 [J]. 机械设计与制造工程, 2014, (2): 7-12.

[22] Vis I F A. Survey of research in the design and control of automated guided vehicle systems[J]. Operations Research, 2006, 170(3): 677-709.

[23] Lee Y J, Suh J H, Lee J W, et al. Driving control of an AGV for an automated container terminal using an immunized PID controller based on cell-mediated immunity[J]. Artificial Life and Robotics, 2005, 9(2): 90-95.

[24] 贺一鸣, 向伟, 吴明亮, 等. 基于堆积试验的壤土离散元参数的标定 [J]. 湖南农业大学学报 (自然科学版), 2018, 44(2): 216-220.

第四章　高架草莓生产的智能基质摊铺技术

第一节　引　言

一、立体栽培的基质管理需要

立体栽培的特点是脱离地面和土壤的约束而向空中发展，并衍生出基质培、水培、气雾培等不同形式，其中基质培为目前的主流。立体设施内基质连续多茬栽培易导致连作障碍，基质的定期更换或消毒是基质栽培中的重要管理环节。基质摊铺是作物高架栽培建设的主要工序，同时基质的长期使用会导致病原微生物大量积累、基质通气性下降、保水性过高，严重影响草莓生长并导致病虫害的发生，因而基质定期更换也是草莓高架栽培的基本要求。

二、立体栽培的基质填换方式

（一）立柱、管道栽培

立柱、管道等立体栽培方式中，目前以间隔设置的栽培孔位和基质块的填换方式为主。近年来根据生产和家庭养护的需要，各类规格的定植杯（篮）配置定植海绵，实现作物根部固定，为各类无土栽培的定植带来了极大便利（图 4.1）。

(a) 立柱栽培　　　　　　　(b) 管道栽培　　　　　　　(c) 定植杯

图 4.1　立柱、管道栽培的定植杯技术

（二）栽培床

生产中栽培床有连续栽培床、箱式栽培床（图 4.2）、回转式栽培床等各种模式，其中箱式栽培床的长度较短，机械化作业中可以采用栽培床搬移和台式填充方式；而连续栽培床长达数十米，其基质填充必须以栽培床固定、填充机械移动作业的方式实现。

图 4.2 箱式草莓高架栽培床 (南京江宁)

三、高架栽培的基质机械化填换问题

(一) 盆栽植物基质装填机械现状

在发达国家的现代化育苗、穴盘与盆钵栽培中,穴盘与盆钵的基质装填已普遍实现自动化作业。我国也陆续开发了各式花盆基质装填机。专利[1] 提出不同的花盆的基质或土壤自动装填装备方案,Parish 等[2] 开发了自动基质装填和定量肥料添加设备等。国内陈翊栋[3]、渠聚鑫等[4]、杨雅婷等[5] 也先后开发了适应穴盘与花盆的基质装填机。武斌[6]、熊同全[7] 研制了针对饲料作物的袋装装填机。

现有的盆基质装填机械主要包括基质抬升机构、花盆自动落盆和输送平台,部分设备还配刮匀、压平和实盆输送结构。作业时,箱内物料落入定位口下方花盆内,待装满后经由作业台上自动移位装置实现花盆的连续、稳定装填。主要产品的代表型号有:荷兰产的 Standard 型装填设备、德国 Mayer 公司研制的 TM2600 型花盆装填设备等。

上述物料填充设备均为固定的大型台架式结构,无法满足高架间移动摊铺作业的需要。

(二) 连续栽培床的移动摊填

基质向数十米长度高架栽培床上的摊铺,具有作业环节多、作业劳动量大的特点。

以江苏省农科院溧水植物科学基地的 "W" 形高架栽培设施为例,栽培槽内基质通常低于骨架 10~20mm。栽培槽的截面积按半圆形状计算:

$$S = WH - 4\int_0^{\frac{1}{4}W} \frac{16H}{W^2}x^2\mathrm{d}x = \frac{2}{3}WH \tag{4.1}$$

式中，W 为栽培槽宽，mm；H 为栽培槽深，mm；S 为 "W" 形栽培槽截面积，mm^2。

通过测定，栽培槽深 H 平均值取 160mm，"W" 形栽培槽外径长度平均值为 350mm，代入式 (4.1) 计算得每米长 "W" 形栽培槽基质摊填量约 28~30L，每亩栽培高架的基质摊填量达 10~12m^3。

四、高架栽培的基质机械化摊平问题

针对物料的均匀摊填，宁国鹏等[8] 进行了带式干燥机上均匀布料器的设计，但这一设计仅解决了散粒物料的均匀下布问题，而不具备物料的获取和移动作业能力。而于槐三[9]、张新荣等[10]、索建平[11]、赵国普[12] 等分别设计了摊铺机熨平装置，Kimura[13] 设计了砂浆机的液压平整装置，李维维和杨向阳[14] 设计了车辙摊铺设备等，均针对浆体物料，利用其自身重力以过量填充和平土回收方式完成摊铺作业，其原理和结构亦无法满足面对高架的基质向上输送和精量填充作业需求。

虽然目前市场上具有摊铺设备，但几乎全是面向路面的移动式摊铺机械，适用范围相对局限，针对散粒物料的摊铺设备未见相关报道。根据摊铺物料 (沥青、沥青混凝土、水泥混凝土和稳定土) 的不同，现有的摊铺机主要利用分料摊铺板的垂直升降和用于二次刮平作业的螺旋分料器，从而摊铺物料达到刮平，完成路面上的水平摊铺。这些摊铺机都不能满足对高架栽培基质的均匀摊铺作业的需求，主要有以下不足。

(1) 摊铺物料的差异

摊铺物料比较局限，仅有沥青、沥青混合料、稳定土等。

由草炭、蛭石和珍珠岩按比例混合用于高架果蔬种植的基质与沥青材料特性具有极大的差异。以合作基地——江苏省农科院溧水植物科学基地的高架草莓种植基质为例 (草炭: 蛭石: 珍珠岩 = 3:1:1) 测算得知，其容重仅约 0.19kg/L，基质松散，质量偏轻，流动性差，现有沥青、混凝土、水泥等物料的摊铺设备和方法无法满足基质装填和摊铺作业的需要。

(2) 物料输送方向差异

上述提及的适用于沥青、混凝土、水泥等物料的摊铺机主要是利用物料自身的重力作用，将箱斗中的物料从高处释放至地面。而高架移动摊铺机需要将地面堆放的基质进行装箱，进而完成向高架栽培槽的运输和摊铺，即向上摊铺的作业过程，与沥青、混凝土、水泥等物料的摊铺机的重力落料具有极大的差异。

(3) 均匀摊铺原理的差异

市场上现有摊铺机利用物料自身重力特性将其从高处释放至地面后，再进行高温初压与二次碾压，从而达到摊平效果。而由无纺布或塑料制成的高架栽培槽体无法承受碾压的载荷，且栽培槽内的基质应疏松平整，从而满足作物栽种的需

要，因此，碾压摊铺这一原理无法应用于对高架栽培基质的均匀摊铺。

第二节　基质特性与自动装填方案构思

一、栽培基质的流动特性

1. 流动特性主要参数

基质流动特性决定了基质装箱时在箱内的堆积形态和出料顺畅程度，表征物料流动、摩擦等特性的主要参数为堆积角和滑动角。其中堆积角是指散体物料自由堆积在水平面上且保持稳定的锥形料堆的最大堆角，分为底平面保持静止时的静堆积角 δ(图 4.3) 和运动时的动堆积角。滑动角为松散物质开始滑动的最小斜坡角 (图 4.4)。

图 4.3　静堆积角测定

1. 载料平台；2. 物料；3. 高度调节螺丝；4. 漏斗

图 4.4　基质堆滑动角测定

1. 量角器；2. 移动滑块；3. 平台；4. 直线模组

2. 试验对象

为测得不同条件和堆放时间下基质的特性，试验时取袋装的草炭、蛭石、珍珠岩按照 3:1:1 均匀混合，并按现配基质和配好自然堆放一周的基质分为高含水率和低含水率两组。

在配好的基质堆中，分别随机选取 5 个不同的位置进行取样，每个取样点取 20~25g 的样品装至铝盒内。利用烘干法[15] 测量原理，将其放入烘箱内，在 105°C 恒温下烘烤约 2h 后，称重、计算得到含水率，经测得两组试验基质的含水率区间分别为 13.14%~14.05%、27.86%~29.54%，利用 Sartorius BS210S 称重仪、量筒等设备和环刀法[16] 测得两组基质的容重分别为 110kg/m³、190kg/m³。

3. 试验方法

1) 堆积角的测定

基质的堆积角即物料自然堆放时料堆与水平地面的倾角，检测方式可参见《连续输送设备 散粒物料堆积角的测定》(JB/T 9014.7—1999)[17]。在田晓红等对粮食谷物颗粒的自然休止角[18]、陈嘉真等对茶叶的休止角[19]、Jensen 等对沙堆的休止角测定方法 [20] 的基础上，结合设备设计指标所需的测量精度，本书选择固定漏斗法对栽培基质休止角进行测量。

将基质从塑料漏斗上方均匀加料直至其在平台上形成直径约 200mm 的稳定锥角的料堆为止，用游标卡尺测量并记录料堆的高度及底径。重复试验 3 次，取平均值。

基质的静堆积角可根据料堆的堆积高度与堆积半径的正切值计算得到，其测定公式如下[21]：

$$\delta = \frac{\arctan\left(\dfrac{2h}{d}\right) \times 180°}{\pi} \tag{4.2}$$

式中，δ 为基质测量堆积角，(°)；h 为料堆测量高度，mm；d 为料堆测量底径，mm。

基质动堆积角可取

$$\delta_1 = 0.7\delta_0 \tag{4.3}$$

式中，δ_0 为栽培基质的静堆积角，(°)；δ_1 为栽培基质的动堆积角，(°)。

2) 基质堆滑动角的测定

滑动角试验测定装置如图 4.4 所示，在 400mm×500mm 的平台上分别放置 304 不锈钢板和 6063 铝合金板，两种材料表面自然铺放约 5L 的基质，伺服电机驱动直线模组上的滑块以 2mm/s 速度匀速前进，使平台倾斜角随架台缓慢地抬升逐渐变大,直至表面料堆开始下滑,关闭电机,读取并记录此刻附在平台底侧的量角器的水平倾角。每个参数进行 3 次重复试验,取其平均值。

4. 试验结果与分析

试验结果如表 4.1 所示,干水平组的基质在三种材料表面的静堆积角范围为 $27.94° \sim 28.20°$,平均值为 $28.09°$,滑动角最大值为 $34.34°$;湿水平组的基质在三种材料表面的静堆积角范围为 $37.05° \sim 37.94°$,最大滑动角为 $42.30°$。

表 4.1　基质物理特性试验结果

含水率	材料	静堆积角 $\delta_0/(°)$	动堆积角 δ_1(折算)/(°)	滑动角 $\phi/(°)$
低	不锈钢	27.94	19.56	31.51
	铝合金	28.20	19.74	34.34
	PVC 带	28.12	19.68	30.22
高	不锈钢	37.10	25.80	38.86
	铝合金	37.05	25.91	42.30
	PVC 带	37.94	26.56	39.70

由表 4.1 结果可知:

1) 堆积角

由测试结果可知,在铝合金材料表面高含水率的基质静堆积角可达 $37.05°$,而常见料仓机构所储存物料的堆积角一般小于 $30°$(小麦 $23°$、油菜籽 $22°$、煤灰 $20°$),基质堆积角过大将造成装箱时容易呈锥状堆积,不能有效充满料箱,在出料过程中,基质则容易结拱 (图 4.5),所以移动摊铺设备应能有效避免基质成锥状堆积和结拱现象的发生。

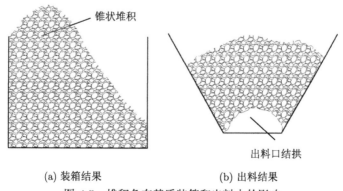

(a) 装箱结果　　　　　　　　(b) 出料结果

图 4.5　堆积角在基质装箱和出料中的影响

2) 滑动角

基质滑动角的大小影响基质斜向上输送的能力,含水率越高,则滑动角越大,流动性越弱。滑动角偏小,会导致斜向上输送的部分基质滑回至底部,且在排料时还易出现基质瞬间排空的现象；滑动角偏大，基质则无法沿材料表面下滑，导致出料口堵塞[22]。

二、方案构思

(一)　面向高架的基质摊铺作业的难点

针对现有栽培基质特殊物理特性和高架设施特殊的作业环境需要，要实现架上的基质机械化移动摊铺，需要满足以下技术要求。

1) 摊铺作业时行走系统要求

高架间狭窄的通道显然无法满足人工驾驶作业，在架间需通过无人驾驶的自动作业方式来实施。

2) 多动作一机集成

需一机实现将基质向架间运送、上架、落料到摊平等多个环节的集成作业，由于基质松散而高架摊填量较大，因而该机在架间行走底盘的基础上，首先应具备较大体积的基质箱，并完成基质从料箱内向高架的自动出料与摊填；同时为提高架间行走摊铺的作业效率，可采用双侧高架四分槽同时摊铺方式。

针对高架栽培的基质自动摊铺作业中，装料、运送和摊铺作业存在先后，而出料、落料、摊平 3 个环节则需共同动作完成摊铺。因而针对高架栽培的基质自动摊铺设备需解决装料、运送和摊铺"前后"环节间的动作控制和机构空间布局矛盾，同时需解决出料、落料、摊平 3 个"同步"动作环节的动作协调和参数匹配问题(图 4.6)。

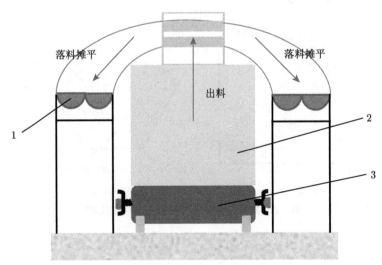

图 4.6　高架基质摊铺机的基本单元和动作构成

1. 高架栽培槽；2. 基质箱；3. 架间行走底盘

3) 装箱出料

具有一定湿度和黏性的栽培基质流动性较差，在装箱时在箱内受挤压后易结拱成块，可能出现箱内部分部位结拱堆积而其他部位亏缺的现象，影响装填均匀性和装填量；在基质出箱过程中也可能出现"挖洞"现象，即箱内靠近上料机构区域的基质被掏空，而其他部位维持原状而无法出料。上述装料"拱堆"和上料"挖洞"均会严重影响摊铺作业的效能和作业质量，甚至导致基质自动摊铺作业的失败。

4) 均匀摊铺

从基质箱出料后向栽培槽的落料应保证"双侧四槽"的摊填量一致性和均匀性，避免基质不足量或溢槽现象，并使落入栽培槽内的基质打碎搅匀和摊填平整，以利于后期草莓、叶菜等高架果蔬的移栽作业和生长。

5) 仿形作业能力

高架的建设误差造成其在水平和竖直方向上都有尺寸波动，特别是其骨架的离地高度尺寸波动明显，且相邻高架的高度起伏不一，给机械化移动摊铺作业带来极大挑战，摊铺作业机构必须具备对高架宽度和高度误差的补偿作业能力，特别是对高架竖直方向上大误差状况下的仿形作业能力。

(二)　关键方案论证

1. 箱内出料方案

实现基质箱架间移动过程中的自动出料，需在基质箱内布置出料机构。要首先实现流动性较差基质的"装满不堆尖、出料不挖洞"目标，进而保证"双侧四槽"出料的空间均匀性和连续作业的流量稳定性，该机构的设计成为关键且具有很大的挑战。

目前，适用于散粒物料的上料机多采用螺旋式、吸附泵式、刮板链式和输送带式。螺旋式和吸附泵式多用于干燥粉体物料的搬运和装箱作业中。基质物理特性试验表明，基质湿度相对较大，基质的流动性较弱，普通平带传送方式不能实现将箱内基质大倾角向上送出料箱。

针对高架基质摊铺机的基质装箱和出料特殊要求，进行如下方案构思。

1) 箱内振匀出料方案

如图 4.7 所示，在出料侧布置竖直刮板带机构，在基质箱底布置振匀机构，即一定斜度的振动板由偏心轮的匀速回转所带动实现周期性摆动。装箱时，基质落至倾斜振动板，利用振动板的周期性小幅振摆，增加基质的流动性，避免基质的堆尖和实现装箱的均匀。出料时，刮板带同时起到箱内基质的刮取和向上输送的作用，同时通过振动板的振摆，达到基质不断向该侧输送、避免挖洞的作用。

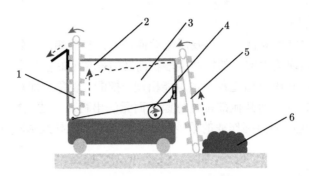

图 4.7　箱内振匀出料方案示意图

1. 箱内刮板带机构；2. 基质箱；3. 箱内基质；4. 振匀机构；5. 刮板装箱机构；6. 基质堆

该方案结构原理简单，占用箱内的空间小，理论上具有较好效果。但经过进一步分析，该方案存在一定缺陷，主要体现在：

(1) 通过振动板的周期性小幅振摆提高基质流动性，在箱内基质较少时易于实现且作用明显，但对于满箱的大量基质，振匀机构被紧压在底部，机构运动的负载过大。

(2) 一侧竖直刮板带在箱内基质量大、有足够深度时效果较好，而基质较浅后难以刮取到。

(3) 该方式存在出料量逐步变少的问题，实现均匀摊填的控制难度较大。

2) 刮板出料方案比较

为解决箱内基质的顺利均匀出料问题，进一步对竖直刮板、斜向刮板、折弯刮板的三类出料方案进行比较：

(1) 图 4.8(a) 所示竖直刮板出料方式，由于基质堆积角的影响，箱内远离刮板的大部分基质不能被有效刮取利用而滞留在箱体内；

(2) 图 4.8(b) 所示斜向刮板出料方式，能保证箱内基质始终被刮取输送至箱外，但箱体容积未有效利用，有效容积过小，导致可装载基质量过少和整机的重心偏移；

(3) 图 4.8(c) 所示折弯刮板出料方式，占用箱内容积小，具有较大的装载量；刮板基质箱底部的平刮板部分插入基质堆，保证了箱体底部基质被刮取所形成的空隙处能被其他基质及时填充，不会出现挖洞现象，实现基质的连续稳定输送；同时，折弯的组合方式，避免了机构在底部被压实而难以运动的现象；在装箱的过程中，折弯刮板带的上半部分较大的倾角对避免基质堆尖具有效果，而通过折弯刮板机构的往复小幅振动，可为均匀装箱提供更好的条件。

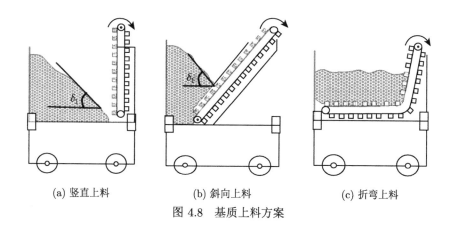

　　　　　(a) 竖直上料　　　　　　　(b) 斜向上料　　　　　　　(c) 折弯上料
图 4.8　基质上料方案

2. 装箱方案

对高架基质摊铺机的作业，首先需要完成地面混合晾晒基质堆料向机身携带大基质箱的装箱工作。针对堆料的上料或装料，市场现有设备以挖掘机和装填机为主，其中挖掘机通常为驾驶操控的液压式挖掘臂、铲斗结构，不适合于温室基质散料的较小规模和空间作业。而各类装填机均为固定台式或固定安装结构，只限于特定场所的定点上料输送作业，无法灵活转移而应用于不同场所或位置的堆料上料，难以满足高架基质摊铺机的装箱要求。而各类螺旋输送、刮板输送装备则仅具有散料输送的能力，均需要配套人工或机械的物料喂入，无法实现堆料的进料和上料一体作业。为此，首先提出了机载自动基质堆料装箱系统方案。

如图 4.9(a) 所示，自动斜拉式装箱装置由刮板输送器、斜拉触发系统和刮板输送器下端安装的滚轮构成。自动斜拉式基质装箱装置由刮板输送器、短销、连杆和基质箱构成平面高副机构 (图 4.9(b))，手动斜拉和上推刮板输送器，使短销在短通槽内滑动，同时上轴在长通槽内滑动，可使刮板输送器分别到达装料作业工位和复位停机工位。在刮板输送器侧壁上有弹簧挂钩，可手动挂入连杆外伸端的凹口；在刮板输送器侧壁下方固定有搭头，在基质箱下部固定有内嵌接触开关的搭口，手动推动刮板输送器时，搭头可挂入和移出搭口并触发接触开关的开/合，从而控制刮板输送器内驱动装置的启动/停止。

搭载装箱系统的高架基质摊铺机效果如图 4.10 所示。该方案实现了机载的基质堆料自动装箱，使高架基质摊铺机具备了一机完成"①装料 → ②运送 → ③上料 → ④落料 → ⑤摊平"全部环节的可能。但是，该方案亦存在一定的缺陷：

(1) 刮板输送器需完成斜拉触地后从箱体上口向内的基质输送，造成刮板输送器的长度明显超出机身高度 (图 4.11)。机载装箱系统仅在每完成一轮对高

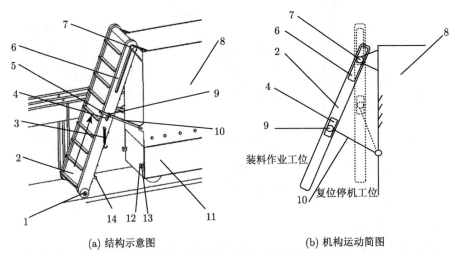

(a) 结构示意图　　　　　　　　　(b) 机构运动简图

图 4.9　　机载自动斜拉式装箱系统

1. 滚轮；2. 刮板输送器；3. 弹簧挂钩；4. 短通槽；5. 凹口；6. 长通槽；7. 上轴；8. 基质箱；9. 短销；

10. 连杆；11. 移动底盘；12. 搭口；13. 接触开关；14. 搭头

图 4.10　　搭载装箱系统的高架基质摊铺机效果示意图

架的基质摊铺作业后就进行装箱，但搭载该装箱系统使整机的复杂性和整机尺寸、重量增加，在架间作业的灵活性下降，且搭载装箱系统后整机的重心发生偏移。

(2) 该刮板输送器仅依靠刮板实现对基质堆料的挖取和向上输送，堆体较小时难以顺利挖到堆料，而堆体较大时装配滚轮的刮板输送器端难以插入基质堆体完成顺利挖料。因此，必须进一步解决在堆积状态下挖取基质的问题。

基于以上问题，将装箱系统从整机拆分为独立单机，并分别进行了不含装箱功能的高架基质自动摊铺机和与之配套的自动基质堆料装箱机的开发。

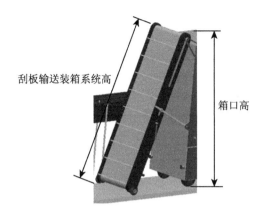

图 4.11　机载自动基质堆料装箱系统结构设计

第三节　面向高架栽培的基质移动摊铺机开发

一、整机方案与工作原理

图 4.12 所示为高架栽培配套基质自动摊铺机作业方案，其整体结构主要包括移动小车、料箱、箱内折弯式上料机构、基质隔板、双侧落料机构、架上仿形摊铺机构、抬升机构等。

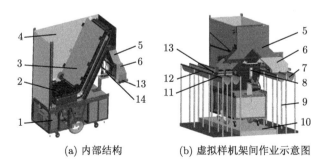

(a) 内部结构　　　　(b) 虚拟样机架间作业示意图

图 4.12　高架栽培配套基质自动摊铺机三维结构图

1. 移动底盘；2. 箱内折弯式上料机构；3. 基质隔板；4. 基质箱侧板；5. 双侧落料机构；
6. 架上仿形摊铺机构；7.“W”形栽培槽；8. 抬升机构；9. 高架；10. 水泥路面；11. 扩散搅龙；
12. 栽培槽骨沿；13. 轨道轮；14. 三角支架

工作时，遥控摊铺机进入高架行间启动作业键，抬升机构将架上仿形摊铺机构下降直至摊铺机构的轨道轮落在高架栽培槽骨沿上，箱内折弯式出料机构自动将箱内基质向上输送，基质经双侧落料机构内部分料板 4 等分后，向两侧落料，再经架上仿形摊铺机构均匀摊铺至槽内，待架上摊铺作业完毕，抬升机构将架上仿形摊铺机构回位，保证摊铺机进出高架时不会存在干涉。

　　该机可实现双侧高架的松散型栽培基质自动运送 → 上料 → 落料 → 摊平多个作业环节的连续集成作业。该机通过双侧的水平、竖直两独立自由度浮动，使左、右架上仿形摊铺机构各自具备对高架宽度和高度误差的补偿作业能力，特别是对高架竖直方向上大误差状况下的仿形作业能力，实现对高架高度及间距误差的同步自适应，使架上仿形摊铺机构的轨道轮压在两侧高架栽培槽骨沿上，并在行进中沿骨沿滚动，带动落料摊铺机构的扩散输送器转动，从而将基质均匀摊入栽培槽，进而完成平整作业。通过多机构配合解决了基质运输和移动摊铺一体作业问题。

二、基质箱出料装置设计

1. 刮板链传动

　　箱内 "L" 形折弯式链传动主要由刮板、双边双孔弯板链条、驱动装置等组成。该机构的主要作用是有效将箱内的基质输送到出料口。基质箱内部采用折弯式的链条传动机构，为保证与基质接触部分的链条处于张紧状态，顶部的输料轴为动力轴，电机带动链条和中间轴转动将动力传递到顶端转动轴，从而带动链条转动，在张紧轮的作用下使链条处于张紧状态，便于基质的刮取 (图 4.13)。

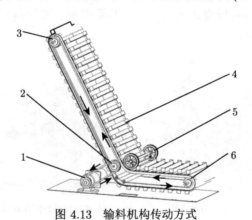

图 4.13　输料机构传动方式

1. 电机；2. 驱动轴；3. 上主动链轮；4. 刮板带；5. 张紧轮；6. 从动链轮

2. 结构设计及工作原理

　　箱内采用 "L" 形折弯刮板式链传动能很好地解决由于基质自身黏度大和流动性低而在出料过程中出现的基质 "结拱" 和 "挖洞" 问题。同时为了实现每个刮板每次刮取量相等且分布均匀，在箱内增设了一张基质隔板 (图 4.14)，从而将 "L" 形折弯机构合理地分为刮取基质的水平段和负责输送的倾斜段。水平段与基质直接接触，对料箱底部基质连续均匀刮取，运送至倾斜段时，在自身重力和流动特性的影响下，相邻刮板间基质都能稳定送向料口。

图 4.14　箱内折弯式上料装置结构

1. 基质箱；2. 折弯式刮板上料器；3. 支撑板；4. 张紧机构；5. 基质隔板

3. 基质出料速度

折弯机构工作时，链条在折弯处有个折弯倾角 θ_1(图 4.15)，由刮板本身尺寸、刮板间距和链节距等因素决定。为保证链传动作业时无干涉，刮板输送带的许可最小弯曲半径对应的折弯倾角 θ_1 满足下式：

$$0 < \theta_1 < \frac{L_1}{2H_1} \tag{4.4}$$

式中，L_1 为相邻上料刮板间的距离，mm；H_1 为上料器刮板的高度，mm。

对在折弯上料机构的水平段，相邻刮板间的基质量 V_X 为

$$V_X = B_1 H_1 L_1 \tag{4.5}$$

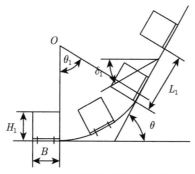

图 4.15　折弯链条局部简图

相邻刮板间的基质量是均匀送料可行性方案设计的关键参数。

在折弯出料机构的倾斜段，相邻不锈钢刮板间基质量出料状态根据相邻刮板间距离的大小分为下面两种情况 (图 4.16(a)、图 4.16(b))：

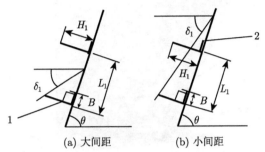

(a) 大间距　　　　　　　(b) 小间距

图 4.16　折弯机构基质出料状态比较

1. 上料器刮板；2. 折弯式出料机构

(1) 当相邻上料器刮板间距 $L_1 \geqslant H_1 \tan\left(\delta_0 + \dfrac{\pi}{2} - \theta\right)$ 时 (图 4.16(a))，每个刮板上可输送的基质量 V_0 满足公式：

$$
\begin{cases}
V_0 = \dfrac{1}{2} B_1 H_1^2 \tan\left(\delta + \dfrac{\pi}{2} - \theta\right), \ \delta \in (19.63°, 26.15°) \\
H_1 \tan\left(\delta_0 + \dfrac{\pi}{2} - \theta\right) \leqslant L_1
\end{cases}
\tag{4.6}
$$

式中，B_1 为刮板的长度，mm；L_1 为相邻刮板间距，mm；H_1 为刮板的高度，mm；θ 为折弯机构水平倾角，(°)。

(2) 当相邻上料器刮板间距为 $B < L_1 < H_1 \tan\left(\delta_0 + \dfrac{\pi}{2} - \theta\right)$ 时 (图 4.16(b))，每个刮板上可输送的基质量 V_0 满足公式：

$$
\begin{cases}
V_0 = V_X - \dfrac{1}{2} B_1 L_1^2 \cot\left(\delta + \dfrac{\pi}{2} - \theta\right), \ \delta \in (19.63°, 26.15°) \\
B < L_1 < H_1 \tan\left(\delta_0 + \dfrac{\pi}{2} - \theta\right)
\end{cases}
\tag{4.7}
$$

式中，B 为上料器刮板的宽度，cm。

折弯式出料机构单位时间的出料量 Q_0 为

$$
Q_0 = \frac{V_0}{L_1} v_1 (1 - k)
\tag{4.8}
$$

式中，Q_0 为基质箱容积，L；k 为斜向上送料时刮板上基质滑落系数，根据前期试验，值约为 0.05；v_1 为刮板链速度，m/s。

三、浮动式双侧落料与摊平装置结构设计

1. 装置构成

为实现高架基质双侧摊铺作业和栽培槽内基质均匀平整的需要，设计的浮动式双侧落料与摊平装置主要由双侧落料机构、架上行走仿形摊铺机构和浮动支撑机构等构成。

1) 浮动式双侧落料机构

为实现双侧"W"形高架栽培槽双侧同步落料，并满足在有尺寸浮动误差的设施高架上稳定作业的需要，最终设计了如图 4.17 所示的双侧落料机构，该机构安装在基质箱的前端。

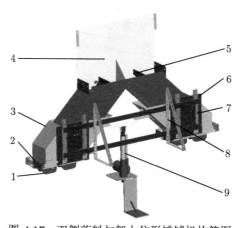

图 4.17　双侧落料与架上仿形摊铺机构简图

1. 扩散输送器；2. 轨道轮；3. 斜料槽；4. 人字形槽体；5. 分料板；6. 水平滑轨；7. 竖直滑轨；8. 三角支架；9. 抬升机构

为了实现箱内上料抛出基质的双侧四槽均匀分料和落料，并有效适应高架的水平和较大的高度误差，采用分体式人字形浮动落料结构。人字形槽体固定于基质箱侧面，承接 L 形折弯式出料机构抛出的基质，通过分料板 4 等分并沿人字形槽体落入两侧斜料槽。

两侧斜料槽都具有 X 和 Y 方向的 2 个独立自由度，可独立适应高架水平和高度误差，并通过水平和竖直滑轨固定在三角支架上；每个斜料槽与人字形槽体有一定间隙，因此斜料槽沿人字形槽体上下滑动时不会发生卡死现象，满足了对高架独立仿形作业的需要。非作业状态下，抬升机构可将斜料槽沿人字形槽体向上收拢，使设备进出高架时不会与高架发生干涉，进入高架行间作业时，抬升机构将斜料槽放至两侧高架槽沿上，进行仿形摊铺作业。

2) 架上行走仿形摊铺机构

槽内基质不平整或黏结成块均不利于后期高架果蔬苗的移栽和生长，为此进一步根据高架栽培槽内基质的连续均匀摊填和平土需要，提出均匀摊铺的架上仿形摊铺机构的设计方案 (图 4.18)，该装置安装于斜向落料槽的内部。

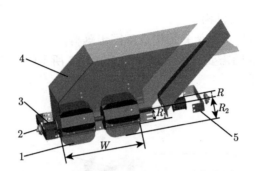

图 4.18　架上仿形摊铺机构三维结构简图

1. 扩散输送器；2. 轴承座；3. 轨道轮；4. 斜料槽；5. 固定板

架上仿形摊铺机构主要由扩散输送器、轴承座、轨道轮、斜料槽、固定板等组成，出料口的基质由自身的重力特性经分料板 4 等分后沿内槽壁下滑至底部的架上仿形摊铺机构内。作业时，基质经分料板平均落至两侧的斜向落料槽，随后基质落入落料槽；与摊铺机构同轴固定的橡皮滚轮可以随高架的起伏始终压在两侧高架槽沿上，移动小车的行进使轨道轮带动扩散搅龙转动，从而将基质搅散均匀排入栽培槽内；固定在落料槽后侧的橡皮刮板则进一步将落入栽培槽内的基质刮平。借助架上滚轮驱动双螺旋搅龙式均匀摊填和弹性刮平结构，通过机身行进与浮动自动落架的配合，从而实现基质对高架栽培的均匀摊铺。

2. 双侧落料机构的水平倾角

由图 4.19 可知，为了实现高架水平与高度误差下的分体仿形落料，由几何关系有

$$\frac{2\left(H_Y + \varepsilon_Y\right)}{2W_0 + D_0 - \varepsilon_X} < \tan\beta < \frac{2\left(H_Y + \varepsilon_Y\right)}{D_0 + \varepsilon_X} \tag{4.9}$$

求得

$$\arctan\frac{2\left(H_Y + \varepsilon_Y\right)}{2W_0 + D_0 + 2\varepsilon_X} < \beta < \arctan\frac{2\left(H_Y + \varepsilon_Y\right)}{D_0 + 2\varepsilon_X} \tag{4.10}$$

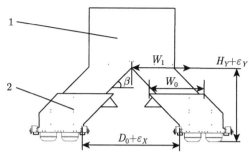

图 4.19 浮动式双侧落料与摊平机构简图

1. 分料机构；2. 架上仿形摊铺机构

式中，D_0 为相邻架间最小宽度，由图 2.27 统计，取 682mm；W_0 为斜料槽口长，mm；H_Y 为人字形槽体离架最小距离，mm；ε_X、ε_Y 分别为高架水平、竖直最大误差，由图 2.27 统计结果，分别取 59mm、74mm。

3. 槽口宽度关系

为保证斜向落料槽的水平浮动，斜向落料槽的下方开口横向宽度 W_1 与浮动落料槽的上方开口横向宽度 W_0 间的横向空隙应不小于高架栽培床槽沿骨架距离的最大误差和两侧高架栽培床间距离的最大误差：

$$W_0 \geqslant W_1 + \max\left(\varepsilon_1, \varepsilon_2\right) \tag{4.11}$$

式中，ε_1 是高架栽培床槽沿骨架距离的最大误差；ε_2 是相邻高架栽培床间距离的最大误差。

4. 基质出料量和摊填量的协调

由于匀铺件的转动由紧厚弹性套在槽沿骨架上的滚动所驱动，所以搅龙的排料速度同时取决于搅龙的尺寸、槽宽和轨道轮半径，由图 4.18 可得

$$\begin{cases} Q_0 = 2\left(1 - \lambda\right) W \pi \left(R_2^2 - R_1^2\right) \dfrac{\omega}{2\pi} \\ v_2 = \omega R \end{cases} \tag{4.12}$$

式中，ω 为搅龙的转动角速度，rad/s；R 为轨道轮的半径，mm；v_2 为架间摊铺作业速度，m/s；W 为搅龙长度，mm；λ 为泄漏系数，考虑搅龙摊铺过程中基质会沿缝隙泄漏，根据前期试验，泄漏系数为 3%~5%。

第四节　面向高架栽培的基质堆料装箱机开发

为实现温室高架果蔬立体栽培设施应用于规模化作物生产，和提高面向高架栽培的基质移动摊铺机的架上摊铺效率，设计了独立成机、可配套装填物料的基质堆料装箱系统。

一、整机方案与工作原理

基质堆料装箱机运用了单电机驱动的铲料、刮板输送协同结构，其将刮板带的主动带轮放在下部，由主动带轮同轴驱动翻斗式铲料机构 (图 4.20)。其中翻斗式铲料机构包括转盘、铲斗、连杆和机架。其工作基于曲柄摇杆机构的反复铲料原理，主要过程是将该机构移动至料堆旁，调节速度控制器使底部铲料机构以适宜的速度开始铲料作业，铲斗从而往复将地面基质铲运并抛撒给 PVC 刮板传送带，斜向上输送给料箱。该机通过在刮板上料机构底部配置翻转铲料机构实现了一体作业。

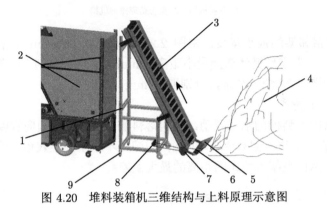

图 4.20　堆料装箱机三维结构与上料原理示意图

1. 车架；2. 高架基质摊铺机；3. 刮板输送器；4. 基质堆；5. 铲斗；6. 连杆；7. 转盘；8. 驱动电机；9. 滚轮

二、自动铲料机构设计

铲料机构是基质上料机的关键部件，其主要设计参数包括曲柄长度 a、连杆长度 b、连杆的极位夹角 θ、铲斗的摆角 φ、摆杆长度 c、电机的转速 n 等。

如图 4.21 所示，铲料机构主要包括转盘、铲斗、连杆。转盘与底部滚筒同轴固定，连杆的两端分别铰接在转盘和铲斗上，使铲斗的翻转铲料和同步带向上输送物料为同步动作。

在已知摆杆长度、摆角、行程速比系数的情况下，在给定机架长度时，结合图解法求得曲柄机构尺寸。图 4.21 中，A 为曲柄固定铰链中心点，D 为摆杆固定铰链中心点，为实现基质装箱机完成往复式自动上料的作业需求，曲柄摆杆式机构各尺寸参数满足如下关系：

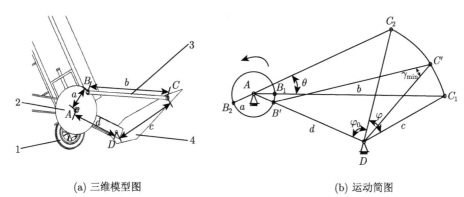

(a) 三维模型图   (b) 运动简图

图 4.21 铲料机构

1. 支撑轮；2. 转盘；3. 连杆；4. 铲斗

$$
\begin{cases}
\left(2c\sin\dfrac{\varphi}{2}\right)^2 = (b+a)^2 + (b-a)^2 - 2(b+a)(b-a)\cos\theta \\[2mm]
(b-a)^2 = c^2 + d^2 - 2cd\cos\varphi_0 \\[2mm]
(b+a)^2 = c^2 + d^2 - 2cd\cos(\varphi_0+\varphi) \\[2mm]
(d-a)^2 = b^2 + c^2 - 2bc\cos\gamma_{\min}
\end{cases}
\tag{4.13}
$$

式中，a 为曲柄长度，mm；b 为连杆长度，mm；c 为摆杆长度，mm；φ_0 为 $\angle ADC_2$ 的角度，(°)；θ 为连杆的极位夹角，(°)；$\gamma_{\min}$ 为最小许用传动角，(°)；φ 为铲斗的摆角，(°)。

受机构自身尺寸和摊铺机料箱参数限制，计算确定的设计参数如表 4.2 所示。

表 4.2 设计参数的取值

参数	取值	单位
摆杆长度 c	170	mm
连杆长度 b	230	mm
极位夹角 θ	18	°
铲斗的摆角 φ	65	°
AD 段长	135	mm
最小传动角 $\gamma_{\min}$	38.7	°

将已知参数代入式 (4.13) 可得，曲柄长度为 55mm。

第五节 样机研制与控制实现

一、基质堆料装箱机开发

根据理论设计结果，成功开发了基质堆料装箱机 (图 4.22)。为使料堆装箱机能满足不同箱体的上料需要，可调节连杆长度使铲斗的摆角范围在 60° ～ 70° 间可选，同时可调节调速器的刻度旋钮，调节设备的上料效率。设备选用 48V 直流电源驱动，工作时可以接入摊铺机的外露电源插口供电。表 4.3 为样机的主要技术参数。

图 4.22　基质堆料装箱机实物图

1. 电机；2. 控制开关；3. 调速器；4. 电源插头

表 4.3　基质堆料装箱机的主要技术参数

项目	参数值
外形尺寸	1800mm×560mm×90mm
自重	40.5kg
电机功率	120W
电池规格	48V-20Ah
作业水平倾角	65°～70°

二、高架基质摊铺机开发

根据理论设计结果，成功开发了高架栽培配套基质自动摊铺机。箱体由表面处理后的 304 不锈钢和 30mm×50mm×1.8mm 型号的固定角钢组装而成 (图 4.23)，刮板链型号为：10A-1-96 双节 K2 型双边双孔弯板工业输送链条；综合考虑链轮、链条自重、安全系数等因素，选择 DC48V 的 9DC48-300-188-5GU-6KD 型驱动电

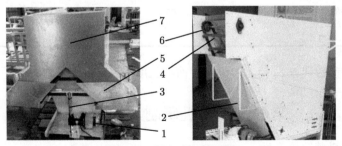

图 4.23　折弯式上料装置

1.9DC48-300-188-5GU-6KD 型驱动电机；2. 三角架；3. 浮动支撑机构；4. 刮板；5. 仿形排料机构；

6.10A-1-96 双节 K2 型输送链条；7. 双侧落料机构

机。浮动支撑机构为 LX600 型 150mm 行程的 DC24V 直流推杆。双侧落料机构材料为 1.5mm 厚不锈钢板、仿形排料机构为 2mm 厚 6063 铝合金板焊接而成。

该机整机质量和最大基质携带量分别为 220kg 和 80kg。机身配备 48V-20Ah 直流电源，在移动小车沿边行走速度 0.05m/s 下，移动摊铺设备可持续摊铺作业约 1.5h(图 4.24)。其他技术参数如表 4.4 所示。

(a) 基质自动摊铺机　　　　　　(b) 基质摊铺机-基质装箱机
图 4.24　高架栽培的基质自动摊铺机与基质装箱机

表 4.4　样机基本技术参数

参数	数值
外形尺寸 (长 × 宽 × 高)/mm	1200×600×1800
结构质量/kg	220
配套动力/kW	1.2
摊铺效率/(亩/h)	＞ 0.50
单次摊铺长度/mm	10000
竖直补偿尺寸/mm	80
基质箱容积/L	520

第六节　试　验　验　证

一、基质堆料装箱机性能试验

(一)　试验材料

根据江苏省农业科学院果树研究所高架设施所使用的基质 (草炭、珍珠岩、蛭石按 3:1:1 配比)，以在室内均匀混合完成后自然堆放 1d 的基质为试验材料。

(二)　试验方案

将上料机移动到基质堆旁，把基质摊铺机移动到对应工位，将上料机接入 48V 电源插口，调节调速器旋钮开关，使机构开始空载作业，通过单位时间传输带前进距离，测出该转速下的带速，并标记该速度下旋钮开关的角度位置，多次试验后，设定旋钮开关 0~6 挡，分别对应着 0、0.1m/s、0.2m/s、0.3m/s、0.4m/s、0.5m/s、0.6m/s 的带速度。

如图 4.25 所示，在料箱上方布置一平板，用于收集基质，将开关调至 2 挡位，开始上料试验，待设备上端有物料抛出时开始计时，10s 后关闭上料机，测量并记录平板上的基质量和基质抛撒的最远距离，开关调至 3、4、5 不同挡位，分别进行自动上料试验，观察、记录不同速度下刮板带上基质的堆积状态、相邻刮板间基质量、入箱前的抛撒状态，以上参数各重复试验 3 次，取其平均值。

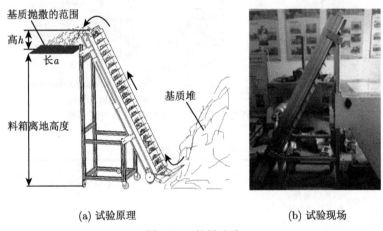

(a) 试验原理　　　　　　　　　　　(b) 试验现场

图 4.25　装料试验

(三)　试验数据分析

经过 6 次测量试验，确定了旋钮开关 6 种不同的挡位速度下时，所对应的装料效率、基质入箱前的抛撒长度范围，试验数据如表 4.5 所示。

表 4.5　装料试验结果

试验编号	开关挡位	输送带速度/(m/s)	基质抛撒最远距离 a/cm	装料效率 /(L/s)
1	1	0.1	11	0.2
2	2	0.2	19	1.1
3	3	0.3	23	2.4
4	4	0.4	30	5.2
5	5	0.5	33	4.3
6	6	0.6	48	0.4

试验结果表明，面向高架栽培的基质自动装箱机在转速挡位 2~6 时能够顺利

实现将地面基质铲运并抛撒至输送带上，铲料机构动作顺畅，无卡顿、颤抖等现象发生 (图 4.26)。

(a) 铲斗取料

(b) 带刮取

(c) 输送

(d) 装箱

图 4.26　自动装料

　　试验发现在挡位 1 工况下，由于电机转速较慢，此时铲斗的摆动频率较低，铲斗内大部分基质因不能获得足够的离心力由铲斗和输送带间的缝隙泄漏；在挡位 6 下，又由于此时铲斗摆动频率特别快，铲斗内部分基质因离心力被甩飞出，较少基质落入输送带上。

　　在 0.1~0.6m/s 带速下，经装箱机构输送带顶端抛射的基质都能够装进摊铺机的料箱内；基质自动装箱机的装填效率随速度增加呈先增长后下降的趋势，带速为 0.4m/s 时，装箱效率最高，值约为 5.2L/s，带速小于 0.1m/s 或大于 0.6m/s 时，基质装箱效率低于 1L/s。

　　转速一定时，刮板带上相邻刮板间的基质量变化规律如图 4.27(b) 所示，呈周期性上升或下降，这主要由铲斗的周期性摆动导致。

(a) 试验图

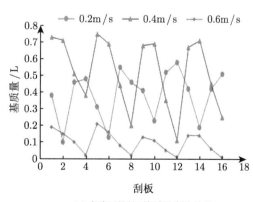
(b) 相邻刮板间基质量变化趋势

图 4.27　相邻刮板间基质量

基质装箱机对配套作业的基质摊铺设备装箱效果如表 4.6 所示，基质箱装满所需最短时间约 96s，样机达到设计要求，能实现实际作业。

表 4.6　装料效率

开关挡位	输送带速度/(m/s)	基质箱装满所需时间/s
1	0.1	> 600
2	0.2	480
3	0.3	150
4	0.4	96
5	0.5	116
6	0.6	> 600

二、自动摊铺部件性能试验

(一)　试验目的

为了得出折弯出料机构出料效果、浮动式双侧落料机构的分料效果和架上行走仿形排料机构的摊铺效果，对各作业模块进行性能验证试验，便于各机构的改进和优化，得到适合高架果蔬栽培的基质出料速度和架间摊铺作业速度。

(二)　试验材料与设备

以草炭、珍珠岩、蛭石按 3:1:1 配比在室内均匀混合完成后，并自然堆放 1d 的基质为试验材料。试验设备有量筒 (量程 2000mL，精度 50mL)，皮尺 (量程 15m，精度 0.1mm)，秒表 (精度 0.01s)。

(三)　试验方法

将摊铺作业模块的电源插头接入 48V 直流电源，调节调速器旋钮开关，使折弯式上料装置能空载作业，已知刮板链周长 $C=3.65m$，所以可通过秒表记录某点处刮板 A 经过时间 t 回到该位置来测出该电机转速下的刮板链速度 $(v = C/t)$，并标记该速度下旋钮开关的角度位置，多次试验后，使图示旋钮开关 1~3 挡，分别对应着 1.0m/s、1.5m/s、2.0m/s 的链速度，即刮板链分别约 3.65s、2.43s、1.83s 旋转一周 (表 4.7)。

表 4.7　旋钮开关作业参数

开关挡位	输送带速度/(m/s)	出料速度/(L/s)
0	0	0
1	1.0	3.65
2	1.5	5.48
3	2.0	7.30

折弯机构出料试验、架上摊铺试验及各个模块的协调作业时对高架尺寸误差补偿效果试验步骤如下：

(1) 为测定折弯上料机构的单位时间出料是否恒定，试验 3 个速度等级，在距离出料口正下方 0.3m 处放置有多块 1.2m×1.0m 长方形塑料平板，用于收集出料口的基质 (图 4.28)。电机启动后，折弯刮板链条将基质箱内的基质不断地刮送至上端出料口并落入塑料平板上，每隔 3s 取走一次塑料平板并测量统计其上基质量，取样 5 次。将链条速度参数分别调为 1.5m/s、2.0m/s，重复上述试验步骤。

图 4.28　基质的出料均匀性试验

1. 塑料平板；2. 基质；3. 折弯式刮板送料机构

(2) 为测定分料机构的分料均匀性效果，将分料机构固定在基质出料口前端，在双侧出料口正下方 100~150mm 处分别对称各放置多块 400mm×300mm 铝合金平板 (图 4.29)。用量筒测量并记录刮板链条速度分别为挡位 1、2 和 3 时 4 个分料口 (L_1、L_2、R_1、R_2) 基质量，每隔 3s 取走一块铝合金平板并测量统计其基质量，取样 5 次并取平均值。

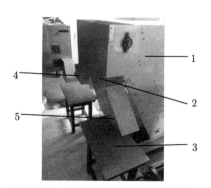

图 4.29　基质的送料分料试验装置

1. 折弯式刮板送料机构；2. 分料机构；3. 平板；4. 左侧分料口 (L_1、L_2)；5. 右侧分料口 (R_1、R_2)

（四）　试验结果与分析

1. 出料试验

由表 4.8 可知，折弯出料机构出料效果相对稳定，单位长度的刮板链上的基质量不受链速度影响，约 8.31L/m，极差小于 0.1L；出料速度 Q_0 随刮板链速增加而成比例地增大。

表 4.8　出料均匀性测试结果

| 刮板链速 v_1/(m/s) | 单位长度的刮板链上的基质量 | | | 出料速度 Q_0 测试结果/(L/s) |
	平均值/(L/m)	极差/L	标准差	
1.0	8.33	0.06	0.021	2.78
1.5	8.29	0.07	0.026	5.48
2.0	8.31	0.06	0.022	7.30

2. 落料和分料试验

从表 4.9 可知，在不同刮板链速下，L_1、L_2、R_1、R_2 四个分料口基质所占百分比都在 24%～25.5%，箱内基质在落料试验过程中未出现基质结拱或基质黏结现象，分料试验未出现出料口堵塞现象。

表 4.9　出料后取样结果

| 刮板链速/(m/s) | 分料口平均基质量/mL(所占百分比) | | | |
	L_1	L_2	R_1	R_2
1.0	1960(25.00%)	1990(25.38%)	1980(25.26%)	1910(24.36%)
1.5	4070(24.86%)	4100(25.29%)	4080(25.17%)	3900(24.68%)
2.0	5410(25.03%)	5500(25.45%)	5480(25.36%)	5220(24.16%)

三、自动摊铺整机性能试验

（一）　试验材料

为了考察设备对高度误差适应仿形能力，以及排除自然环境和地面因素干扰，设计了与高架设施同尺寸长 2m 的可滑动高架，高架两端皆有伸缩套筒，两端皆可独立地在 850～950mm 高度调节。试验材料取草炭、珍珠岩、蛭石按 3:1:1 配比在室内均匀混合完成的基质。试验用数显游标卡尺精度为 0.01mm，皮尺精度为 0.1mm，量筒精度为 50mL，秒表精度为 0.01s。

（二）　试验方法

在江苏大学农业装备工程学院实验室进行摊铺机的性能试验 (图 4.30)。选取长度大于 4m、宽度大于 2m 的平坦路面，摊铺机居中放置，将高架对称放置在折弯出料机构两侧，间距为 700mm，将摊铺机构放置于高架上。

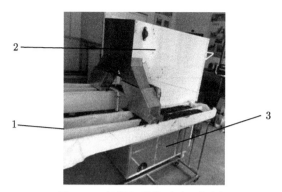

图 4.30 摊铺机性能试验现场图

1. 栽培高架；2. 摊铺系统；3. 电动底盘

根据计算分析结果，折弯链速为 2.4m/s，移动小车行进速度定为 0.05m/s，并开展以下两组试验：

试验 A：为了验证摊铺机对高度相同的设施高架作业效果，左右高架皆离地 900mm；

试验 B：为了验证设备对存在高低误差的高架的适应能力，左侧高架前后端离地分别调为 850mm、950mm；右侧高架前后端离地高度分别调为 950mm、850mm。

上述两组试验的高架侧边均贴有皮尺，待作业完毕，用游标卡尺对双侧"W"形栽培槽 4 个分槽内基质距离槽沿的深度进行测量（图 4.31），沿高架长度方向每 50mm 间隔测量一次，取样 50 个；每个槽内每 20mm 横向间隔测量一次，取样 12 个。进而将基质距离槽沿的深度换算为基质深度：

$$d = d_B - d_A \tag{4.14}$$

图 4.31 基质摊铺效果

1. 栽培槽；2. 皮尺；3. 定位直板；4. 数显游标卡尺

式中，d 为槽内基质深度，mm；d_B 为栽培槽深度，mm；d_A 为基质距离槽沿的深度，mm。

根据栽培高架参数多点测量的均值，栽培槽深度 d_B 取为 23.00mm。

(三)　试验结果

试验结果证实，样机能够通过遥控顺利进入架间通道，并使架上仿形摊铺机构落架，自动实现架间的基质移动摊铺作业。

试验 A 和试验 B 中，基质出料过程均未出现结拱现象，基质能够匀速出料并分配给双侧栽培槽，各动作协调一致，对两侧高架基质平分效果突出，性能测试结果如表 4.10 所示。

(1) 试验 A 中，4 个分槽的基质摊铺平均深度在 213.22～216.54mm 之间，各槽内基质深度相对误差分别仅为 6.93%、6.55%、10.07% 和 7.97%；试验 B 中，4 个分槽的基质摊铺平均深度在 213.12～215.27mm 之间，基质深度相对误差分别仅为 7.72%、6.75%、9.33% 和 9.66%。各槽内的摊填均匀度较为理想，落料摊铺的两侧分体独立浮动结构能够良好适应两侧高架的较大高度误差，试验 B 与试验 A 相比，摊填误差稍有增加。

表 4.10　摊铺试验后槽内基质的深度　　　　　　　(单位：mm)

参数	左侧高架				右侧高架			
	分槽 L_1		分槽 L_2		分槽 R_1		分槽 R_2	
	试验 A	试验 B	试验 A	试验 B	试验 A	试验 B	试验 A	试验 B
最大值	221.31	222.14	222.52	221.79	224.55	224.99	221.11	221.68
最小值	206.44	205.59	208.46	207.26	202.75	204.94	204.11	201.09
平均值	214.46	214.40	214.65	215.27	216.54	214.97	213.22	213.12
标准差	2.895	3.066	2.980	3.410	3.770	3.057	4.581	4.411

(2) 试验 A 摊铺后 4 个分槽内沿高架方向的基质表面线分布规律如图 4.32 所示，槽向的深度相对误差分别为 4.92%、5.13%、8.12% 和 7.60%，表明达到了较好的移动均匀摊铺效果。外侧槽 L_1 和槽 R_2 内的基质量稍少于内侧槽 L_2 和槽 R_1 内的基质量，但深度平均误差仅 2.01mm，主要由于基质在折弯出料过程中，分布在刮板两端的部分基质因振动散落至箱底；槽 R_2 内基质量最少，主要由于电机布置于折弯机构右端内侧位置而占据了部分空间，从而导致分槽 R_2 在分料过程中分得的基质相对较少。

(3) 试验 A 摊铺后 4 个分槽内基质的横截面线见图 4.33，4 个分槽内的基质横向表面比较平整，每个槽内基质纵向高度的误差都小于 15mm，92.2% 测量点的基质离高架骨沿深度分布在 10～20mm 的区间内。

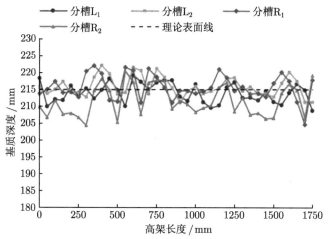

图 4.32 试验 A 摊铺后基质横向表面线图

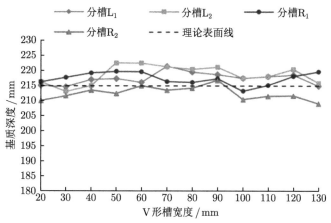

图 4.33 试验 A 摊铺后基质纵向表面线图

(四) 结论

(1) 箱内 L 形折弯式出料方案和架上仿形摊铺机构有效避免了基质在排料区结拱和出料口堵塞问题,能满足起伏高架的仿形作业需要。

(2) 性能试验表明,该机实现了出料、落料和摊铺的协调动作,能满足高架 100mm 高度误差的双侧 4 槽基质精量仿形摊铺作业,作业效率达 330m²/h。4 个槽内基质纵向和横向深度误差均小于 20mm,各槽内基质深度平均误差仅 2.01mm,实现了 4 槽的基质均分和均匀摊铺。

(3) 增大轨道轮与槽沿摩擦阻力将有助于进一步提高基质移动摊铺的作业效率,同时需通过田间试验来进一步验证该机在地面平整误差、槽体骨架误差等更复杂工况下的移动摊铺作业性能。

参 考 文 献

[1] Hickerson N. Pot filling and compacting apparatus and method: US 3782033[P]. 1974-01-01.

[2] Parish R L, Constantin R J, Brown W L, et al. Automated fertilizer applicator developed for potting machines[J]. Journal of Environmental Horticulture,1987,4(3): 91-94.

[3] 陈翊栋. 蔬菜育苗播种流水线基质填充装置的现状与类型 [J]. 农业工程, 2013, 3(22): 34-36.

[4] 渠聚鑫, 郭克君, 汤晶宇, 等. 林业育苗穴盘基质装填机结构设计 [J]. 农机化研究,2013, (5): 88-91.

[5] 杨雅婷, 胡桧, 陈永生, 等. 花盆基质装填机的设计与试验 [J]. 中国农机化学报, 2014, 35(1): 170-174,179.

[6] 武斌. 9DT-1.0 型袋装青贮装填机 [J]. 农村实用工程技术, 1993,(4): 22.

[7] 熊同全. DT-1.0 型袋装青贮装填机 [J]. 农业知识, 2004, (4): 41.

[8] 宁国鹏, 王德成, 王光辉. 带式干燥机摆动式均匀布料器的设计 [J]. 农业机械学报, 2007, 38(8): 193-195.

[9] 于槐三. 摊铺机熨平装置设计 [J]. 建设机械技术与管理, 2009, 22(5): 101-105.

[10] 张新荣, 赵国普, 孙祖望. 沥青混凝土摊铺机熨平装置的动力学分析 [J]. 西安公路交通大学学报, 2001, 21(1): 95-98.

[11] 索建平. 摊铺机熨平装置调整对路面铺层质量的影响 [J]. 内蒙古公路与运输, 2002, (S1): 6.

[12] 赵国普. 沥青混凝土摊铺机熨平机构的动态特性分析 [J]. 筑路机械与施工机械化, 2009, 26(6): 35-38.

[13] Kimura T. Mortar spreader: US 2462644[P]. 1949-02-22.

[14] 李维维, 杨向阳. VT1400 型车辙摊铺设备 [J]. 建筑机械, 2012, (8): 107-109.

[15] 王虹, 秦维. 105°C 恒重法与两次烘干法对于玉米水分测定的定量研究 [J]. 粮食加工, 2008, 33(2): 82-83.

[16] 胡顺军, 田长彦, 宋郁东, 等. 土壤渗透系数测定与计算方法的探讨 [J]. 农业工程学报, 2011, 27(5): 68-72.

[17] 北京起重机械研究所, 宜都运输机械厂. JB/T 9014.7—1999: 连续输送设备 散粒物料堆积角的测定 [S]. 国家机械工业局,1999.

[18] 田晓红, 李光涛, 张淑丽. 谷物自然休止角测量方法的探究粮食加工 [J]. 粮食加工, 2010, 35(1): 68-71.

[19] 陈嘉真, 李学军, 林伟健. 茶叶的休止角 [J]. 茶叶科学, 1987, 7(2): 58-59.

[20] Jensen H J.Self-organized Criticality[M]. London: Cambridge University Press, 1998.

[21] 贾富国, 韩燕龙, 刘扬, 等. 稻谷颗粒物料堆积角模拟预测方法 [J]. 农业工程学报, 2014, 30(11): 254-260.

[22] 王川红, 郭晓镭. 粒度、湿含量对神府烟煤煤粉流动性参数的影响 [J]. 华东理工大学学报, 2008, (3): 377-383.

第五章　温室草莓秧苗自动移栽技术与装备

第一节　草莓苗自动移栽机的总体方案设计

一、草莓苗移栽的特殊性

根据物理与力学特性试验结果，草莓穴盘苗的移栽与小型穴盘苗相比具有一定的特殊性。

1. 超大苗坨对取苗方式的要求

一般的取苗方式分为夹茎和夹取苗坨的方式。草莓苗坨长约 100mm，长育苗期使根系发达，草莓穴盘苗大苗坨使得拔苗力比小型蔬菜苗大，且叶柄数多，较脆易断，不适用于夹茎的取苗方式。而草莓穴盘苗的长苗坨造成夹取苗坨所需刺入深度、指针行程和夹拔力更大，同时亦需要长取苗指以避开高大苗株，由锥角夹拔的原理所决定，在有限空间内长取苗指、大行程的尺寸要求和夹拔的更大施力要求之间出现矛盾。

2. 弓背朝外的要求

在农艺上，高畦垄或高架栽培时要求弓背方向朝向垄沟或架外，果实在两侧垂挂生长，可以使生长的果实受光充足、色泽好，保证草莓果实清洁，减少水、药施用到果实上导致的病害发生，同时易于管理和收获。

二、高架与高垄移栽作业的差异性

（一）　高垄草莓苗移栽

(1) 梯形垄体高且宽，垄沟狭小，不同于普通垄田、畦田和大田，移栽机作业过程须跨垄体行走在两侧垄沟中，避免对垄体本身造成破坏。现有的富来威 2ZB-1 手扶式烟草移栽机、洋马 PF2R 乘坐式移栽机等轮间距都难以适用于草莓垄体规格，且移栽机的行进走向要么依靠人工跟随调整，要么采用方向盘控制驾驶走向。而在高垄窄沟中，人员只能行走在一侧垄沟，行动较为拘束，手动跟随调整操作困难、费事费力。

(2) 不同地区、不同农场的机械起垄规格差异较大，同时人工修葺垄形基本依靠劳动者的感觉和经验，因而存在明显差异，垄高、垄宽、沟宽和垄顶面、垄侧面的平整度一致性较差，对于行驶和移栽作业均造成了一定困难。

(3) 生产中普遍采用先垄沟大水漫灌、后人工垄上移栽的农艺方式，移栽机如在垄沟深水内行走和完成垄上的高质量秧苗移栽，面临着极大的挑战。

(4) 南方普遍的黏性土质，将导致漫灌高湿条件下打孔和移栽部件的泥土黏着严重，不仅导致作业载荷剧增和作业质量严重下降，甚至可能导致打孔、定植的失败。

(5) 生产中温室大棚宽高有限，考虑兼容圆拱形插地棚，大型驾驶式移栽机车身高度均高于室内高度，且较大的车身在棚内掉头回转困难，难以靠近垄棚边缘进行栽植。

(二)　高架草莓苗移栽

与目前常规叶菜、果菜类秧苗向地面或垄上的移栽作业相比，长育苗期的草莓大穴盘苗、特殊的高架基质栽培条件和移栽要求，使高架草莓苗的机械化移栽具有技术挑战性：

(1) 在高架栽培床之间 600~700mm 狭窄的通道内，不可能实现传统移栽机的人工乘坐驾驶、投苗作业，因而整机必须足够小，无人化的行驶作业成为客观需求。

(2) 100mm 大苗坨在取苗爪手指的夹持作用下难以直接栽苗到地面畦垄或高架中，而高架栽培床亦无法采用大田移栽机的开沟-定植-镇压作业方式，需要采用特定的打孔-定植协同作业方法。

(3) 无人驾驶作业必须保证打孔与定植的位置、深度重合性，才能实现均匀规范的草莓苗定植和保证其直立度、成活率。

三、移栽机总体方案设计

(一)　高垄草莓苗全自动移栽机

1. 原理构思

(1) 针对温室大棚特殊环境，为避免乘坐式移栽机车身大、高度超越室内高度的局限性，采用跨单垄自动行走底盘和无人驾驶的跨垄全自主作业模式，并配合遥控实现便捷的换盘、换行等干预。

(2) 将农机和农艺有机结合，为避免在垄沟深水行驶和高湿黏土垄体上的打孔、定植，进行移栽农艺的适当调整，采用提前充分灌水后并静置一定天数，待垄沟无水且垄体适当干燥时进行机械化移栽，并在移栽完成后再采用漫灌或滴灌的方式充分给水。

(3) 为满足高垄双行弓背向外的移栽要求，进一步将农机与农艺有机结合，进行穴盘内的弓背对称性匍匐茎扦插育苗 (图 5.1)，并进一步探索该标准化育苗的机械化实现方式。

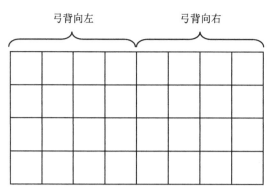

图 5.1 穴盘育苗示意图

(4) 以弓背对称性匍匐茎扦插培育的草莓穴盘苗为对象，针对适栽超大草莓穴盘苗和双行弓背朝外的栽植要求，开发专用草莓穴盘苗移栽末端执行器，采用双爪对称取苗移栽。

2. 总体结构方案

依据移栽机的设计要求，以已经标准化的草莓 32 孔育苗穴盘为作业对象，以温室大棚为作业环境，按高垄双行草莓苗定植要求进行高垄草莓苗全自动移栽机整体设计，整机包括竖直打孔单元、XY 直角坐标定向移栽机构、横向自动进给弹盘送苗机构和高垄自适应仿形底盘等，具体如下：

(1) 针对高垄垄体规格在宽 400~550mm、高 250~400mm 的区间内大范围变化，采用长 800mm、宽 800mm 的跨垄仿形底盘作为整机平台，以四轮行走在沟间，沿垄自动修正底盘前进方向。

(2) 根据定植期草莓苗 100mm 大苗坨和弓背朝外的定向移栽要求，采用机械臂-爪抓放的移栽方式，并开发草莓大苗专用取苗爪。

(3) 根据取放苗作业的特点，以 XY 直角坐标机械臂组合双取苗爪构成取放苗机构。

(4) 根据草莓苗 100mm 大苗坨的垄上移栽需要，在车身前方布置竖直打孔机构，车身后方布置穴盘装载装置和取放苗机构，采用前打孔-后放苗作业方式。

(5) 双取苗爪与双打孔头间距一致，并与弓背对称性匍匐茎扦插育苗相配套，进行垄上双行弓背向外的对称移栽作业。

(6) 采用极少人工换行、换盘干预的全自主跨垄行走作业模式，并开发一插式便捷侧向换盘装置，实现自主作业途中超便捷快速的空盘与苗盘更换。

高垄草莓苗全自动移栽机的总体方案如图 5.2 所示。

图 5.2 高垄草莓苗全自动移栽机

1. 控制系统；2. 竖直打孔单元；3. 小型空压机；4. 高垄自适应仿形底盘；5. XY 直角坐标定向移栽机构；
6. 定角直插式取苗爪；7. 自动进给弹盘送苗机构；8. 大容量安全锂电池

(二) 高架草莓苗全自动移栽机

1. 双侧同步作业-穴盘整排同取-双侧 4 行同栽的作业方案的原理构思

为实现穴盘草莓苗的自动移栽，在大棚高架设施环境中，自动化移栽须由底盘沿架间通道行走并进行移栽：

(1) 由于秧苗由穴盘向空中栽培槽转移，同时为保证弓背朝向的要求，不能采用重力落苗方式，而采用苗爪抓取-移送-放苗方式。

(2) 针对 4×8 穴盘规格、高架双行定植和高架间行走作业的特点，采取车身上育苗穴盘纵向居中布置、4 个取苗爪同时取苗、横向对称运动向两侧栽培槽栽苗的方案，即每周期内穴盘每排的 4 苗同步取出和完成双侧 4 行的同时定植。该方案可实现整排取苗，每周期穴盘间歇进给而取苗爪仅需实现定点重复性动作，动作的简化和 4 行同栽大大提高了移栽作业效率 (图 5.3)。

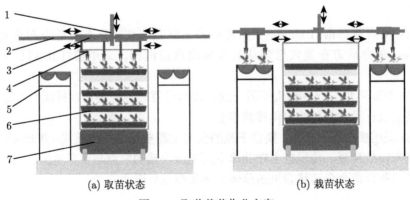

(a) 取苗状态   (b) 栽苗状态

图 5.3 取苗栽苗作业方案

1. 竖直机构；2. 水平输送机构；3. 换向变距机构；4. 取苗爪；5. 高架；6. 穴盘；7. 小车

(3) 针对穴盘间距与栽培槽间距的差异和草莓弓背朝向调整的需要，还需要辅助机构实现送苗过程中的换向变距目标。

2. 打孔-放苗组合方案的原理构思与比较

1) 同步式打孔-栽苗作业方案

农业机械中打孔作业的方式通常分为同步式和异步式。在播种、施肥、移栽等作业中，在打孔的同时完成种、肥、苗置入的同步作业方式得到了广泛的应用，如旱地移栽机的常用投苗、鸭嘴式打孔移栽方式，但其秧苗方向不可控，更适合小型苗的移栽，无法满足超大苗坨草莓苗的弓背向外定植需要。而预先打孔成穴再放苗的异步作业方式，保证打孔与定植的位置和深度重合度则对机器具有较大的挑战。

2) 纵向打孔-放苗作业方案

针对 100mm 大苗坨草莓苗的先打孔、后放苗和离地 800～1000mm 高架栽培间行进作业的要求，可采用纵向打孔-放苗的一机作业方式。沿底盘的行进方向先打孔、后放苗 (图 5.4(a))，其特点是打孔、取-送-放苗动作相互独立，并可实现行进过程中的连续作业，但高架间自主行走的直线度误差和速度波动将对打孔-放苗的位置重合度造成较大影响，高架的起伏更将使打孔与放苗的深度重合度难以得到保证。

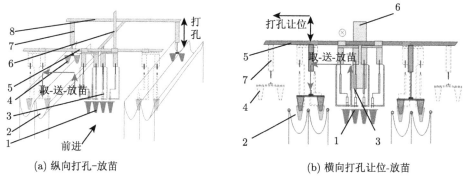

(a) 纵向打孔-放苗　　　　　　　(b) 横向打孔让位-放苗

图 5.4　取苗爪协调机构示意图

1. 穴盘苗；2. 高架栽培槽；3. 取苗爪；4. 打孔器；5. 水平输送机构；6. 竖直输送机构；
7. 打孔器升降机构；8. 打孔器水平支架

3) 横向打孔让位-放苗的间歇式作业方案

针对 100mm 大苗坨草莓苗的先打孔、后放苗和离地 800～1000mm 高架栽培间行进作业的要求，进一步提出了横向打孔让位-放苗的一机作业方式。底盘以单株距间歇行进，打孔机构和苗爪机构的横向输送均沿横向同一基准线来完成，打孔后打孔机构向外侧让离，同时苗爪将草莓苗输送至高架栽培槽并完成放苗 (图 5.4(b))。

与纵向打孔-放苗方式相比 (图 5.4(a))，间歇作业将对效率产生一定影响，但由于打孔、取苗、输送、放苗都在横向的同一竖直平面内完成，既保证了打孔、放苗的位置精准重合，又为同一高架位置上的同步仿形打孔-放苗和深度精准重合提供了方便，进而保证了移栽成功率和移栽质量。

3. 整机系统方案

根据"仿形打孔让位-成排取苗-4 苗换向变距-双侧 4 行同栽"的高架草莓穴盘苗全自动移栽机总体方案，整机由架间自主沿边导航行走的底盘、两组对称的取苗-换向变距单元、两组对称的仿形打孔让位-秧苗输送单元、穴盘便捷更换-间歇进给单元和控制系统等构成 (图 5.5)。

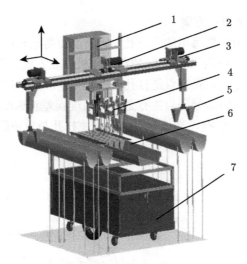

图 5.5   高架草莓全自动移栽机三维模型图

1. 控制系统；2. 秧苗输送单元；3. 同步让位机构；4. 取苗-换向变距单元；5. 仿形打孔让位单元；6. 穴盘便捷
更换-间歇进给单元；7. 架间自主移动底盘

(1) 以宽度仅 600mm、基于光电弧形阵列导航的小型化架间自主移动底盘为平台，将遥控换行掉头和人工便捷换盘的极少介入与高架通道内的全自动作业有机结合，有效满足高可靠、低成本、便捷操作的高架草莓苗全自动移栽作业的实际需要。

(2) 基于 32 孔草莓大穴盘苗的同向扦插育苗的农艺处理，在机身上将穴盘 4×8 纵向居中水平布置，由气动取苗-换向变距单元完成 4 爪同步成排取苗，并由仿形打孔让位-秧苗输送单元换向完成高架上的仿形打孔、横向让位和 4 苗向两侧高架的横向输送，进而根据打孔深 (高) 度信息的反馈实现 4 行的仿形同栽。

(3) 由沿车身纵向布置的穴盘便捷更换-间歇进给单元完成间歇性的等苗距成排进给，同时实现人员从车身后部快速便捷性地取出空盘和苗盘更换送进、精准定位装夹。

第二节 草莓大苗移栽的取苗爪研发

一、取苗爪总体方案设计

(一) 取苗爪的方案构思

针对草莓超大苗坨和苗株的可靠无损取苗需要, 提出了多连杆定角斜插取苗爪方案, 手指沿定直线伸出和缩回的动作, 定角斜插式动作方式保证了入土深度, 同时也适用于 "L" 形取苗路径。同时取苗过程中取苗指不产生摆动, 避免摆动可能对相邻苗株的碰伤以及对苗坨局部的撕裂 (图 5.6)。

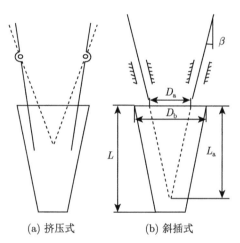

(a) 挤压式   (b) 斜插式

图 5.6 定角斜插式取苗方式

(二) 机构参数关系

由图 5.7, 机构各尺寸参数满足如下关系:

(1) 由定角斜插式取苗方式决定, 取苗指的竖直取苗深度计算公式为

$$L_a = l_{D_1 E_1} - l_{D_2 E_2} - \varepsilon$$
$$= (L_{BC} \sin \alpha_1 - L_{CD} \sin \gamma_1) - (L_{BC} \sin \alpha_2 - L_{CD} \sin \gamma_2) - \varepsilon \qquad (5.1)$$

式中, L_a 为取苗入土深度, mm; L_{BC}、L_{CD} 为杆 BC、CD 的长度, mm; $B_1 C_1$ 和 $C_1 D_1$ 为张开时杆 BC、CD 所处的位置; $B_2 C_2$ 和 $C_2 D_2$ 为闭合时杆 BC、CD 所处的位置; α 为连杆 AB 与水平线的夹角, α_1、α_2 分别为张开、闭合时的连杆 AB 与水平线夹角, $\alpha_1 = -\alpha_2$, (°); γ 为杆 CD 与竖直方向的夹角, γ_1、γ_2 分别

为张开、闭合时的杆 CD 与竖直方向夹角，(°)；ε 为取苗时指尖与穴盘表面的初始高度，取为 10mm(图 5.7)。

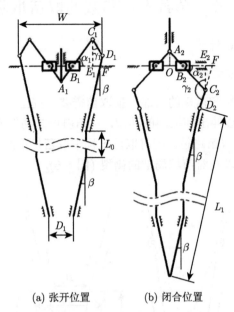

(a) 张开位置　　　　　(b) 闭合位置

图 5.7　取苗爪结构简图

(2) 为避免末端执行器本体与苗株的干涉，两取苗指间竖直空间应超过苗株高度与刺入深度之和，即

$$L_1 = \frac{L_0 + \varepsilon}{\cos \beta} + L_{\mathrm{a}} \tag{5.2}$$

式中，L_1 为取苗指整体长度，mm；L_0 为取苗指二次折弯的竖直长度，mm；β 为取苗指的刺入角度，(°)。

(3) 由图 5.7，两取苗指顶端间的水平距离为

$$W = 2\left(L_{AC} \cos \alpha + L_{CD} \sin \gamma\right) \tag{5.3}$$

当两取苗指位于取苗动作初始位置，即连杆 AB 与水平线的夹角为 α_1 时，W 为最大，并决定了取苗爪本体的宽度 W_0。

(4) 取苗前指间开度

$$D_1 = W - 2\left[L_1 \sin \beta - (H_0 + \varepsilon) \tan \beta\right] \tag{5.4}$$

(5) 式 (5.3) 中，杆 CD 与竖直方向的夹角 γ 为各杆长及角 α、β 的函数

$$\gamma = \arcsin\left[\frac{L_{OF} + (L_{BC} \sin \alpha - L_{CD} \cos \alpha) \tan \beta}{L_{CD}} - \frac{(L_{BC} + L_{AB}) \cos \alpha}{L_{CD}}\right] \tag{5.5}$$

式中，L_{OF} 为取苗指定直线与 B 点所处水平方向线的交点 F 到中心线的垂直距离，L_{OF} 为定值，mm。

(三) 目标函数的建立

取苗爪机构设计中，在实现预定运动、动力要求的同时，应有效控制连杆 AC 对称性摆动幅度 $\alpha_1 \sim \alpha_2$，以保证多连杆机构的良好传力特性。同时压缩取苗爪整体宽度 W，从而有效控制取苗爪占用空间，保证移栽过程各动作的灵活性。为此建立双重规划目标：

$$\min \alpha_1 = L_{\mathrm{a}}^{-1}(\alpha_1, \alpha_2) \tag{5.6}$$

$$\min [W] = W(\alpha_1, \beta) \tag{5.7}$$

式中，$L_{\mathrm{a}}^{-1}(\alpha_1, \alpha_2)$ 为式 (5.1) 的反函数。

(四) 约束条件

(1) 刺入深度要求为

$$L_{\mathrm{a}} \geqslant [L_{\mathrm{a}}] \tag{5.8}$$

式中，$[L_{\mathrm{a}}]$ 为满足顺利取苗的足够夹拔力和取苗指小滑移需要的最小刺入深度，根据夹茎拔苗阻力与双指可施加夹拔力的试验结果，$[L_{\mathrm{a}}]$ 取 50mm。

(2) 取苗指长度要求。为避免取苗爪本体对草莓苗枝叶的碰撞，在取苗过程中本体底部不应低于草莓植株的高度：

$$L_1 \geqslant \frac{[H]}{\cos \beta} \tag{5.9}$$

式中，$[H]$ 为草莓植株的高度，根据草莓苗株测量统计结果，应大于 160mm。

(3) 刺入开度要求。结合 32 孔穴盘穴孔的大小、草莓苗茎在穴盘中的位置偏差、草莓冠层尺寸等，该取苗爪的参数设计首先应考虑合适的开度：

$$\frac{D}{2} \leqslant D_1 \leqslant D \tag{5.10}$$

式中，D 为 32 孔穴盘穴孔的边长，一般取 60mm。

(4) 双指夹拔力要求。通过指针表面与苗坨间的接触挤压作用将苗拔出，双指拔苗力值应该满足：

$$F = 4L_{\mathrm{a}} B_0 [P] \tan \beta \geqslant [F] \tag{5.11}$$

式中，F 为双指可施加的竖直夹拔力，N；B_0 为取苗针宽度，为 2mm；$[F]$ 为根据夹茎拔苗试验，所取各工况的夹茎拔苗阻力峰值，N；$[P]$ 为保证双指夹拔中苗坨不发生破坏、产生较小滑脱位移时苗坨强度，根据约束夹拔力与拔苗滑脱位移曲线，以最大滑移量 20mm 时的约束夹拔力求得满足拔苗力值时的苗坨强度为 $3.91 \times 10^4 \sim 7.46 \times 10^4$ Pa。

（五）　机构参数优化

根据式 (5.1) ∼ 式 (5.11) 并代入已知参数，进行该多目标非线性问题的规划求解，得到优化并经取整的取苗爪机构参数和指标如表 5.1 所示。优化后取苗爪整体本体宽度和连杆 AB 的摆动范围分别为 137.8mm 和 $\pm50°$，取苗爪可实现 60mm 的入土深度和 40mm 的开口宽度，并保证苗爪本体底部 160mm 的高度空间。

表 5.1　取苗爪部件机构参数与总体指标

机构参数	取值	机构指标	取值
L_{AB}/mm	27	W_0/mm	137.8
L_{BC}/mm	54	α_1/(°)	50
L_{CD}/mm	34	α_2/(°)	−50
L_{OF}/mm	63	S/mm	62
L_0/mm	100	L_a/mm	60
B/mm	62	D_1/mm	40
β/(°)	15		
L_1/mm	224		

二、电动式定角直插式双指四针取苗爪结构设计

（一）　三维结构设计

如图 5.8 所示，该取苗爪由推杆电机、机身背板、水平滑块、水平滑轨、长摆杆、短摆杆、直线轴承滑座 (SCS6UU 箱式直线滑块轴承)、手指杆、指端、推苗板构成。推杆电机通电时，带动推杆直线上下滑动，通过长短摆杆的传动、水平滑块与直线轴承滑座的约束，驱动两根手指沿着直线轴承固定好的角度，直线地伸出或者缩回。

借鉴尚书旗等 [1]、刘洋等[2]、韩绿化[3] 等的手指设计，采用图 5.8 的单指双针结构，针式手指减小了对苗坨根系的影响，同时可以达到 4 指取苗的效果，简化了结构。

为了使取苗爪放苗时，手指抽出不影响苗坨的栽植状态，在手指的初始状态的位置侧各固定一栽苗板，取苗爪完成落苗时，推苗板压在苗坨表面，推杆向下运动使手指抽出苗坨。

（二）　动力学仿真

1. 动力学仿真设置

利用 ADAMS 软件对该取苗爪进行动力学仿真 (图 5.9)，模拟实际入土阻力，分析机构的受力和所需的动力大小，从而找出机构中传动失败的原因。

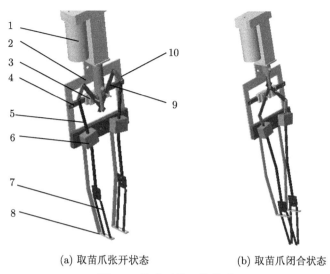

(a) 取苗爪张开状态　　　　　　(b) 取苗爪闭合状态

图 5.8　取苗爪的三维模型

1. 推杆电机；2. 机身背板；3. 水平滑块；4. 水平滑轨；5. 手指杆；6. 直线轴承滑座；7. 取苗指；8. 推苗板；

9. 长摆杆；10. 短摆杆

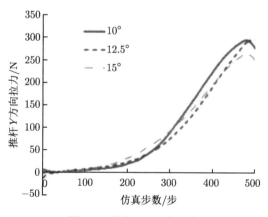

图 5.9　推杆 Y 方向拉力

将取苗爪的 Pro/E 三维模型去掉推杆电机后的.asm 文件另存为 parasolid part x_t 格式导入 ADAMS 中，导入后对模型添加约束、定义质量等属性。将 200mm/s 速度时低含水率组的入土阻力试验值 (该组试验的入土阻力值最大) 保存成 txt 文本，在 ADAMS 中通过 File—import—Test Data(*.*) 导入，对取苗指添加工作阻力，力的方向模式为 Spaced Fixed，始终与取苗指方向平行，通过 AKISPL(time, 0, Spline_1, 0) 函数将入土阻力试验值通过插值函数赋予模型手指上；对模型中的移动副、转动副添加摩擦力；在滑轨与滑块之间添加接触副，模型进行材料定义，添加重力，然后进行动力学仿真。试验测量推杆工作过程中的所需 Y 方向 (竖直向上方向) 拉力和手指杆与手指座之间的 X 方向 (正面垂直于手指滑动所在的直线) 相互作用力，测量位置和方向如图 5.10 所示。

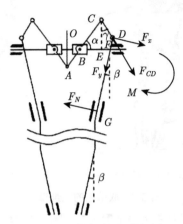

图 5.10　手指杆滑动副处弯矩

2. 动力学仿真分析

如图 5.9 所示，β 为 10°、12.5°、15° 时，各个模型中推杆 Y 方向所需的最大驱动力为 315.9N、310.4N、274.5N，拉力随着深度的增加而增大。

手指杆在直线轴承中滑动，同时受到短摆杆传递的力与直线轴承对手指杆的支撑力，两个力的 X 方向分力形成弯矩，如图 5.10 所示。直线轴承摩擦系数大、间隙大，弯矩和摩擦力导致手指杆在直线轴承内卡死。当 β 为 10°、12.5°、15° 时，各个模型中手指杆处滑动副 X 方向最大的作用力分别为 42.1N、30.5N、16.2N，最大力均发生在第 300~400 仿真步之间，且随着 β 的增大，直线轴承滑动副 X 方向的力逐步减小 (图 5.11)。通过与图 5.9 比较可以发现，此时为 $\angle BCD$ 最小的时候，长、短摆杆之间传动效率低。

(三)　机构优化及仿真验证

1. 机构优化

通过动力学仿真发现，当 β 为 15° 时，$\angle BCD$ 最小值大于 40°，且直线轴承滑动副 X 方向的作用力最小，据此对取苗爪初始结构做出两处改进：

(1) 将直线轴承座改换成直线滑轨和滑块组合的方式，减小力矩 M 的力臂；

(2) 将初始手指杆两次 β 折弯的方案改为第一次折弯 β_1 按照 15°、第二次折弯 β_2 按照 10°、12.5°、15° 三个设计参数进行折弯，增大 $\angle BCD$ 最小值。

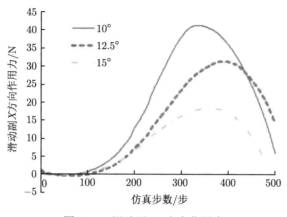

图 5.11 滑动副 X 方向作用力

2. 仿真验证

优化后机构的运动学仿真结果如图 5.12 所示，三个模型中 $\angle BCD$ 均大于 45°，基本达到优化目标，提高了短摆杆与手指杆间力的传动效率。

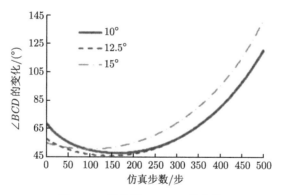

图 5.12 优化后 $\angle BCD$ 的变化

在图 5.13 中，优化后模型的动力学仿真结果中，β 为 10°、12.5°、15° 时，直线滑轨与滑块间滑动副 X 方向的作用力峰值分别为 14.1N、13.4N、12.3N，相比优化前分别减少了 198.58%、127.61%、31.71%，大大减小了手指杆与滑轨间滑动副的弯矩，达到了优化的目的。

(四) 定角直插式双指四针取苗爪的试制

根据机构设计结果，开发了定角直插式双指四针取苗爪 (图 5.14)。根据仿真分析结果，取苗爪的直线驱动选用 LX800 电动推杆 (行程 50mm，额定推力 400N，速度 48mm/s)，通过调节内置行程开关满足行程需要，并通过继电器的正负极变换实

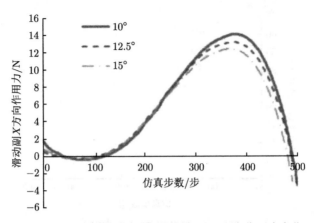

图 5.13　优化后滑轨与滑块间滑动副 X 方向作用力变化

现取苗指的伸出和缩回。同时设置栽苗板，既作为细长取苗指的滑动支撑导引，又方便取苗针缩回时的顺利放苗。取苗爪的长 × 宽 × 厚为 480mm×150mm×45mm。

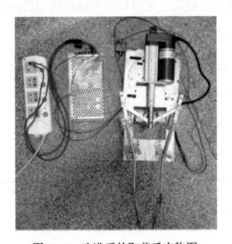

图 5.14　改进后的取苗爪实物图

第三节　高架草莓苗换向变距移栽单元设计

一、弓背朝向调整方案设计

　　鉴于草莓苗弓背朝外要求和草莓栽培为背靠背双列栽植的农艺特点，对高架间行走和双侧移栽模式下，在取匍匐茎育苗时统一穴盘苗弓背方向。为了实现草莓苗的弓背向外以及由窄苗距的育苗盘向宽行距的高架栽培槽的双行移栽，提出了双爪旋转同步换向变距方案，实现双苗同取和换向同栽。如图 5.15 和图 5.16

所示，两个取苗爪平行布置，近端取苗爪和远端取苗爪的回转半径分别为 H_1 和 H_2。取苗时，近端取苗爪和远端取苗爪位于同侧，两爪之间的距离 H_a 为相邻穴孔距；放苗时，远端取苗爪回转 $180°$，使两爪间距离 H_b 为高架上栽培槽的中心间距，实现弓背换向。

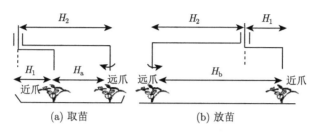

图 5.15　双爪换向变距方案

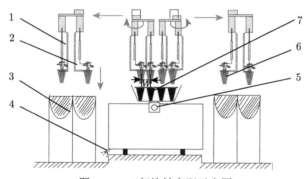

图 5.16　双行旋转变距示意图

1. 远端取苗爪；2. 近端取苗爪；3. 高架栽培槽；4. 沿边光电开关；5. 穴盘苗间歇输送模组；
6. 草莓苗坨；7. 穴盘苗

二、电动换向变距取苗单元的参数设计

(一)　换向变距机构的参数设计

图 5.15 和图 5.16 中取苗时苗距为相邻穴孔距 H_a，放苗时双爪作业的苗距为相邻高架的间距 H_b，其参数关系为

$$H_a = H_2 - H_1 \tag{5.12}$$

$$H_b = H_2 + H_1 \tag{5.13}$$

式中，H_a 为近端和远端取苗爪指尖间距，为两相邻穴孔中心距，mm；H_1 为近端取苗爪手指水平折弯距离，mm；H_2 为远端取苗爪手指与旋转中心距离，mm；H_b 为高架上两栽培槽的间距，mm。

32 孔穴盘相邻两穴孔的中心距 H_a 为 64mm，背靠背式的高架的间距 H_b 要求约为 150mm，经式 (5.12)、式 (5.13) 计算，H_1 和 H_2 分别为 43mm、107mm。

(二)　换向变距对取苗爪的尺寸要求

在双爪同时取苗后，经由换向变距装置带动翻转，实现弓背变换和间距调整。如图 5.17 所示，为避免远端取苗爪 180° 转动过程中与近端取苗爪的干涉，要求远端取苗爪运动包络线不与近端取苗爪发生交叉，根据几何关系：

$$R = \sqrt{\left(\frac{W_0}{2}\right)^2 + \left(\frac{B}{2}\right)^2} \tag{5.14}$$

$$[R] = H_2 - \frac{B}{2} \tag{5.15}$$

$$R < [R] \tag{5.16}$$

式中，W_0 为取苗爪的本体宽度，mm；R 为取苗爪的旋转半径，mm；$[R]$ 为换向变距机构最大旋转半径，mm；B 为取苗爪的厚度，mm。

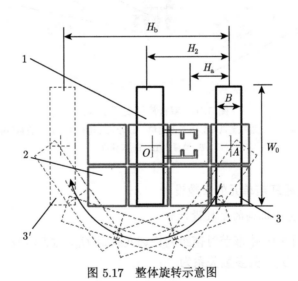

图 5.17　整体旋转示意图

1. 近端取苗爪；2. 穴孔；3. 远端取苗爪取苗位；3′. 远端取苗爪放苗位；O. 旋转轴心；A. 远端取苗爪中心

将表 5.1 取苗爪的参数代入式 (5.14)～ 式 (5.16) 进行核算，以保证换向变距过程中的两取苗爪动作无干涉。

三、电动换向变距取苗单元的开发

(一)　换向变距装置结构及电路设计

如图 5.18 所示，通过直流减速电机带动远端取苗爪实现快速水平转向，而为达到其 180° 准确换向和可靠定位，在两侧分别对称布置微型行程开关和微型电磁吸盘，电机带动远端取苗爪正转到达栽苗位置或反向回到取苗位置后，旋转臂压下行程开关使电机断电，同时微型电磁吸盘通电吸住旋转臂实现可靠定位。而后控制器发出信号使微型电磁吸盘断电的同时电机反转，直至旋转臂压下对侧行程开关，使电机断电的同时对侧微型电磁吸盘通电实现 180° 的可靠定位。

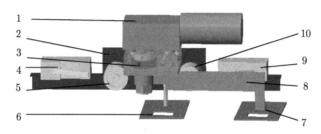

图 5.18　换向变距机构设计图

1. 直流减速电机 (48W, 30r/min)；2. 安装背板；3. 推力球轴承；4. 左行程开关；5. 左侧电磁吸盘；6. 近端取苗爪安装板；7. 远端取苗爪安装板；8. 旋转臂；9. 右行程开关；10. 右侧电磁吸盘

(二)　电动换向变距取苗单元

将优化后的定角直插式双指 4 针取苗爪和换向变距机构组装成一体，草莓穴盘苗移栽末端执行器如图 5.19 所示。

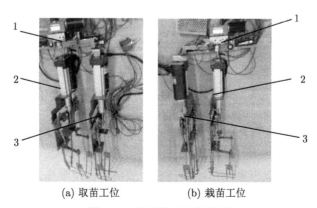

(a) 取苗工位　　　　　　　(b) 栽苗工位

图 5.19　末端执行器实物图

1. 换向变距机构；2. 近端取苗爪；3. 远端取苗爪

(三) 试验验证

1. 试验材料与方法

以整盘 32 株草莓穴盘苗为对象,采用与苗坨力学试验相同的低含水率处理,连续进行末端执行器移栽的取苗、换向变距与放苗试验步骤如下:

(1) 为测试末端执行器的取苗效果,将该末端执行器固定在直线模组的滑台上,换向变距机构的右侧电磁铁得电固定旋转臂,末端执行器处在取苗工位 (图 5.20(a))。穴盘苗从侧面水平推送到末端下方,并使两个取苗爪定位到相邻两个穴孔上方,两取苗爪的电动推杆通电后推杆驱动手指直线插入苗坨,推杆行程结束后,直线模组带动取苗爪向上拔苗,拔苗加速度分为 0.05m/s^2、0.2m/s^2、0.8m/s^2,拔苗行程为 100mm。

(a) 取苗　　　　　　　　　(b) 栽苗

图 5.20　草莓穴盘苗末端执行器取苗栽苗试验装置

1. 穴盘苗;2. 远端取苗爪;3. 近端取苗爪;4. 换向变距装置;5. 直线模组;6. 高架栽培槽

(2) 为测试末端执行器的换向变距实际作业效果,在双取苗爪完成取苗后,由换向变距装置带动远端取苗爪 1s 内转动 180°,旋转臂压下左行程开关,并使左侧电磁铁得电吸住远端取苗爪,使末端执行器保持在栽苗工位 (图 5.20(b))。观察旋转过程中两株苗的状况和旋转臂旋转 180° 后停止过程对苗状态的影响。

(3) 为测试末端执行器的栽苗效果,采用图 5.20 所示的高架设施进行栽苗试验。预先利用同穴孔尺寸的打孔器在高架栽培槽上打好 100mm 深植苗孔,由直线模组驱动取苗爪分别以 0.05m/s^2、0.2m/s^2、0.8m/s^2 加速度栽苗,取苗爪将苗从栽培槽基质表面送到穴孔底部,栽苗深度为 100mm,落苗后取苗爪的电动推杆通电使手指缩回。

取苗后,统计其取出率与苗坨损伤率;放苗后,用数显式角度仪测量苗坨茎秆与栽培槽水平表面的角度,用卷尺测量苗坨表面与槽上表面的高度差,当顺利放苗后直立度大于等于 75° 且高度差小于 15mm 时视为栽苗成功,并观察 10d 后的成活率。

2. 试验结果与分析

1) 取苗试验

如表 5.2 所示，加速度为 0.05mm/s^2、0.2mm/s^2 时，草莓苗取出率均高于 93%，而加速度加大到 0.8mm/s^2 时，取出率下降，部分苗坨个体出现取苗针从基质中脱出的取苗失败现象，其主要原因是经过多月培育，穴盘内基质收缩，且在取苗针刺入苗坨取苗时对苗坨有竖直方向的压缩作用，使得取苗深度不足 50mm。当加速度大于 0.2m/s^2 时，开始出现苗坨取出但苗坨下部断裂和局部破碎的情况，说明苗坨下部包络比较差。考虑到实际取苗深度误差，末端执行器应将取苗深度增加到 60mm，使取苗针与苗坨接触面积增大，以提高取出可靠性，并有效避免取苗时苗坨下部断裂；同时在取苗前的取苗爪水平接近过程中，草莓穴盘苗生长位置与穴孔中心偏差较大，造成末端执行器的手指或栽苗板与草莓苗株发生碰撞(图 5.21)，造成总试验样本中 7.29% 的苗株发生枝叶折断。可对取苗针与栽苗板边缘进行圆滑处理，以进一步减少取苗爪在水平接近过程中对植株的损伤。

表 5.2 末端执行器取苗试验结果

加速度/(m/s²)	取出数/个	取出率/%	苗坨断裂数/个	苗坨损伤率/%	综合成功率/%
0.05	31	96.9	0	0	96.9
0.2	30	93.8	1	3.1	90.6
0.8	27	84.4	3	9.4	75.0

图 5.21 枝叶折断情况

2) 换向变距试验

两取苗爪能够准确定位相邻两穴孔中心位置，弓背和间距变换机构旋转 180° 后将取苗爪定位到相邻两个栽培槽中心的植苗孔上。在远端取苗爪旋转过程中行程开关能保证准确换向、可靠定位。在 30r/min 的旋转速度下，旋转臂与行程开关、电磁铁的碰撞吸合定位未对苗坨的可靠夹持造成影响，在取苗和栽苗位置远端取苗爪均实现了准确稳定作业，旋转过程中两取苗爪间无相互干涉，枝叶间存在轻微触碰，但可保证换向的顺利实现。

　　3) 栽苗试验

　　末端执行器栽苗试验结果如表 5.3 所示。如图 5.20(b) 所示，双指四针式取苗针结构可以由双指实现四指的可靠夹持，保证移栽直立度，并和双栽苗板配合保证放苗。栽苗试验中手指均顺利缩回将苗坨良好送到植苗孔中，苗的直立度和栽苗深度均满足要求。苗坨进入穴孔时，栽苗位置与植苗孔的中心位置偏差和与穴壁之间的摩擦作用，使少量基质滑落，影响栽苗深度，当加速度较大时，滑落量较大。由移栽后的栽培结果发现，由于草莓穴盘苗苗坨大、根系发达，且叶柄和叶片数多，取苗的部分枝叶折断和栽苗基质滑落均未影响栽苗 10d 后的成活率。

表 5.3　末端执行器栽苗试验

加速度 /(m/s²)	高度差 /mm	直立度 /(°)	栽苗成功率 /%	成活率 /%
0.05	5	84	100	100
0.2	7	80	100	100
0.8	10	75	100	100

　　3. 结论

　　验证试验表明，在取苗加速度不大于 0.2mm/s^2 时取苗成功率大于 90%，换向变距装置能够灵活准确地完成双苗同取和换向栽苗作业，解决了弓背朝外问题和相邻两列同时移栽的间距调整问题，可有效完成草莓穴盘苗的特殊移栽作业任务。

　　但是，试验中亦发现，电动换向变距取苗系统仍存在一定的不足：

　　(1) 50mm 微型电动推杆的安装距离至少为 150mm，安装长度大，使取苗爪的直立度受到影响。

　　(2) 电动推杆的额定运行速度为 48mm/s，但实际取苗作业过程中，取苗爪的多连杆机构的间隙时间较长，使得电动取苗爪完成刺入苗坨的时间较长。

　　(3) 电动旋转变距机构由直流电机带动旋转，起停的加减速难以控制，使得电动旋转机构运行不稳定。

　　(4) 电动旋转机构旋转到位后由电磁铁吸附定位，定位刚度较差。

四、气动换向变距取苗单元的开发

　　(一) 整体结构

　　针对电动换向变距取苗单元的不足，为缩小取苗爪尺寸，提高旋转定位刚度，实现快速平稳的取苗、旋转变距，进一步设计开发了气动式换向变距取苗单元。

单侧的气动换向变距取苗单元由 1 个 180° 旋转气缸驱动的旋转机构和 2 个直线气缸驱动的定角斜插式双指四针取苗爪构成 (图 5.22)[4]。

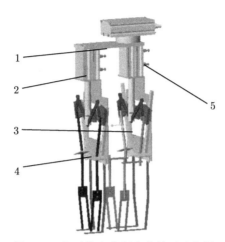

图 5.22　气动换向变距取苗单元示意图

1. 旋转气缸；2. 取苗爪驱动气缸；3. 远端取苗爪；4. 近端取苗爪；5. 气缸进气节流阀

气动换向变距取苗单元中，根据移栽机移动作业的特点，由小型空压机供气，并分别通过节流阀与旋转气缸和直线气缸的双气口相连。在空压机出气口与节流阀之间，通过电磁阀由 PLC 实现对气路开闭的控制。气动控制系统简图如图 5.23 所示[5]。

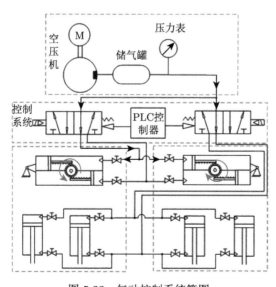

图 5.23　气动控制系统简图

(二)　气动换向变距取苗单元的性能要求

相比于电动系统，草莓移栽机的气动换向变距取苗系统的实现简化了结构空间，使取苗和换向环节能够更加快速有效地完成。但是气动系统的加入也对控制提出了挑战：

(1) 气动系统首先要满足取苗与换向的力和力矩要求，即要能够实现完整的取苗与换向过程。

(2) 取苗-换向要与其他环节实现协调动作以完成草莓苗的移栽，因此取苗-换向的动作速度是影响协调控制的主要原因之一，实现快速的取苗-换向是气动取苗-换向变距系统的重要指标。

(3) 供气-耗气的动态平衡，是保证气动取苗-换向变距系统各周期动作速度稳定和实现节能作业的关键。

(三)　气动取苗-换向变距的力-速度分析

气动取苗-换向变距单元需分别由直线气缸、180°旋转气缸驱动，完成草莓苗的取放和换向变距，其中取苗的刺入力、夹拔力和取放苗、换向变距的速度，是决定移栽作业成功率和效率的关键。

1. 取苗指的刺入力-速度关系

对于取苗刺入过程，气缸活塞杆缩回，进气气压为 p_{s1}，排气气压为 p_{s2}(为 1 个标准大气压)(图 5.24)。

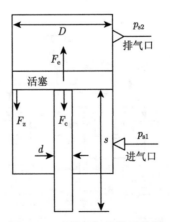

图 5.24　直线气缸参数示意图

对系统的静态过程进行分析，假设活塞杆在腔内压缩空气的作用下匀加速运动，则其力与运动学方程为 [6,7]

$$F_e = \frac{\pi}{4} \left(D^2 - d^2 \right) \left(p_{s1} - 1 \right) \tag{5.17}$$

$$ma = F_e - F_z - F_c \tag{5.18}$$

$$s = \frac{1}{2}at^2 \tag{5.19}$$

式中，F_e 为活塞杆的拉力，N；D 为活塞直径，m；d 为活塞杆直径，m；p_s 为直线气缸中的绝对气压，MPa；F_z 为活塞运动时摩擦阻力，N；m 为活塞杆质量，kg；a 为活塞杆缩回的加速度，m/s²；F_c 为刺入苗坨时的反作用力，N；s 为活塞的行程，m；t 为运行时间，s。

可得刺入苗坨的时间为

$$t_1 = \sqrt{2\left(k_1 p_{s1} - b\right)s} \tag{5.20}$$

式中，$k_1 = \dfrac{\pi\left(D^2 - d^2\right)}{4m}$；$b = \dfrac{F_z + F_c}{m}$。

放苗过程与取苗过程相反，进气口与排气口对调，活塞杆伸出。

2. 旋转变距速度与扭矩关系

如图 5.25 所示，对于 180° 旋转变距单元，旋转气缸的扭矩表达式为

$$T = \frac{\pi}{4}D'^2 p_{c1} r \tag{5.21}$$

$$J\beta = T - T_z \tag{5.22}$$

$$\pi = \frac{1}{2}\beta t^2 \tag{5.23}$$

式中，T 为旋转气缸的输出扭矩，N·m；D' 为旋转气缸活塞直径，m；p_{c1} 为旋转气缸的供气压力，MPa；r 为旋转气缸中齿轮半径，m；J 为远端取苗爪的转动惯量，kg·m²；β 为旋转的角加速度，rad/s²；T_z 为远端取苗爪旋转的阻力力矩，N·m。

可得 180° 旋转换向时间为

$$t_2 = \sqrt{2\left(k_2 p_{c1} - c\right)\pi} \tag{5.24}$$

式中，$k_2 = \dfrac{\pi D'^2}{4J}$；$c = \dfrac{T_z}{J}$。

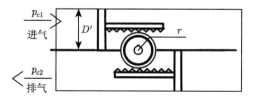

图 5.25 旋转气缸参数示意图

3. 气动系统元件的确定

如图 5.26(a) 所示，根据气动取苗-换向变距系统的力 (力矩) 与动作速度的综合要求，取苗爪驱动采用 SDA40-50 薄型气缸，行程 50mm，缸径 33mm，活塞杆直径为 16mm，安装长度为 83mm；换向变距旋转气缸选用 MSQB-20 型，缸径 18mm，活塞行程 30mm，旋转角度为 0°~190°。气源采用小型直流空气压缩机 (图 5.26(b))，功率 300W，气泵转速为 2000r/min，储气罐容量为 9L。

(a) 气动取苗-换向变距系统　　　　　　　　　　　　　　(b) 空压机

图 5.26　气动取苗-换向变距系统实物及气源

1. MSQB-20 型旋转气缸；2. SDA40-50 薄型气缸

(四)　气动取苗–变距试验

1. 储气罐最大进气量条件下的取苗爪取苗性能及耗时试验

1) 试验材料与方法

在江苏省农科院溧水植物科学基地高架草莓栽培大棚中完成试验，试验以草莓穴盘苗为对盘苗，育苗周期为 8 周。试验前 24h 随机选取 10 盘草莓苗，按照每盘苗 2L 水均匀喷洒待用。试验采用 300W 小型直流空压机作为气源，作业压力范围为 0.5~0.8MPa。在取苗爪的进气口安装气压表，读取每次取苗后的气压值，同时也可以用气压表的指针位置变化指示取苗动作的计时起始时间。将取苗爪进气与排气节流阀调至最大进行试验。如图 5.27 所示，试验时草莓穴盘苗放置在移栽机间歇输送托盘中，通过遥控器控制取苗指伸出夹苗，整排 4 株同取，后上行 150mm 完成拔苗。同时利用手机秒表记录取苗指刺入苗坨的时间。整盘苗经过 8 次取完后，人工更换新的穴盘苗，同时启动空压机充气，使储气罐压力达到 0.8MPa，后开始满盘草莓苗的取苗。试验全程采用 SONY HDR-XR100E 高清摄像机记录。

(a) 取苗爪刺入苗坨　　　　　　　　　　　　　　(b) 拔苗

图 5.27　取苗过程以及取苗效果

2) 试验结果与分析

统计 10 盘试验结果的平均值，每盘取苗 4 次，如表 5.4 所示。根据试验结果，试验共完成 320 株草莓苗的取苗，其中有 15 株取苗失败，总取苗成功率为 95.3%，由取苗过程分析，失败的取苗随机分布在各个气压条件下，因此在 0.8MPa 以下的气压条件下，均可完成取苗。0.8MPa 下的取苗平均耗时为 0.68s。

因此在气动系统中可将取苗爪驱动气缸的节流阀调至最大以实现较好的取苗效果。

表 5.4　试验结果

取苗次序	取苗前气压/MPa	取苗耗时/s	取苗成功率/%
1	0.80	0.68	95
2	0.78	0.71	97.5
3	0.75	0.76	92.5
4	0.73	0.80	97.5
5	0.71	0.86	95
6	0.69	0.90	95
7	0.67	0.93	97.5
8	0.65	0.94	92.5

2. 携苗情况下的换向变距试验

1) 试验材料与方法

启动移栽机，将整盘草莓苗推入间歇送苗托盘中。空压机输出压力保持在 0.5~0.8MPa。调节取苗爪气缸、旋转气缸的进气节流阀至最大 (100%) 进气流量，遥控器控制试验开始，同时拍摄试验视频。如图 5.28 所示，试验动作过程为：取苗爪刺入夹取 → 上移拔苗 → 旋转变距 → 遥控停止。观察苗坨状态，间歇送苗机构送苗，重复试验 5 次。旋转气缸在进气节流阀最大的基础上，依次回旋节流阀调节旋钮一圈 (回旋 4 圈后节流阀完全关闭，因此回旋一圈可减小 25% 进气流量)，减小旋转气缸的进气流量，每种进气流量条件下重复试验 5 次，观察取苗状态与旋转变距后的苗坨状态。

(a) 取苗　　　　　　　　　　　(b) 变距

图 5.28　草莓穴盘苗取苗及变距试验

2) 试验结果与分析

气动系统的取苗-变距试验共完成 4 组，每组试验重复 5 次。试验结果表明，取苗气缸在最大进气量条件下，取苗效果好，取苗速度快。旋转气缸的进气流量对旋转状态下的草莓苗坨影响大，旋转变距试验分别在旋转气缸的 100%、75%、50%、25% 进气流量下完成。结果表明在 100% 进气流量条件下，平均换向时间为 0.57s，试验苗坨全部出现了严重的基质散落，其中 9 株苗坨掉落 (图 5.29)；75% 进气流量条件下，平均换向时间为 0.81s，试验苗坨全部出现基质散落，其中 4 株苗坨掉落；50% 进气流量条件下，平均换向时间为 1.22s，试验苗坨出现轻微基质散落，没有出现苗坨掉落的情况；25% 进气流量条件下，平均换向时间为 1.70s，换向平稳，没有出现苗坨掉落。

图 5.29　换向速度过快导致苗坨散裂掉落

因此，当进气量越大，旋转速度越大，旋转到位缓冲减速度大，导致苗坨因惯性原因脱落。

第四节　打孔单元设计

一、高垄与高架的打孔单元总体方案

(一)　打孔单元的要求

针对草莓苗 100mm 大苗坨的移栽需要，需首先完成在高垄垄面上和高架栽

培床上的打孔,进而分别以纵向先打孔后放苗和横向打孔让位-放苗完成针对高架和高垄的移栽作业,其对打孔单元的要求包括:

(1) 打孔深度、孔形对秧苗的直立度和成活率具有决定性影响,而打孔速度则是保证作业效率的重要要求。

(2) 保证打孔头结构、打孔控制和打孔头与南方黏土壤垄面的相互作用下的打孔性能;而对高架栽培,在以无纺布等形成的栽培槽体内,打孔过程还必须考虑对无纺布槽体的安全无损和打孔作用力前后的槽体变形及其对孔形的影响问题。

(3) 高垄和高架均存在建设误差,特别是高架高度误差可达 10mm 左右,当以固定打孔高度和动作行程作业时,打孔的深度、孔形难以保证一致,打孔单元的设计必须考虑针对高垄、高架起伏的仿形适应性。

(二) 打孔头设计

为满足打孔的孔形与苗坨尺寸形状一致性,根据育苗穴盘穴孔尺寸进行打孔器结构的确定,制作了不锈钢材质的平头打孔器,尺寸如图 5.30 所示。

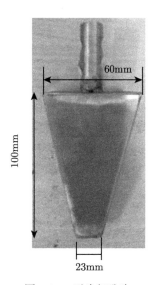

图 5.30 平头打孔头

(三) 打孔单元设计

1. 高垄气动打孔单元

针对秧苗移栽前通常由起垄机起建规范新垄,同时高垄草莓苗移栽采用前打孔、后放苗的协同方式,对打孔的快速和速度一致性要求较高,因而采用推力大、速度快的气动打孔方案,按高垄双行栽培的行距布置一对四棱锥打孔头,采用 TN/TDA32-150 双轴气缸作为驱动元件,分别在气缸的上、下两个极限位置设置磁性开关，同时在气缸与打孔器连接处设置一维轮辐式精密微型力传感器采集并反馈入土压力，通过 PLC 控制气缸电磁阀实现一次性成孔 (图 5.31(a))。

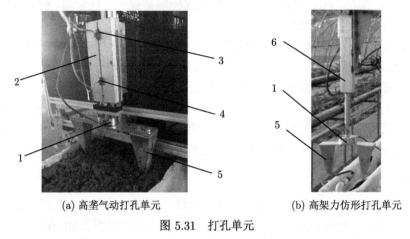

(a) 高垄气动打孔单元　　　　　　　(b) 高架力仿形打孔单元

图 5.31　打孔单元

1. 力传感器；2. 气缸；3. 上磁性开关；4. 下磁性开关；5. 打孔器；6. 电动推杆

2. 高架打孔单元

因高架起伏较大，必须仿形精准控制打孔动作，同时采用横向打孔让位-放苗的作业方式，按高架双行栽培的行距布置一对四棱锥打孔头，初期采用左、右两侧打孔器同时驱动方案，但其灵活性差，进一步分别加装电动推杆作为驱动元件，同时在电动推杆与打孔器连接处设置一维轮辐式精密微型力传感器采集并反馈入土压力，从而实现仿形作业 (图 5.31(b))。

二、高垄打孔试验

(一)　打孔耗时试验

草莓栽植穴孔具有深度大、穴孔壁陡的特点。而采用仿苗坨形状的打孔器进行打孔作业时，其作业动作简单，只有下压打孔和上行拔出两种动作，但穴孔体积大、阻力大，打孔作业时间难以估计，因此需要了解实际打孔耗时，以明确移栽整体程序的逻辑控制。

在室内采用木制垄形框架做成梯形高垄，当中堆满碎土，并移至打孔器下方，分别设置气缸电磁阀进气口的初始气压为 0.7MPa、0.65MPa、0.6MPa、0.55MPa、0.5MPa、0.45MPa、0.4MPa、0.35MPa、0.3MPa，采集现场土样，得含水率 15.36%、密度为 1.35g/cm^3。PLC 控制器采集上、下磁性开关的触发间隔以获得打孔下行时间和拔出时间，并记录入土压力最大值。

由表 5.5 可得，随气压减小，打孔总耗时由约 0.5s 增加至约 0.7s，打孔器最大入土压力也随之减小。因此，在空压机前设置一个减压阀，将管路气压保持在

0.45~0.5MPa，即移栽全过程中，打孔总耗时和打孔峰值力也能基本保持一致，耗时稳定保持在 0.6s。

表 5.5　不同气压下的打孔耗时

进气管气压/MPa	打孔下行时间/ms	打孔拔出时间/ms	打孔总耗时/ms	打孔峰值力/N
0.70	223	291	514	620.53
0.65	218	294	512	596.61
0.60	230	298	528	623.21
0.55	244	301	545	544.82
0.50	229	298	527	514.28
0.45	259	296	555	517.08
0.40	257	322	579	478.68
0.35	354	321	675	498.36
0.30	372	347	719	439.45

（二）　垄上打孔效果试验

在样机实际作业时，不同的作业环境条件会对样机造成巨大的影响，其中打孔作业与垄体土壤直接接触，因此土壤特性是影响样机作业效果最为重要的因素。大棚内部起垄后，土壤颗粒大小和均匀性也较为相似，但土壤含水率可由现场人员通过滴灌带或雾化微喷头进行不同灌溉处理。通过试验寻找打孔效果与合适的土壤湿度处理关系，形成农艺与农机的有机融合，对新型移栽机的使用推广具有一定的意义。

1. 打孔试验设置

在一条垄上，采用滴灌带对高垄的垄土充分湿润，分别晾置 24h、36h、48h 后进行试验，另一条垄上不进行浇水。试验前分别进行含水率测试，测得浇水 24h、36h、48h 的垄体土壤含水率为 23.92%、18.45%、15.97%，不浇水的垄土含水率为 12.74%。

将移栽机移至垄头 (图 5.32)，启动空压机，保证在储气罐气压低于 0.4MPa 时空压机自动开启，储气罐通过减压阀与打孔气缸相连，减压阀设定为 0.45MPa，在高、低含水率的垄土上各打孔 10 次，分别记录各次打孔作业情况。

2. 含水率与打孔效果分析

试验发现，在打孔作业时 23.92% 的含水率下打孔器表面黏结大量土壤，其原因在于含水土壤颗粒存在黏着性，易黏结在金属表面 (图 5.33)，致使穴孔坍塌严重 (图 5.34)，难以形成完整的孔形。

在含水率 18.45% 的垄土上，打孔器的粘土情况好于含水率 23.92% 的垄土，穴孔成形完整，但多次打孔后仍偶尔出现粘土现象。

图 5.32　高垄双行打孔试验

图 5.33　打孔器粘土

图 5.34　穴孔坍塌

　　在含水率为 15.97%、12.74% 的垄土上，粘土现象基本消失，但穴孔周边的沙土易滑落至穴孔中，造成穴孔的坍塌，成孔完好率仅有 72.5%，平均成孔深度为 68mm，由于含水率的下降，土壤颗粒可塑性下降，穴孔的完好度不够理想。

　　因此，现阶段选用含水率低于 18% 的土壤进行样机试验会取得较好的作业效果，针对穴孔坍塌，通过增加打孔作业深度和放苗时主动下压苗坨，弥补穴孔坍塌造成的打孔深度不足，也能实现苗坨的较好种植效果，其增加的打孔深度可依据实际坍塌程度进行小幅调整，本次试验设置打孔深度为 12.5cm，最终获得平均 9.3cm 的穴孔深度。

三、高架打孔试验

　　通过在高架栽培槽内的打孔试验，考察高架槽体能够承受打孔的负载能力和基质是否有良好的成穴特性。

(一) 试验材料和设备

根据江苏省农业科学院园艺研究所的反馈得知高架设施所使用的基质为草炭、珍珠岩、蛭石以 3:1:1 均匀混合而成。试验在江苏大学农业装备工程学院进行，对基质进行三种质量含水率处理，利用 Sartorius BS210S 称重仪和烘干箱分别测得低含水率组区间为 14.43%～18.48%，中含水率组区间为 46.53%～49.65%，高含水率组区间为 64.97%～67.53%。

如图 5.49 所示，试验平台由三菱 PLC(FX2N)、上银直线模组 (CS150-1000)、松下 400W 伺服电机 (MHMD042G1U)、DESIK 数显式推拉力计 (量程 100N，精度 0.01N) 组成。制作了与高架设施同尺寸长 600mm 的栽培槽 (图 5.35(a)) 和同表面开口尺寸的矩形铁皮槽 (图 5.35(b))。

(a) 无纺布栽培槽

(b) 铁皮槽

图 5.35 打孔试验装置

(二) 试验方法

将推拉力计固定在直线模组的滑台上，打孔器通过螺纹连接固定在推拉力计的连接头上。通过 PLC 设定丝杠带动打孔器以 1mm/s、50mm/s、100mm/s 速度向下打孔 100mm，分别模拟静态、2s、1s 完成打孔的工况，打孔后静止 1s 后，以相同速度返回初始位置。推拉力计测量并记录打孔阻力，并观察穴孔成形的状态。打孔试验按照表 5.6 中因素和水平的单因素进行试验，每组试验进行 10 次。

表 5.6 打孔试验的因素与水平

水平/因素	栽培槽类型	速度/(mm/s)	含水率
1	无纺布栽培槽 A	1	低
2	无纺布栽培槽 A	50	中
3	铁皮槽 B	100	高

（三）　试验结果与分析

1. 打孔阻力-位移的关系

高架栽培槽和铁皮槽均能稳定承受打孔动作带来的载荷，但成形的穴孔特征、打孔阻力有所差别。不同组合试验的打孔阻力与位移的曲线形态基本一致，图 5.36 为编号 1 试验组的打孔阻力与位移的曲线，打孔阻力随着位移的增加而增加，且增加的幅度越来越大。由于打孔器为锥形结构，随着打孔位移的增加，打孔横截面积逐渐增大，且受压附近区域的基质被压缩后硬度增大。

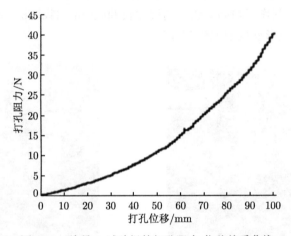

图 5.36　编号 1 试验组的打孔阻力-位移关系曲线

对比图 5.37(a)、(b) 可以发现，在高架槽和铁皮槽的打孔试验中，打孔阻力随着速度的增加而增加，低含水率组的增长幅度最大，高含水率组的增长幅度最小。

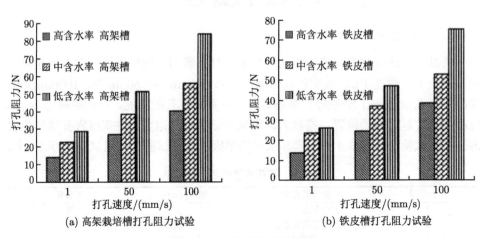

(a) 高架栽培槽打孔阻力试验　　　　　　　(b) 铁皮槽打孔阻力试验

图 5.37　打孔阻力试验分析

同时高架槽内的打孔阻力稍微大于铁皮槽，不过差异较小，这可能是由于基质在被打孔时高架槽的无纺布结构摩擦系数大和柔性特点不利于基质的流动，圆弧形的栽培截面使得受力更加集中。试验中高架槽未出现撕裂现象，能够满足打孔所需的强度要求，证明在高架栽培槽上打孔方案的可行性。

2. 穴孔成形效果分析

观察试验中成形的穴孔形态，利用卷尺测量穴孔上边距长度，并求均值，见表 5.7。

表 5.7 成形穴孔平均尺寸统计

编号	1	2	3	4	5	6	7	8	9
边距/mm	×	54	57	×	55	56	×	54	55
编号	10	11	12	13	14	15	16	17	18
边距/mm	×	55	57	×	56	56	×	55	55

注：× 表示穴孔成形失败，侧壁坍塌。

从表 5.7 和图 5.38、图 5.39 可以看出，中含水率组、高含水率组可以形成形态较好的穴孔，低含水率组中穴孔不能成形，打孔器拔出后，侧面基质会坍塌。

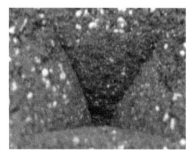

(a) 低含水率　　　　　　(b) 中含水率　　　　　　(c) 高含水率

图 5.38 高架槽打孔成形试验

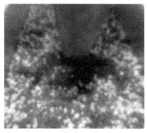

(a) 低含水率　　　　　　(b) 中含水率　　　　　　(c) 高含水率

图 5.39 铁皮槽打孔成形试验

从表 5.7 可以看出，成形的穴孔侧壁有一定量的收缩，穴孔边长尺寸均略小于打孔器，打孔速度相同时，高含水率组的收缩量最小，中含水率组收缩量略大，含水率高时基质之间的黏附作用比较大，有利于压紧基质。且速度在 1mm/s、50mm/s 的成形穴孔要好于 100mm/s 速度下成形的穴孔，当以较快的速度将打孔器拔出时，更容易使侧壁基质从表面剥落，影响穴孔的深度。这主要是由打孔器头与穴孔内壁的摩擦造成的。50mm/s 的打孔速度、中等含水率及以上的基质更适用于打孔成形作业。

同基质含水率时，高架槽中的穴孔收缩量稍大于铁皮槽，高架底部圆弧形结构造成的应力集中和无纺布柔软的材料使得基质的流动性较差。整体上高架栽培槽的成形穴孔状态比较良好，表明在高架槽内打孔方案的可行性。

第五节　便捷换盘-间歇进给单元设计

一、便捷换盘-间歇进给单元总体方案设计

(一)　功能目标

(1) 为高垄、高架草莓苗的全自主移栽作业实现机载苗盘的自动精准进给供苗。

(2) 针对高垄、高架草莓苗的人工极少干预的全自主作业需要，换盘-间歇进给单元需实现最简化便捷的空盘、苗盘更换。

(3) 每苗盘秧苗用尽应自动停止移栽作业并发出报警，苗盘更换后亦尽量便捷启动下一周期移栽作业。

(二)　总体方案

1. 高垄与高架的不同穴盘进给方案

根据高垄与高架草莓苗移栽的总体方案，高垄为基于弓背对称育苗的单垄对称双行移栽方式，而高架为基于弓背朝向一致育苗的双侧高架四行同步移栽方式。以 32 孔 (4×8) 育苗穴盘为例，其布置和进给方向取决于几个因素：

(1) 穴盘尺寸：穴盘整体尺寸为长 540mm、宽 240mm，由于高架草莓苗移栽机采用架间行走、双侧作业方式，如穴盘长边横向布置，其进给-换盘装置的尺寸和安装空间将超出底盘宽度甚至架间宽度，使整机难以实现架间行走作业；而由于高垄草莓苗移栽采用跨单垄行走作业方式，其横向不受此限制，可以采用穴盘长边横向布置方式。

(2) 取苗-进给配合：高架草莓苗移栽机采用基于弓背朝向一致育苗的双侧高架 4 行同步移栽方式，穴盘长边纵向布置，可以实现 4×8 穴盘内的 4 苗同取和穴盘定距进给。

(3) 取苗输送路径：由于高垄、高架的草莓苗移栽分别采用了纵向打孔放苗和横向打孔放苗方式，针对高垄移栽的穴盘横向布置和高架移栽的穴盘纵向布置，可有效减少取苗的输送路径长度。

为此，高垄和高架草莓移栽机分别采用了长边侧向和纵向布置的方案 (图 5.40)。

(a) 高垄　　　　　　　　　　　　　　　　　　　(b) 高架

图 5.40　高垄和高架草莓移栽机的不同穴盘布置与换盘操作方式

2. 高垄与高架的不同穴盘更换操作方式

如图 5.40 所示，高垄移栽机跨垄作业时，操作人员可以沿垄沟进入田间进行换盘操作，因而采用横向一侧换盘操作方式；而高架移栽机在架间行走作业，操作人员可以沿架间通道进入田间进行换盘操作，因而适宜的换盘方式为在机尾的纵向换盘操作方式。

3. 便捷换盘

如图 5.40(a) 和图 5.41 所示，为最大限度地简化换盘动作，可以针对高垄草莓苗移栽机跨垄作业的特点，以一侧将苗盘推入，同时将空盘顶出和落入另一侧

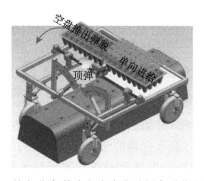

图 5.41　单向进给-换盘与空盘自动侧向弹落方案规划

垄沟的方式，从而实现"一推式"换盘；而对高架草莓苗移栽机，由于采用机尾换盘操作方式，当将空盘从机头顶出落入架间通道时，对移栽机的行进作业造成干扰，因而可采用先将空盘从机尾抽出，再将苗盘推入，即"一推拉式"换盘方式。

在移栽机作业时，穴盘更换和进给均要求较高的定位精度，穴盘放入应有准确的限位；同时为避免取苗爪夹拔对穴盘的带拉，一般设置压板将穴盘唇边压住。为实现轻简便捷的换盘和自动进给，主要方案特征如下 (图 5.42)：

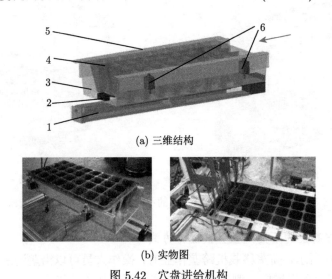

(a) 三维结构

(b) 实物图

图 5.42　穴盘进给机构

1. 直线模组；2. 限位开关；3. 穴盘托架；4. 穴盘；5. 压板；6. 电磁铁

(1) 根据穴盘尺寸设计穴盘托架，并采用直流伺服电动直线模组带动，实现精准的穴盘定苗距进给。

(2) 设计双电磁铁驱动压板结构，在穴盘托架内穴盘推入方向的后部设置限位块和限位开关，保证穴盘推入的位置精度，同时触发限位开关发出信号，使电磁铁动作带动压板下落压紧穴盘的唇边；而当穴盘内草莓苗用完后，由控制系统对移栽作业周期的计数激发电磁铁动作，使压板自动打开，从而可完成后续的换盘操作。

二、高垄草莓苗移栽机载便捷换盘-间歇进给单元

(一) "一推式" 便捷换盘的技术关键

理想的跨垄移栽作业的"一推式"便捷换盘模式，在穴盘更换、定位装夹、移栽启动、间歇进给、空盘提醒和停机的全程仅需莓农的一个推入动作即全部完成。除高架、高垄草莓苗移栽机的换盘-间歇进给单元总体方案已述及的技术点以外，跨垄移栽作业的"一推式"便捷换盘的关键技术点包括以下几点。

1) 如何实现穴盘精准定位装夹和"一推式"的苗盘-空盘更换的协调

在沿横向推入苗盘并将空盘从另一侧挤出的过程中，由于满盘的草莓穴盘苗重量约为 4kg，而空盘质量远远低于满苗苗盘，设计了弹性限位开关结构。该弹性限位开关的特点在于具有触头被拨动触发的作用力阈值，很轻的空盘将不能拨动触发该弹性限位开关，在苗盘推入时，空盘直接跳过弹性限位开关而离开穴盘托架。

2) 如何实现被挤出空盘的无干涉落地

空盘仅仅被挤出，可能出现继续留在机身上，在移栽机行进作业过程中被不断抖动而落地；或可能落于轮下而对移栽机的前进作业造成干扰。为此，进行了自动弹脱的结构设计，即苗盘推入到位触发限位开关时，限位开关发出的信号同时激发压板的下压和推送前方的快速弹出装置，实现空穴盘的异侧自动弹落。

通过上述技术方案的组合，达到"一推式"便捷换盘的目的。

(二) "一推式"换盘-间歇进给单元方案

"一推式"换盘-间歇进给单元结构如图 5.43 所示，包括导向穴盘托架、两侧压板、4 个电磁铁、水平直线模组、导轨、迷你气缸、弹性限位开关，其中采用折弯铝制托架来托载穴盘，由弹性限位开关信号触发 CDJ2D10-30 迷你气缸来弹出空盘。

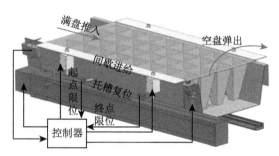

图 5.43　穴盘送给和弹出示意图

"一推式"换盘-间歇进给的程序控制逻辑和与莓农的人机交互操作具体如下所示：

(1) 当由控制系统对移栽作业周期的计数确定苗盘草莓苗移栽完毕，自动发送信号激发电磁铁动作，将压板打开。

(2) 莓农将带苗穴盘推入托槽，空盘被顶出压板下方。

(3) 当带苗穴盘推入到位后，触发弹性限位开关。

(4) 托架两侧唇边上方安装有电磁铁带动的压板，带苗穴盘的边沿进入托槽唇边与压板之间，当带苗穴盘推入到位后，触发弹性限位开关发出信号，使压板自动下落压紧带苗穴盘。

(5) 限位开关被触发同时给出迷你气缸动作指令，将空盘弹出移栽机。

(6) 由控制器计数，由直线模组带动托架和穴盘，并通过直流电机的伺服控制保证穴盘的精确定距进给。

(7) 设置托架的起始和终点位置限位，当最后一次取苗结束后，触发终点位置的限位开关，发出指令使移栽机停止在原地，托槽自动回到起点位置，同时压板自动打开，由人工换盘。

(8) 人工换盘过程中，移栽机除自动弹出装置外其他所有机构静止不动，避免莓农换盘过程中受到机械误伤，待换盘结束后，人工遥控从原地继续开始自动打孔-移栽作业。

该程序实现了穴盘托载、间歇进给-一插式更换功能，仅需莓农在一侧推入带苗穴盘，即可完成全自动移栽作业中空盘的弹出和带苗穴盘的精确定位、压紧、定距进给作业。

三、高架草莓苗移栽机载便捷换盘-间歇进给单元

根据高架草莓苗移栽机架间作业的特点，采用机尾的"一推拉式"换盘方式，单元结构如图 5.44 所示。

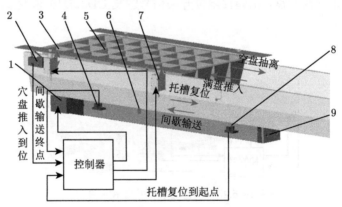

图 5.44 穴盘便捷更换-间歇进给单元示意图

1. 伺服电机；2. 穴盘苗加装限位开关；3. 压板；4. 托槽终点限位开关；5. 穴盘苗；6. 托槽位置指示挡片；7. 电动顶杆；8. 托槽起点限位开关；9. 直线模组

"一推拉式"换盘-间歇进给的程序控制逻辑和与莓农的人机交互操作具体如下所示：

(1) 莓农将带苗穴盘推入托槽，由托槽末端的穴盘苗加装限位开关检测穴盘是否到位。

(2) 托槽两侧唇边上方安装有电动顶杆带动的压板，穴盘的唇边进入托槽唇边与压板之间，当带苗穴盘加装到位后触发限位开关发出信号，压板自动下落压

紧穴盘；同时限位开关触发信号亦自动启动整机的移栽作业流程。

(3) 由直线模组带动托槽和穴盘进给，并通过直流电机的伺服控制保证穴盘的精确定距进给。

(4) 控制系统根据间歇进给和取苗的自动周期计数获知每一穴盘的草莓苗移栽完成，托槽携带空穴盘自动返回初始位置且压板自动打开，人工抽出空穴盘并装载带苗穴盘。

(5) 人工换盘过程中，底盘停止在原地，但打孔机构的复位打孔、取苗爪复位等动作仍继续进行，只有当限位开关检测到有苗穴盘的再次装入时才启动后续的取苗、打孔、输送、放苗以及底盘间歇前进动作，从而在人工换盘速度足以满足移栽周期的情况下保证作业效率，同时有效避免人工换盘与自动作业的可能冲突。

该穴盘便捷更换-间歇进给单元仅需人工的一次抽出空盘、推入苗盘，即实现了全自动移栽作业中便捷化穴盘更换和穴盘的精确定位、压紧、定距进给与连续作业。

第六节　高垄草莓苗全自动移栽机的研发与试验

一、整机开发

(一) 机械系统设计

1. XY 直角坐标取放苗装置设计

如图 5.45 所示，针对草莓穴盘苗大苗坨和定向栽植要求，以水平模组和竖直模组组成垂直于地面的 XY 坐标系。针对 32 孔育苗穴盘和双行栽植要求，4 倍

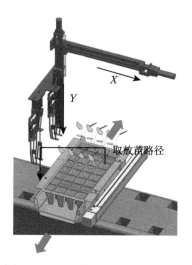

图 5.45　XY 直角坐标取放苗装置

穴孔的间距 (256mm) 恰好满足垄上移栽作业行距要求, 因而以一对定距取苗爪, 分别对准第 1、5 行穴孔并配合苗盘的侧向进给进行取放苗作业。

2. 整机加工装配

依照高垄草莓苗全自动移栽机总体方案, 利用跨垄仿形行走底盘搭载底盘 XY 直角坐标取放苗装置、气动定角直插式双指 4 针取苗爪、"一推式" 换盘-间歇进给单元、气动打孔单元, 并配置微型直流空压机, 成功开发高垄草莓苗全自动移栽机样机 (图 5.46)。该机整机功率仅 1.5kW, 整机尺寸长 860mm、宽 800mm、高 1500mm, 整机重量仅 80kg, 额定仿形行走速度 > 0.5m/s。

图 5.46　高垄草莓苗全自动移栽机样机

(二)　控制系统设计

1. 气动系统设计

采用 48V-300W 小型空气压缩机 (尺寸长 600mm× 宽 400mm× 高 600mm) 为气路供压, 适合本移栽机随车携带。气动系统结构如图 5.47 所示。

2. 移栽机电路系统设计

针对本机的控制需求, 选用信捷 PLC(型号: XDM-60T10-C) 作为系统核心控制器, 该 PLC 控制稳定、抗干扰性强, 可适应较恶劣的农业作业环境。

草莓大棚的长度一般在 50～100m, 普通红外、蓝牙遥控仅有 10m 左右的控制距离, 因而采用台湾禹鼎 F21-E1B 工业遥控器, 控距可达 100m。

针对每个电路传感器和执行元件的控制方式需求, 对 PLC 高速脉冲输出和继电器类型的输出口进行端口分配。由于信捷 PLC 仅能接收 24V 输入输出信号, 对于实际输入输出电压超过或小于量程的信号, 采用中间继电器进行安全控制。其接线原理图如图 5.48 所示。

对信捷 PLC 的 X0～X10 高速脉冲输出口和继电器类型输出端进行 I/O 口分配, 采用信捷 PLC 专用编程软件 XDPPro V3.5.2 进行系统控制软件开发。

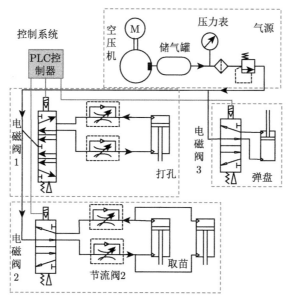

图 5.47　气动系统结构简图

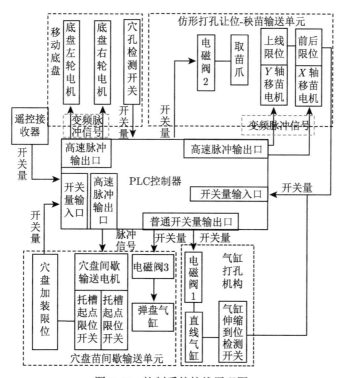

图 5.48　控制系统接线原理图

二、高垄草莓苗的前打孔-后放苗移栽协调控制

(一)　前打孔-后放苗栽植总体方案

1. 前打孔-后放苗的动作原理

草莓穴盘苗的苗坨较大、苗株较高，打孔器安装在车身前方。如图 5.49 所示，底盘以速度 v_1 自动沿高垄仿形前进、竖直打孔单元打孔的同时，取送苗单元以周期 T_1 完成穴盘内第 1 列和第 5 列的第 1 行 2 株草莓苗的取苗、送苗和栽植，并使所栽植两行草莓苗的弓背朝向高垄的外侧。

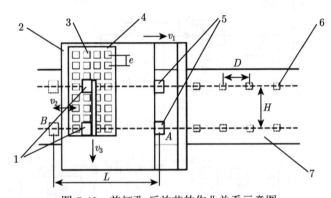

图 5.49　前打孔-后放苗的作业关系示意图

1. 取苗爪；2. 移栽机机架；3. 苗盘穴孔；4. 苗盘；5. 打孔头；6. 垄面栽植孔；7. 垄面

为保证草莓苗被准确栽入打好的栽植孔内，每一次打孔和相应取放苗完成时刻的间隔为

$$T_2 = \frac{L}{v_1} \tag{5.25}$$

式中，L 为打孔位 A 和作业位 B 沿行进方向的距离。

高垄草莓苗自动移栽机继续行进打孔并顺序完成穴盘内第 1 列和第 5 列草莓苗的取苗、送苗和栽植，穴盘侧向进给 1 个列距 e，继续进行第 2 列和 6 列草莓苗的取苗、送苗和栽植，直至穴盘内的草莓苗取完。

2. 前打孔-后放苗的关键问题

(1) 如何实现车身前方打好的穴孔位置与车身后方的放苗位置一一精准对应。移栽机底盘尽管采用伺服轮毂电机，但受垄体和垄沟的复杂环境干扰，仍难以保证每次间歇行走的间距严格保持一致。

为解决该打孔-放苗位置精准重合问题，加装垄面穴孔可检测传感器，将穴孔检测与伺服控制结合，实现移栽机的栽苗精准对孔。

(2) 如何实现多单元、多动作的协调控制。前打孔-后放苗作业方式涉及打孔气缸、XY 取放苗单元、横向进给单元、底盘等多个部件，合理规划各个部件的动作逻辑和时序，是实现快速、安全作业的保障。

(二) 草莓双爪定向取放苗的程序控制

1. 移栽动作初始点的选择和自动复位

取放苗单元的动作流程可分为取苗、移送和放苗三个部分，涉及 XY 直角坐标模组、取苗爪、穴盘进给单元等多个部件，尤其是取苗爪易和其他机构相互干涉，应选择一个恰当初始点作为移栽程序起点，其取苗爪位置应符合如下要求：

(1) 工位醒目且安全，能迅速判断出取苗爪是否到位及与其他机构是否存在相互干涉，同时也要考虑是否会损伤托盘上携带的草莓苗。

(2) 当人工手动介入时 (装盘、卸盘)，取苗爪的位置是否会影响作业效率，或易产生人机碰撞。

(3) 能快速进入移栽作业路径，提高移栽作业效率。

按上述要求，选择竖直放苗点 X 坐标和取苗高度 Y 坐标的交点 A 为整个移栽动作的初始点，从该初始点沿 X 轴即可进入取苗工位，沿 Y 轴即可从放苗位回到初始位 (图 5.50)。

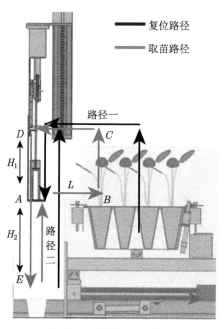

图 5.50 取苗-复位路径

2. 自动复位路径和一键式复位程序

当以 A 点作为初始点，在移栽机首次启动以及实际使用过程中，如存在某些意外状况而需急停，需设定通用复位路径，避免归位过程中可能产生的人机冲突和携带的草莓苗损坏。分析取苗爪作业区域及工作状态，分别以图 5.50 所示路径一和路径二作为复位路径，采用按钮一键式自动复位：

(1) 先缩回取苗指，将取苗爪升至拔苗高度，避免取苗爪经过穴盘上方时，对携带的苗株枝叶造成损伤；

(2) 横向进给直线模组和 X 轴直线模组同时进行归位，直至触发各自相应限位开关；

(3) Y 轴直线模组带动取苗爪下移至 A 点，完成初始化动作。

3. 取放苗路径和周期

如图 5.51 所示，根据草莓苗在托盘上的初始位置和最终的放苗位置，采用 P 形路径进行取-移-放苗。以顺时针对 P 形每个拐点进行标号，由于穴盘共有 8 行 ×4 列草莓苗，取苗爪从左至右逐个取苗，取尽一行后，横向送苗模组带动穴盘横移一个穴孔间距，直至取尽整盘苗。

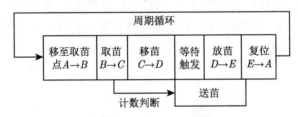

图 5.51   取放苗流程

根据草莓苗的取苗和移苗研究[8]，其穴盘苗的拔苗加速度 a_1 为 200mm/s^2 时，取苗效果最好，秧苗移送过程中加速度 a_2 为 300mm/s^2 时，效果最好。而 A、B 点距离 l_{AB} 会随每次取苗点 B 的具体位置而变化，当取第四列草莓苗时移栽周期最长。因此，在每次取苗爪移至 D 点时设置一个延时，使每次移栽周期相同。在各直线模组的额定速度下，取-移-放苗各动作耗时如表 5.8 所示。

表 5.8   取-移-放苗各动作耗时

动作轨迹	行程/mm	加速度、减速度/(mm/s^2)	耗时/s
$A \sim B$	$164 \sim 350$	300	$0.7 \sim 1.1$
取苗指探出	—	—	0.3
$B \sim C$	100	200	0.7
$C \sim D$	$164 \sim 350$	300	$0.7 \sim 1.1$
$D \sim E$	345	300	1.1
取苗指缩回	—	—	0.3
$E \sim A$	245	300	0.9

(三)　前打孔-后放苗下的精准对孔和协调控制策略

1. 精准对孔条件下传感器的选型与布置

1) 检测原理

由于垄间作业条件复杂，仅通过控制底盘轮毂电机的旋转圈数难以实现移栽机的等距前进，因此，如图 5.52 所示，拟选用两个传感器分别布置在打孔行上方，其中传感器 1 距离打孔装置后方一个移栽株距，用于确保每次打孔时的打孔间距为一个移栽株距；传感器 2 距离放苗工位前方一个移栽株距，当它被触发时，取苗爪放苗时能恰好放入打好的穴孔中。

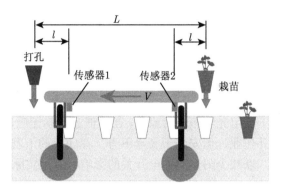

图 5.52　打孔-放苗一体化示意图

2) 传感器的选型

为验证传感器是否能精确检测到穴孔，如图 5.53 所示，分别采用翰西超声波传感器和欧姆龙 E3Z-D61 光电开关，将其安装在水平模组上，分别以不同速度驱动水平模组，经过已经打好的深 100mm、宽 60mm×60mm 的穴孔上方，通过数据采集卡采集传感器的信号变化。

图 5.53　试验装置

试验发现 (图 5.54)，超声波检测穴孔在 400mm/s 下即出现信号紊乱波动。在 100mm/s 低速条件下，由于超声波的束波角的存在，且穴孔口尺寸相对较小，信

号的实际波动也较小，传感器不能检测到穴孔真正的底部，难以设定阈值进行放
苗的触发。

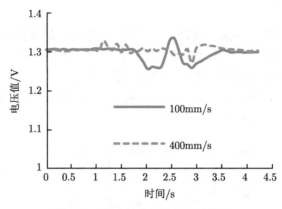

图 5.54　超声波检测信号试验装置

而光电开关由于应用光线漫反射原理，在高低速下均无明显影响 (表 5.9)。考
虑传感器虽然是室外作业，但安装于底盘下方，在底盘的下表面安装大面积的遮
光板进行阳光隔离，以减少阳光对光电开关的影响，满足实际作业需求。

表 5.9　光电开关检测信号

水平模组速度/(mm/s)	信号触发持续时间/s	传感器检测到穴孔口宽/mm
100	0.41	41
200	0.19	38
300	0.15	44
400	0.01	40

3) 精准对孔下的传感器触发方式和布置

光电传感器在经过栽植孔上方时，会产生信号变化，但无论是传感器上升沿
或下降沿的信号均不代表栽植孔的最低端。具体分析前方打孔器和传感器的位置
关系，若以上升沿为打孔触发信号，则两相邻的打孔间距 d_1 为 (图 5.55(a))

$$d_1 = l_1' - \left[\frac{a}{2} - (H - h) \tan \alpha \right] \tag{5.26}$$

若以下降沿为触发信号，则 d_1 为

$$d_1 = l_1 + \left[\frac{a}{2} - (H - h) \tan \alpha \right] \tag{5.27}$$

式中，l_1、l_1' 为打孔器与传感器的间距，mm；a 为垄面的穴孔口宽度，mm；H
为传感器的触发行程，mm；h 为底盘距垄面高度，mm；α 为穴孔壁角度，(°)。

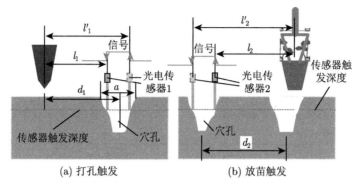

图 5.55 传感器的布置位置

如图 5.55(b) 所示，布置于车身后方的传感器 2 被触发时，进行放苗。当光电传感器 2 以上升沿作为触发信号时，放苗位置与对应穴孔的偏差 Δx 为

$$\Delta x = l_2 + \frac{a}{2} - (H - h)\tan \alpha - d_2 \tag{5.28}$$

当光电传感器 2 以下降沿作为触发信号时，放苗位置与对应穴孔的偏差 Δx 为

$$\Delta x = l_2' - \left[\frac{a}{2} - (H - h)\tan \alpha\right] - d_2 \tag{5.29}$$

式中，l_2、l_2' 分别为打孔器、取苗爪与传感器的间距，mm；d_2 为相邻两栽植孔的间距，mm。

由于穴孔的孔形一般呈左右对称，孔壁角度和穴孔上表面宽度仅小幅度变化时，$\left[\frac{a}{2} - (H - h)\tan \alpha\right]$ 可表达为常数项，又 $d_1 = d_2$，因此在设定传感器 1 和传感器 2 的具体位置时，使 $|l_1 - l_2| = a - 2(H - h)\tan \alpha \approx a$，采用传感器 1 的上升沿 (下降沿) 信号触发打孔，传感器 2 的下降沿 (上升沿) 信号触发放苗，即可减少穴孔的误差干扰，实现较为精准的放苗匹配。

2. 打孔放苗的时序逻辑规划

建立打孔、移栽、送苗以及车身间歇行走的时序关系图 (图 5.56)，可得高垄草莓苗的前打孔-后放苗的移栽时序逻辑规划为：

(1) 移栽机启动作业时，先打孔作业，在垄面上形成一对穴孔。

(2) 控制轮毂伺服电机的转速，移栽机前进一个移栽株距，当传感器 1 以上升沿触发后，进行第二次打孔，共间歇行进 N 次。

(3) 当第 N 次间歇行走时，屏蔽传感器 1，采用传感器 2 上升沿的触发信号作为停车信号 (该次为传感器第二次被触发，第一次触发时屏蔽信号，不进行动作)，触发时移栽机停车。

	传感器1触发		传感器1触发		传感器1触发		传感器1触发		传感器2触发		传感器2触发	
底盘	停止	行进	停止	行进	停止	行进	停止	行进	停止	行进	停止	行进	停止 ……
打孔	打孔	等待	打孔	等待	打孔	等待	打孔	等待	打孔	等待	打孔	等待	打孔 ……
栽苗									取-移苗	放苗	取-移苗	放苗	……
									判断	送苗	判断	送苗	

图 5.56　移栽动作时序关系图

(4) 竖直打孔机构打孔，取苗爪下行放苗，两者同时作业。

(5) 由于送苗作业需避开拔苗和移苗过程，防止送苗过程中穴盘上携带秧苗影响取苗爪和其抓取的待栽秧苗，因此在移栽机停车放苗时，根据 PLC 控制器内部的计数器判断穴盘一行是否取尽，取尽后横向直线模组进给送苗。

(四)　高垄草莓苗前打孔-后放苗作业试验

1. 试验材料与方法

选择低含水率垄土进行试验，利用卷尺等测得高垄垄面宽度为 490mm，垄底宽度为 560mm，垄沟宽 330mm，垄高 340mm，垄侧壁与地面夹角为 131°，垄体含水率为 15.97%。垄沟内铺设皮尺，以记录样机每次停车位置；采用鲜花泥制成的草莓假苗坨置于 4×8 穴盘中。

2. 效果分析

试验过程中，由于穴孔壁部分坍塌，光电传感器在经过坍塌穴壁时，部分滚落的土壤颗粒造成传感器信号扰动 (图 5.57)，使得 PLC 控制的移栽动作逻辑混乱，影响样机功能的正常实现 (图 5.58)。

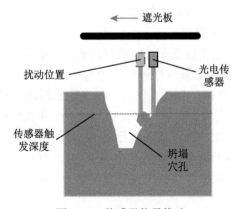

图 5.57　传感器信号扰动

因此，在光电传感器被触发后，设置一个延时开关 (延时 3s)，在此期间屏蔽传感器触发信号，直至传感器完全通过该穴孔，在将要到达下一穴孔时再接收触发信号。移栽效果如图 5.59 所示。

图 5.58　放苗偏差过大　　　　　　　　图 5.59　移栽效果

调整移栽程序后，再次进行试验。放苗位置偏差数据 (表 5.10) 表明，当取苗爪与对应穴孔的位置偏离程度不大时 (<20mm)，通过挤压苗坨，依然可以实现对孔放苗，当偏离过多，即产生放苗失败，其中 10 次放苗作业中仅有 1 次放苗失败。其偏离主要因素为穴孔成形效果差，相邻穴孔壁误差累积造成。

表 5.10　放苗位置偏差

序号	底盘停止位置/cm	放苗与穴孔偏差/cm	放苗成功
1	0	—	—
2	18.2	—	—
3	36.6	—	—
4	53.8	—	—
5	72.1	—	—
6	90.6	−0.3	是
7	107.9	0.5	是
8	126.1	−0.5	是
9	144.3	−3.3	否
10	161.4	0.5	是
11	170.5	−1.2	是
12	198.7	0.4	是
13	216.8	−0.5	是
14	235.1	−1.3	是
15	253.4	0.5	是

通过秒表统计整个作业动作，单次作业平均移栽周期为 6.3s，理论移栽效率达到 1142 株/h，明显超过人工 150~300 株/h 的移栽效率。

第七节　高架草莓苗全自动移栽机的研发与试验

一、整机开发

(一)　机械系统开发

1. 横向打孔让位-秧苗输送的实现

1) 总体方案

为实现沿横向同一基准线的打孔让位和草莓苗横向输送，同时有效简化传动系统和优化空间布局，提出基于水平双向滚珠丝杠的横向打孔让位-秧苗输送方案。如图 5.60 所示，秧苗的水平和竖直输送由 XY 直角坐标机械臂实现，其中以直流伺服电机驱动双向滚珠丝杠回转，通过对称两侧滑台带动两气动取苗-换向变距单元，即可完成四苗向两侧高架栽培槽的输送。而基于同一双向滚珠丝杠实现打孔机构的自主让位和打孔让位与秧苗输送动作的协调成为两大设计关键。

图 5.60　让位打孔-取苗爪输送系统

1. 输送伺服电机；2. 独立让位机构；3. 滑轨；4. 微型电动推杆；5. 打孔器；6. 丝杠；7. 取苗爪；8. 力传感器

2) X 轴水平直线机构

由于 X 轴需完成 4 个取苗爪和 2 个打孔器的横向输送，并由 Y 轴带动实现取放苗的竖直升降动作，在具有大刚性的同时需尽量集成化和轻量化，现有直线模组无法满足要求。为此，设计了采用直线导轨、滚珠丝杠组合的 X 轴水平直线机构 (图 5.61)，采用左右旋滚珠丝杠对接的形式实现对称性移动，两根丝杠的行程范围应包含架间过道、两排四行栽培槽的宽度以及打孔器的让位宽度等，选择行程为 1500mm。

结合各个生产厂家左右旋丝杠的产品手册，选择 SFU1610 的滚珠丝杠和BK12、BF12 的轴承支撑座，方形导轨和滑块采用上银的 HGH15 系列。

3) Z 轴竖直直线机构

Z 轴移动机构辅助水平模组实现取苗、栽苗、打孔作业，要承受负载和水平模组本身的重量，选择滚珠丝杠比较适合快速、高负载的工况。Z 轴竖直移动的

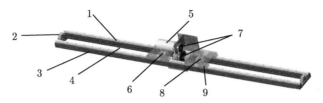

图 5.61　X 轴水平送苗机构

1. 直线导轨；2. 螺杆支撑座；3. 本体；4. 丝杠；5. 水平模组电机；6. 丝杠螺母；7. 齿轮对；
8. 螺母固定座；9. 滑块

行程范围为 100~200mm，由于 Z 轴模组需要承载水平模组、打孔机构的重量，根据负载和行程选择上银 KK8620P-440A1 型滚珠丝杠。

4) 打孔水平让位机构

设计了主动打孔水平让位机构 (图 5.62)，其中从动齿轮与丝杠螺母刚性连接，通过直流电机和齿轮传动驱动丝杠螺母回转形成外壳沿滑座的滑动，由电机的正、反向回转控制带动固定于外壳下部的打孔单元实现沿同一滚珠丝杠的让位和复位。

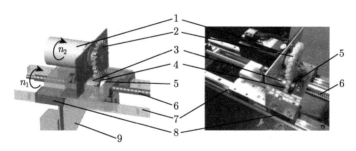

图 5.62　主动打孔水平让位机构

1. 让位伺服电机；2. 主动齿轮；3. 预紧环；4. 从动齿轮；5. 丝杠螺母；6. 滚珠丝杠；7. 滑轨；
8. 滑块；9. 打孔单元

为提高作业效率，打孔机构的让位往往与秧苗输送动作同步进行，而滚珠丝杠回转与主动让位机构动作之间存在耦合。

其中，取苗爪的移送速度为

$$v_1 = \frac{n_1}{60 i_1} S \tag{5.30}$$

式中，v_1 为取苗爪的移送速度，mm/s；n_1 为丝杠电机的转速，r/min；i_1 为丝杠驱动的齿轮传动比；S 为丝杠导程，mm。

而独立让位机构的移动速度为

$$v_2 = \frac{n_2 - n_1}{60 i_2} S \tag{5.31}$$

式中，v_2 为独立让位机构的移动速度，mm/s；n_2 为让位伺服电机的转速，r/min；i_2 为独立让位机构的齿轮传动比。

由式 (5.31)，无论是让位还是复位过程中，当丝杠静止时，独立让位机构的横向移动速度和方向取决于其电机转速和转向；而当取苗爪移送时，独立让位机构的同步移动速度和方向则同时决定于丝杠与独立让位机构电机转动的速度和方向。

2. 整机加工与装配

基于架间自主沿边导航行走底盘，将横向打孔让位-秧苗输送单元、取苗-换向变距单元、仿形打孔让位-秧苗输送单元、穴盘便捷更换-间歇进给单元组合，实现了高架草莓苗全自动移栽机的整机加工与装配。竖直拔苗驱动由上银单轴机器人完成，穴盘苗输送单元也是由单轴的直线模组驱动，每次间歇输送 63mm 完成秧苗的间歇进给。移栽机的气动取苗-换向变距单元，利用 300W 小型直流空压机作为气源，气管采用外径 6mm 的透明管，取苗爪驱动采用 SDA40-50 薄型气缸，行程 50mm，缸径 33mm，活塞杆直径为 16mm，安装长度为 83mm；旋转气缸选用 MSQB-20 型，缸径 18mm，活塞行程 30mm，旋转角度为 0°～190°。

(二)　控制系统开发

1. 控制系统结构

高架穴盘苗全自动移栽机要实现自主导航行走、穴盘进给送苗、自适应仿形打孔让位、多爪取苗与换向变距、秧苗输送移栽等复杂动作，且传感器、动作元件的数量多，规格多样。

如图 5.63 所示，根据系统的输入输出信号类型及控制对象的类型与数量，采用信捷 XDM-60T10-C 型 PLC 控制器，具有 36 个输出口，24 个输入口，并且具有 10 路独立的高速脉冲输出口。XDM 系列 PLC 除了可通过集成输入端口接收光电开关圆弧阵列和不同单元的多个限位开关的通断信号，方便地对继电器和电磁阀进行开关控制外，还集成了运动控制模块，梯形图编程中 PLSF 指令可实现变频脉冲的输出，从而实现对移栽机中多达 9 台直流、步进电机的控制。同时在 PLC 上增加了无线遥控模块。

2. 遥控–自动双模式的实现

为了实现高架草莓苗移栽机的人工极少干预的全自动移栽作业，在底盘的遥控极少干预的轻简智能控制模式基础上，仅设置进出高架、换盘等极少环节的遥控干预，高架间实现一键式全自动作业，自动模式下屏蔽遥控发射器上除了"干预"按钮之外的其他所有按键，防止作业过程的误碰；按下"干预"键后所有按键激活，进入遥控模式。遥控器输出的开关量接入 PLC 的输入口 (表 5.11)，配合 PLC 的软件编程，实现移栽机的遥控–自动双模式。

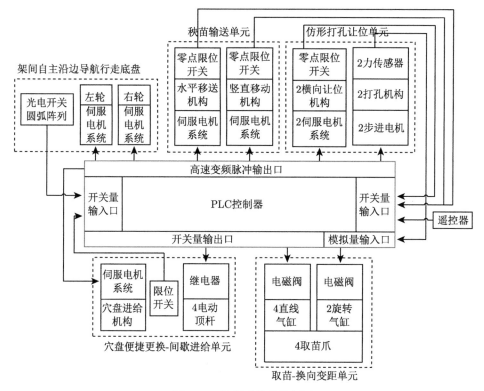

图 5.63　控制系统结构框图

表 5.11　遥控器按键分配表

按键序号	1	2	3	4	5	6	7	8
对应 PLC 输入口	X0	X1	X2	X3	X4	X5	X6	X7
功能	作业	干预	左转	右转	前进	后退	复位	备用

(三)　高架草莓苗全自动移栽机样机

如图 5.64 所示为所开发的面向高架栽培的全自动仿形移栽机器，整机由蓄电池供电。样机的主要参数如表 5.12 所示。

二、控制优化

(一)　高架的仿形打孔-移栽协调作业控制

由于高架栽培槽沿槽向存在高度误差，且两侧栽培槽亦存在高度误差，为保证精确的打孔深度和可靠放苗，每侧以微型电动推杆带动打孔器实现竖直打孔，并在打孔器上方安装一维轮辐式精密微型力传感器，通过双行打孔力的反馈实现对

图 5.64　高架草莓苗全自动移栽机样机

表 5.12　高架草莓苗全自动移栽机参数

参数	数值
整机尺寸 (长 × 宽 × 高)/mm	1200×1800×1700
整机重量/kg	150
整机功率/kW	1.5
驱动方式	直流电机驱动
导航方式	沿边导航
控制方式	遥控-自动双模式
高架高度浮动范围/mm	150
高架槽宽范围/mm	252~270
架间通道宽度范围/mm	682~741
移栽株距/mm	200~250 可调
移栽行距/mm	18
额定行走速度/(m/s)	0.5

打孔深度的检测和控制，进而通过打孔深度与打孔锤-苗爪坐标之间的自动变换，实现对放苗深度 (高度) 的反馈控制。基于打孔力反馈实现高架栽培槽仿形打孔，其精度决定于高架栽培槽基质打孔的动态打孔深度-力反馈规律。

1. 打孔深度-传感器反馈力关系试验

1) 试验材料与设备

打孔试验于江苏省农科院溧水植物科学基地的草莓栽培高架上进行，栽培槽内基质配比为草炭：蛭石：珍珠岩 = 3 : 1 : 1，并根据农艺要求在移栽 24h 前对基质灌水。如图 5.65 所示，自制锥形打孔器与一维轮辐式精密微型力传感器 (中诺 ZNHBM，量程 0~500N) 连接，由 57 步进电机 (输出扭矩 1.2N·m) 驱动的电动推杆带动打孔器下移。

2) 试验方法

每次试验前调整栽培槽基质表面平整度，并使打孔器在栽培槽的中间位置，且底部与基质表面距离为 30mm(入土前高度)。分别设定起始打孔速度为 10mm/s、50mm/s 和 100mm/s，进行高架双行打孔试验，控制步进电机的步数，使每次试验打孔器下移 150mm 后自动停止。以 10ms 采样间隔采集力传感器数值，并以其扣除打孔器自重后的值表征打孔力。对每一起始打孔速度，沿栽培槽方向随机选择不同打孔点开展重复试验 20 次。

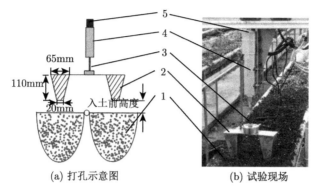

(a) 打孔示意图　　　(b) 试验现场

图 5.65　高架栽培槽中的打孔试验示意及现场照片

1. 高架栽培基质；2. 打孔器；3. 力传感器；4. 电动推杆；5. 57 步进电机

3) 试验结果与分析

(1) 打孔器下移打孔的过程中，从空载下行到压入基质的时刻受力发生突变，进而随着压入深度的增加，竖直作用力不断变大，该竖直作用力反映了打孔深度的变化，同时亦与竖直打孔的驱动力、基质条件和动作速度有关。

(2) 由图 5.66，不同速度下的打孔试验表明，打孔速度越大，相应的打孔力也越大，在 10mm/s、50mm/s、100mm/s 不同速度下，110mm 打孔深度的平均打孔力分别达到 88.3N、134.9N 和 175.4N(表 5.13)。

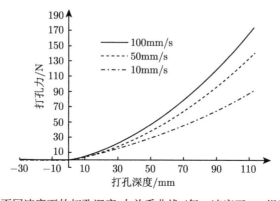

图 5.66　不同速度下的打孔深度-力关系曲线 (每一速度下 20 组试验均值)

(3) 由表 5.13，由于高架槽内不同位置基质的深度、紧实度、含水率等差异，不同位置多次打孔的力值存在一定的偏差，且随着打孔速度、深度和力值的增大，其偏差亦相应增大。

表 5.13　不同速度下的打孔力及 110mm 深度打孔力

速度/(mm/s)	试验次数	入土时打孔力/N				110mm 深度打孔力/N			
		均值	最大值	最小值	偏差	均值	最大值	最小值	偏差
10	20	0	0.6	−0.5	1.1	88.3	95.7	85.3	10.4
50	20	0.2	0.7	−0.5	1.2	134.9	143.4	128.6	14.8
100	20	0.2	0.7	−0.7	1.4	175.4	182.6	166.2	16.4

(4) 不同打孔点的入土点的阻力存在偏差，存在负值的原因是打孔器下移运动时，器件振动导致一维力传感器在入土时采集到的振动偏差力。

4) 仿形打孔的反馈策略与参数

由表 5.13 和图 5.67，当以 0.7N 的入土阻力作为入土时刻的指征，对入土表面高度的检测误差在 4mm 以内；而当以 110mm 的 20 次打孔力均值作为打孔深度的判断反馈时，其较大的力值偏差范围造成在 10mm/s、50mm/s、100mm/s 不同速度下的打孔深度控制的误差将分别达到 8mm、9mm、12mm，而相应完成 110mm 深度打孔所耗时间为 11s、2.2s、1.1s。

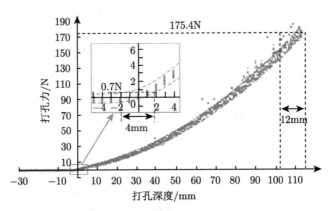

图 5.67　不同位置打孔深度-力值范围 (速度 100mm/s)

因此，采用阈值 0.7N 作为入土时刻判断，进而由步进电机的位置控制完成 110mm 打孔，其打孔深度误差仅取决于入土时刻的判断误差，即在各速度下均不超过 4mm，大大优于基于打孔力反馈的深度控制。

2. 仿形打孔-仿形放苗的实现

根据打孔力的反馈，可实现最大深度误差不超过 4mm 的高架栽培槽的仿形打孔。同时，为保证高架起伏下的移栽质量，取苗爪放苗动作的高度位置亦需要根据仿形打孔的高度位置做出联动仿形调整，从而实现仿形打孔-仿形放苗。

1) 仿形打孔-放苗的高度信息自动反馈

根据打孔策略，以打孔头入土时力的跳变 (0.7N) 为响应阈值，自动控制下行打孔深度。该入土时刻打孔单元相对移栽机基坐标的高度，可由打孔单元驱动电动推杆的步进电机从初始位置下行的步数自动获得。则进一步在移栽机基坐标下，通过取苗高度、仿形放苗高度的自动换算，实现仿形联动的打孔与放苗作业 (图 5.68)。

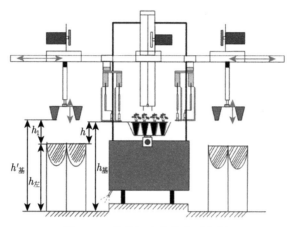

图 5.68　移栽机取苗状态示意图

2) 双侧高架仿形打孔与放苗

在实际作业中存在两侧高架的高度偏差，根据调研该偏差通常在 30mm 以内，由于该高架自动移栽机采用独立打孔和对称同步取、放苗的结构方案，存在两侧仿形打孔与放苗的矛盾问题。

针对两侧高度偏差下的放苗问题，存在三种处理方案 (图 5.69(a)、(b)、(c))：以低侧高架高度反馈仿形放苗，以高侧高架高度反馈仿形放苗，以两侧高架平均高度反馈仿形放苗。方案的确定取决于农艺要求和苗坨性质。

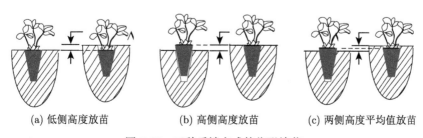

(a) 低侧高度放苗　　　　　　(b) 高侧高度放苗　　　　　　(c) 两侧高度平均值放苗

图 5.69　三种反馈方式的仿形放苗

草莓穴盘苗移栽时，农艺上要求"深不埋心，浅不露根"的栽植深度原则，苗坨上表面浮于基质表面深度不得超过 10mm，定植当天灌水，能够保证移栽苗坨与高架栽培槽中基质的充分接触，提高成活率；移栽时通常将苗坨上表面埋入栽培槽基质中 10~20mm。试验发现苗坨在栽培槽所打孔中下压 20mm 以内时不会出现苗坨碎裂或秧苗的损伤。

图 5.69 所示三种方式均不能兼顾高架两侧草莓苗坨农艺上的栽植要求。为此，根据两侧高架仿形反馈的平均放苗高度再下移 10mm 放苗，由于打孔深度达到 110mm，在两侧高架高度误差 30mm 下，偏高一侧苗压入基质 25mm，而偏低一侧苗坨高出基质 5mm，该方案能够最大程度上兼顾两侧同时达到农艺上的放苗高度要求。

3. 高效协调作业控制的基本时序逻辑

草莓苗向高架的周期性移栽作业中，每一工作周期均由多单元的复杂动作构成，其中含有 10 个开关量反馈、9 个电机、6 个继电器与电磁阀等的控制。保证各动作的时间、空间协调是实现高架草莓苗全自动移栽性能的关键。基本时序逻辑如图 5.70 所示。

1) 同单元的动作顺序

以气动换向变距取苗单元为例，必须遵从取苗—旋转—放苗的逻辑顺序。

2) 不同单元动作的并行逻辑

如图 5.70 中的双向箭头所示，间歇横向作业的特殊方案要求在底盘停止时完成打孔和放苗，但允许在底盘行进的同时执行取苗和打孔器、取苗爪的水平移动。

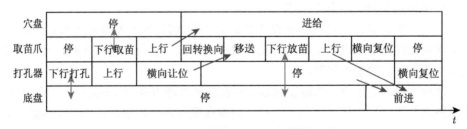

图 5.70　多动作的基本时序逻辑

⟷ 表示动作并行关系；⟶ 表示动作先后关系

3) 不同单元动作的顺序逻辑

如图 5.70 中的单向箭头所示，包括穴盘进给与取苗、打孔让位夹持器水平输送、夹持器打孔与放苗等之间有严格的时间顺序与空间回避关系。

4. 快速作业中的加速度优化

工作效率是决定农业机械性能的重要指标。移栽机的作业速度首先受到每个动作耗时的限制，其各单元的速度和加速度受到两方面的约束：机械系统自身的驱动力与力矩、携带草莓苗坨时的加速度约束。

试验对象为 8 周育苗的草莓穴盘苗，穴盘规格 32 孔，单个穴盘孔上口尺寸为 60mm×60mm，底端尺寸为 20mm×20mm，穴孔深 110mm。随机选取 10 盘草莓苗，试验前 24h 按每盘草莓苗 2L 水均匀喷洒。通过 PLC 控制丝杠驱动取苗爪的加速度为 1mm/s²、100mm/s²、200mm/s²、300mm/s²、400mm/s²、500mm/s²，完成取苗爪的移送试验，每种加速度条件下完成 10 次秧苗的移送，每次移送 2 株草莓苗。

水平移送中加速度增大，一方面移栽系统的振动会更大；另一方面，苗坨的横向分力也将增大，导致苗坨散裂甚至掉落 (图 5.71)。通过试验可以得到取苗爪在 300mm/s² 的加速度时移送效果最好，在 400mm/s² 时苗坨发生掉落或散裂，500mm/s² 时发生严重掉落或散裂。

(a) 水平移送　　　　　　　　　　　(b) 苗坨掉落

图 5.71　秧苗移送试验

同时根据前文对草莓苗坨的拔苗试验可得，竖直拔苗以 200mm/s² 效果最好。因此在移栽过程中采用上述加速度值以达到更好的快速移栽效果。

5. 动作并行逻辑优化

1) 取苗爪-打孔器动作并行逻辑

不同动作之间的有效协调也是提高效率的关键。如图 5.72 所示，首先，在每个工作周期中都存在多个反向复位运动，在打孔和取苗操作中，在打孔器或夹持器分别与栽培基质或秧苗苗坨发生作用之前，均存在空载运动阶段，上述环节均可以快速实现。其次，打孔器和夹持器等不同单元的动作均包含水平和垂直部分，在避免夹持器、打孔器和高架栽培槽相互干涉的前提下，可选择斜向动作，以缩短耗时。

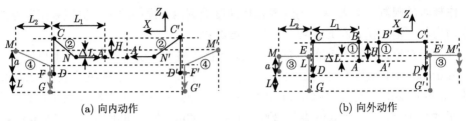

(a) 向内动作　　　　　　　　　　　　　(b) 向外动作

图 5.72　取苗爪–打孔器并行动作的空间协调

● 代表取苗爪下端中心；● 代表打孔器下端中心；A, A' 为取苗爪与穴盘苗接触位置；B, B' 为取苗爪上行取苗的下端中心位置；C, C' 为取苗爪开始下行放苗的下端中心位置；D, D' 为取苗爪完成下行放苗的下端中心位置；E, E' 为打孔完全上行收回的下端中心位置；F, F' 是打孔器与基质表面接触的下端中心位置；G, G' 为打孔器打孔到位的下端中心位置；L 是打孔深度；L_1 是取苗横向移送行程；L_2 是打孔让位行程；M, M' 是打孔器让位的位置；N, N' 为取苗爪斜下行取苗的下端中心位置

2) 底盘间歇前进中的各单元复位

放苗完成标志着一个移栽周期的结束，同时也是下一个周期的开始，两个周期衔接的流程如果处理不好，将严重影响栽苗的效果，如图 5.73 所示为放苗后取苗爪复位高度不够时底盘就间歇前进，导致移栽草莓苗倒伏，但是如果放苗完成后等待取苗爪完全复位后，底盘间歇前进，即两个移栽周期间隔过长，虽然留有足够的时间等待各个机构复位，但是会直接影响移栽机的效率。

(a) 放苗动作　　　　　　　　　　　　　(b) 秧苗倒伏

图 5.73　两个移栽周期衔接不当导致秧苗倒伏

(二)　极少遥控介入的轻简智能控制逻辑

如图 5.74 所示，当基于间歇进给计数的激发，空穴盘自动回到装夹位置时，底盘停止，但打孔器和取苗爪仍在复位移动；当用手拔出空穴盘并推入满苗穴盘时触发限位开关，启动打孔、取苗、移送、放苗与间歇行进部分程序。在实现方便的穴盘更换同时触发各执行单元的动作响应。手动穴盘更换与自动操作被无冲突地集成为一体。同时，无须全部停机再进行手动穴盘更换，而是在取苗爪和打孔器复位过程中即可快速完成。

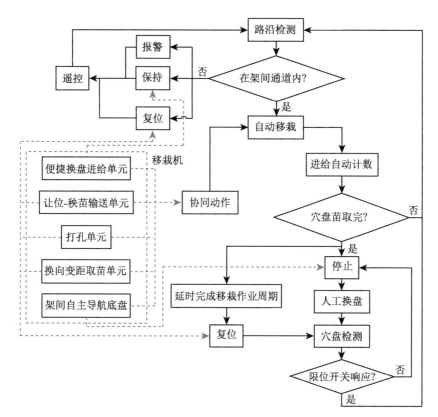

图 5.74 自主移栽中极少遥控介入的轻简智能控制逻辑框图

──▶ 为动作流程，---▶ 为不同单元的响应

在遥控面板上，除了行驶和转向按钮外，只有一个"工作"按钮。在操作过程中，只有当光电开关圆弧阵列检测到路沿时，"工作"按钮才会解锁，从而避免可能的误操作。在换行操作未检测到凸面路缘时，程序将自动停止。当再次按下工作按钮时，程序将继续按照自动记忆的取苗顺序执行。

三、现场移栽试验

(一) 仿形打孔试验

1. 试验材料与方法

如图 5.75 所示，取正常栽培时使用的基质 (基质配比，草炭：蛭石：珍珠岩 = 3：1：1)，试验前 24h 对基质漫灌浇水。高架栽培槽用不锈钢材料加工，高架高度在 800~1000mm 之间可调，每节高架长度为 2000mm，高架底部装有万向轮，用来移动高架。用无纺布搭建成 "W" 形栽培槽，用基质装满无纺布搭建的栽培槽，栽培槽深度为 220~250mm。试验对象为装有力传感器的仿形打孔器，所采用的力传感器为中诺微型传感器 ZNHBM。

(a) 打孔　　　　　　　　　　　　　　(b) 测量打孔深度

图 5.75　高架中的基质打孔试验

将铺满基质的高架栽培槽一端基质表面高度调整为 85cm，另一端高度调整为 95cm，形成一个长度为 2000mm、一端高为 850mm、另一端高度为 950mm 的斜坡形表面。用水平仪调整基质表面平整度。以 100mm/s 的速度、入土阻力阈值 0.7N、入土后竖直位移 110mm 展开试验。从高架的任意端开始打孔试验，完成一次打孔后，拔出仿形锤，测量实际的打孔深度。沿着高架纵向移动高架栽培槽，使另一高度的高架位于打孔器下方，进行第二次打孔。重复试验 10 次，统计结果。

2. 试验结果与分析

根据试验结果 (表 5.14)，高架栽培槽高度不一致时，根据入土阻力阈值反馈自适应打孔深度效果理想，平均误差 <6mm，实际作业中可以达到很好的仿形效果。

表 5.14　不同高架基质表面高度下的单侧仿形打孔深度 (目标深度为 110mm)(单位：mm)

序号	85cm	86cm	87cm	88cm	89cm	90cm	91cm	92cm	93cm	94cm	95cm
1	107	105	110	108	107	107	110	113	110	107	111
2	104	106	112	98	108	109	105	113	113	109	110
3	112	110	108	107	106	106	112	106	111	114	105
4	105	111	112	106	111	110	109	112	114	111	108
5	106	109	107	109	109	111	112	109	110	111	108
6	110	115	111	113	114	111	112	110	96	113	111
7	111	105	109	110	112	105	112	114	108	106	105
8	108	114	106	107	107	113	108	110	113	105	113
9	115	107	108	106	112	114	114	109	112	112	106
10	112	113	112	110	110	110	105	114	106	111	111
平均	109	110	110	107	110	110	110	111	109	110	109

(二)　秧苗协调输送与仿形放苗试验

1. 试验材料与方法

试验对象为移栽草莓穴盘苗，地点在江苏省农科院溧水植物科学基地草莓栽培大棚中。如图 5.76 所示，随机选取一段高架栽培槽，长度为 10m，间隔 200mm 在同一横向位置，分别测量两侧栽培槽基质表面的高度，共得到 50 次测量数据。根据统计结果，纵向高度最大值为 946mm，最小值为 877mm。横向高度差平均值为 23mm，其中有 6% 的测量点高度差大于 30mm，最大值为 58mm。

(a) 仿形打孔-取苗　　　　　　　　　　　　(b) 让位-仿形放苗

图 5.76　移栽机的仿形放苗试验

通过上位机编写 PLC 程序，按照两侧高架栽培槽的平均高度作为反馈值，到达两侧的平均高度后将草莓苗坨继续下压 10mm，开展仿形放苗试验。遥控试验开始，同时拍摄试验视频。按照移栽作业流程，完成双侧基于力反馈的独立打孔、让位。取苗爪取苗完成后输送至栽培槽上方，下行仿形放苗，在高架栽培槽的不同位置，重复试验 8 次。

2. 试验结果与分析

试验结果如表 5.15 所示，以两侧高架平均高度进行仿形放苗时，其中较高一侧被压入栽培槽内，平均压入深度为 9.5mm，较低一侧苗坨未完全放入栽培槽基质，露出栽培槽基质表面的平均高度为 8.9mm。符合草莓移栽农艺上要求的"深不埋心，浅不露根"。

(三)　高架移栽综合试验

1. 试验材料与设备

在江苏省农科院溧水植物科学基地高架草莓塑料大棚内进行了高架草莓全自动移栽机的现场作业试验和省级样机性能检测。草莓穴盘苗采用匍匐茎育苗，育苗期为 8 周，苗高达到 100~160mm，育苗穴盘规格 32 孔，单个穴盘孔上口尺寸为 60mm×60mm，底端尺寸为 20mm×20mm，穴孔深 110mm。本试验以草莓穴盘苗为对象，高架栽培槽为试验地点。栽培槽内基质为草炭、蛭石、珍珠岩按照

表 5.15　仿形放苗高度　　　　　　　　　（单位：mm）

序号	两侧高度	高侧	低侧
1	17	−9	7
2	1	−2	0
3	22	−11	4
4	20	−4	10
5	14	−8	7
6	32	−12	13
7	23	−9	14
8	18	−8	13
平均	18.4	−7.9	8.5

体积比 3:1:1 均匀混合制成。试验前 24h 开始准备试验：随机选取 10 盘草莓穴盘苗，按每盘草莓苗 2L 水均匀喷洒；对栽培槽内的基质浇足量的水。

2. 试验方法

如图 5.77 所示，用遥控器操作控制移栽机到两列高架栽培槽中间，人工装栽穴盘苗，遥控试验开始，同时按下秒表计时，取苗爪完成整排同取，换向后两侧同步移栽。穴盘苗间歇进给到取苗爪正下方，等待下一次取苗。整盘草莓苗移栽完成后，遥控暂停，同时停止计时。测量草莓苗株距 (高架槽内行内相邻两株草莓苗的中心距离)，行距 (高架槽内两行相对草莓苗中心间的横向距离) 和行直线度 (高架槽内行内草莓苗中心与高架槽外槽沿骨架的垂直距离)，目测统计未发生漏栽、重栽、倾倒和影响生长的土块碎裂、根茎断裂的秧苗数量。共进行 10 盘草莓苗试验，试验全程采用 SONY HDR-XR100E 高清摄像机记录。

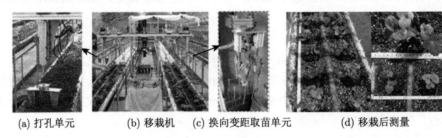

(a) 打孔单元　　　　(b) 移栽机　　(c) 换向变距取苗单元　　　　(d) 移栽后测量

图 5.77　田间试验

参照《旱地栽植机械》(JB/T 10291—2013) 标准，并针对高架移栽的特殊要求，移栽性能试验指标及方法如下所述。

1) 作业效率

人工遥控启动移栽机在高架槽间进行全自动行进移栽作业，按下开始键的同时按下秒表，直至整盘苗的最后一排草莓苗放苗完成后，按下遥控器的暂停键，同时停止计时。移栽作业效率 = 3600/(单穴盘耗时 (s)/32 株)。

2) 移栽合格率

每穴盘草莓苗移栽完成后，目测统计未发生漏栽、重栽、倾倒和影响生长的土块碎裂、根茎断裂的秧苗数量。移栽合格率 = 移栽合格秧苗数/总移栽秧苗数 ×100%。

3) 株距变异系数

每穴盘草莓苗移栽完成后，检测人员用卷尺测量高架栽培槽内每行相邻两株草莓苗的中心距离并记录，统计各样本数据的均值和标准差。株距变异系数 = 株距标准差/平均株距 ×100%。

4) 行距变异系数

每穴盘草莓苗移栽完成后，检测人员用卷尺测量高架槽内两行中相对草莓苗中心间的横向距离并记录，统计各样本数据的均值和标准差。行距变异系数 = 行距标准差/平均行距 ×100%。

5) 行直线度变异系数 (%)

每穴盘草莓苗移栽完成后，检测人员用卷尺测量草莓苗中心与高架槽外槽沿骨架的垂直距离值并记录，统计各样本数据的均值和标准差。行直线度变异系数 = 行直线度标准差/平均行直线度。

试验由江苏省农业机械试验鉴定站完成高架草莓全自动移栽机的样机性能指标检测，并出具法定检测报告。

3. 样机检测结果

样机性能检测结果如表 5.16 所示。检测结果表明，该全自动移栽机的移栽效率超过 1000 株/h，同时移栽成功率超过了 95%，由于取苗爪的加工误差、秧苗苗坨含水率和紧实程度差异，在 96 株秧苗移栽中出现 3 株漏取的情况；同时由于取苗爪压板和秧苗茎叶的干涉，出现 1 株栽苗后又被带出的情况。

表 5.16　样机性能检测结果

序号	项目	单位	含义	检验结果
1	操控方式	—	遥控启动 + 高架行间全自动作业	遥控 + 自动双模
2	栽植方位	—	双行弓背均向外	弓背向外
3	移栽作业效率	株/h	每小时内移栽的全部秧苗株数	1047.8
4	移栽合格率	%	未发生漏栽、重栽、倾倒和影响生长的土块碎裂、根茎断裂	95.8
5	株距变异系数	%	按《旱地栽植机械》国家标准，株距数据标准差与株距平均数的比	4.67
6	行距变异系数	%	行距数据标准差与行距平均数的比	6.55
7	行直线度变异系数	%	距行中心线偏差数据的标准差/距行中心线偏差均值	5.77

同时，由于打孔让位和 4 苗同取同栽的方案特点，移栽的株距、行距、行直

线度的变异系数均小于 7.5%，达到了较高的精度，显著高于人工作业，完全满足实际生产的需要。

4. 结果分析

1) 成功率

试验发现移栽机的整体性能令人满意 (图 5.78)。移植总成功率达 95.3%，移栽草莓苗的弓背成功地转向高架栽培床外侧。在 320 株草莓幼苗中，有 15 个样本未能成功移植 (图 5.79)。

注：　代表打孔器；□代表取苗爪

(a) 取苗-打孔　　　　(b) 横向让位-输送　　　(c) 放苗　　　　(d) 行进-横向复位

图 5.78　移栽动作过程

(a) 取苗缠绕　　　　(b) 移送掉落　　　　(c) 旋转中散裂　　　　(d) 放苗缠绕

图 5.79　移栽过程中的失败情况

(1) 有 4 株草莓苗是由于漏取造成移栽失败，其中 2 株苗坨根系包络差，苗坨松软，导致在拔苗过程中取苗指约束力不够，未能使苗坨脱离穴盘；另 2 株苗的取苗失败则是由于取苗爪与穴孔产生相对的位置偏差，取苗指没有对正刺入草莓苗坨。取苗爪出现位置偏差是气动系统中气压处于下限值使换向变距取苗单元中旋转气缸的定位刚度不够造成的。

(2) 有 2 株草莓叶片发生相互缠绕导致其中一株苗在另一株取苗时被带出，造成移栽失败。草莓苗子叶过长会发生相互缠绕，从而影响取苗成功率，因此在试验前可根据实际情况对过长子叶进行修剪后移栽。

(3) 同时发现，有 2 株草莓苗放苗后又被取苗爪从栽培槽中带出。这是由于草莓苗子叶与取苗爪末端缠绕，放苗后没有及时脱离取苗爪，而在取苗爪复位时又被带出。

(4) 有 3 株草莓苗在移送过程中发生脱落。其中有 2 株在旋转变距过程中发生脱落，当气压较高时，在换向变距取苗单元中取苗爪的旋转速度较快而带来的振动可能导致苗坨的脱落；有 1 株草莓在下移放苗过程中提前掉落，是由于苗坨含水率过高使得苗坨重量大，振动导致其脱落。

(5) 由于取苗爪放苗后复位高度恒定，有 2 株过高过大的草莓苗在取苗爪上行复位和底盘间歇前进时被取苗爪的指针触碰到草莓苗子叶，造成倒伏。

(6) 有 2 株草莓苗放苗后苗坨高出栽培槽基质表面 4cm，导致秧苗直立度不佳。其原因是机械振动使打孔器刚接触基质表面就达到入土阻力阈值而触发打孔动作，造成打孔偏浅。

通过分析，秧苗子叶过长、苗坨根系包络效果差、浇水不均匀等是影响移栽质量的主要原因。农艺上有移栽前对草莓苗的剪叶处理措施，去除老残叶与过多叶片，可减少草莓苗的水分蒸发，从而提高草莓成活率。该剪叶处理将大大提高全自动移栽作业的成功率。但有研究发现，过度剪叶 (留茬 7cm 和心叶，以上部分全部剪掉) 尽管缓苗快、死苗率差异不明显，但会对移栽后的后期生长造成不利影响[9]。因此，结合自动移栽作业需要和生长需要，可进行适度剪叶处理。

同时，通过精准的气压控制可同时保证气动旋转的定位刚度和低振动，将有效提高取放苗位置精度、减少取放苗失败与途中掉落的发生概率。最后，进一步提升动态的仿形打孔精度，将为秧苗栽后直立度提供良好保证。

2) 移栽机作业效率

通过对 10 盘草莓苗试验得到高架草莓苗全自动移栽机完成每盘草莓苗移栽的平均耗时为 109.94s，移栽机平均效率为 1047.8 株/h。

通过视频逐帧回放得出：每周期下行打孔与取苗平均耗时 3.9s、上行拔苗平均耗时 2.2s、秧苗输送/打孔器让位平均耗时 3.3s、下行放苗平均耗时 2.8s、取苗爪复位/底盘间歇前进平均耗时 1.5s。带有上行/下行的动作有 4 个，每周期 (4 株同栽) 的平均耗时 10.4s。其中上行/下行动作频繁，特别是由于取放苗由竖直直线模组负载横向移送与让位单元、打孔单元、换向变距取苗单元所有部件共同完成，重载低速导致耗时较长，可作为进一步优化的重点。

参 考 文 献

[1] 尚书旗, 隋爱娜, 张子华. 国外钵苗栽植机的几种类型及性能分析 [J]. 农机与食品机械, 1998, (1): 30-32.
[2] 刘洋, 李亚雄, 王涛, 等. 三种吊篮式移栽机 [J]. 新疆农机化, 2009, (6): 17-18.
[3] 韩绿化. 蔬菜穴盘苗钵体力学分析与移栽机器人设计研究 [D]. 镇江: 江苏大学, 2015.
[4] 刘继展, 李茂, 李男, 等. 草莓穴盘苗移栽末端执行器设计与试验 [J]. 农业机械学报, 2016, 47(11): 49-58.
[5] 刘继展. 番茄采摘机器人真空吸持系统分析与优化控制研究 [D]. 镇江: 江苏大学, 2010.

[6] 徐克林. 气动技术基础 [M]. 重庆: 重庆大学出版社, 1997.

[7] 上海工业大学流控研究室. 气动技术基础 [M]. 北京: 机械工业出版社, 1982.

[8] 李男. 面向高架栽培的草莓苗全自动移栽机研发与试验 [D]. 镇江: 江苏大学, 2018.

[9] 邢冬梅, 陈笑瑜, 胡学军, 等. 剪叶处理对移栽草莓苗生长影响的调查 [J]. 蔬菜, 2011, (3): 58-59.

第六章 温室草莓自动施药技术与装备

第一节 高架草莓侧向摆动式小型施药机设计与试验

一、草莓特殊施药要求

草莓植株叶柄上密生呈螺旋状排列的叶片，叶柄从根茎处先竖直生长，再向四周延伸生长形成匍匐茎，由于高架栽培床上草莓苗定植距离有限，因此草莓植株与植株之间连在一起，在整个高架上形成浓密的草莓冠层。使用传统的手动压力性喷雾器容易出现"打不透"的现象，考虑高压喷施对娇嫩小草莓植株，特别是花序的伤害性，而目前果园主要采用的风送喷雾存在风力过大，易损伤植株、花朵和药液浪费严重等问题，大田的喷杆向下喷雾方式则存在穿透性不佳、冠层上下层和正背面施药均匀性无法保证等问题。因此，同时保证草莓植株的施药均匀性与花序无损性，并有效提高药液的利用率，成为设计的核心问题。

二、喷施方案

（一）施药方式

根据草莓阔叶喜平、冠层多层浓密、花序易损伤的特点，高压、强风施药方式打不透且造成花序过多脱落，宜采用微风、雾化方式，将雾化弥漫与微风对叶片的有效扰动结合，有效增强药液穿透性和下层、叶片背面着药性。

（二）施药姿态

基于跨垄行走底盘实现高垄草莓植株的机械化喷施，可采用底盘前方对双行草莓植株的同步竖直俯喷方式；而基于架间行走底盘，实现对底盘侧面高架草莓植株的机械化喷施，亦可以采用竖直对行俯喷作业方式 (图 6.1)。竖直对行俯喷，草莓叶片的阔叶和喜平型冠层特征，叶片表面能够承受风力的垂直压迫，冠层叶片正面朝上紧贴在高架基质上，正面雾滴沉积增加而下层叶片和叶片背面很难有效着药，造成叶片正背面、上下层药液沉积不均匀。

针对高架草莓空中生长和施药机在架间通道行走、向机身侧面高架草莓植株施药的特点，可以采用横向喷施作业方式 (图 6.2)，即喷筒、喷头面向高架进行喷施。理论上，该类方式可避免竖直俯喷对叶片的垂直压迫和下层无法着药的问题。

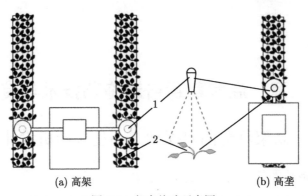

(a) 高架　　　　　　　　　　　　　　　　(b) 高垄

图 6.1　竖直俯喷示意图

1. 喷筒；2. 草莓植株

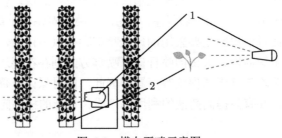

图 6.2　横向平喷示意图

三、总体结构与工作原理

高架草莓侧向摆动式小型施药机主要由小型电动履带底盘、竖直升降机构、二自由度电动云台、控制柜和微风雾化供药系统组成，如图 6.3 所示。

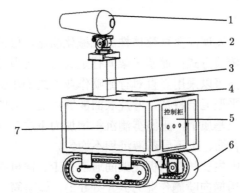

图 6.3　高架草莓侧向摆动式小型施药机

1. 喷筒；2. 二自由度电动云台；3. 竖直升降机构；4. 药箱；5. 控制柜；6. 履带底盘；7. 车体

本施药机整机尺寸仅为长 0.8m、宽 0.6m、高 0.7m，采用全遥控施药作业模式，实现了人机分离施药作业。不同喷筒角度下，喷施雾柱覆盖范围不同，随喷施角度的减小，雾柱喷施距离减小。为实现多行高效施药作业，本机采用沿行单侧摆动式微风雾化施药方法 (图 6.4)，不但大大提高了作业效率，而且提高了药液沉积均匀性，同时避免了高压强风对娇嫩草莓植株的伤害。

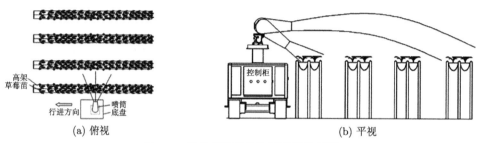

图 6.4　摆动式施药机施药原理示意图

施药机工作时，遥控控制施药机进入高架行间，施药机沿行行走，喷筒沿垂直于行进方向上下摆动施药，圆柱形雾柱在机身行进和喷筒摆动动作的耦合作用下，实现"近—远—近"的往复喷施，形成波浪线形雾滴群体运动轨迹。实现了高架草莓冠层的全覆盖，提高了雾滴沉积的均匀性。

四、关键部件设计

(一)　药液供应及微风雾化系统

药液供应及微风雾化系统由微型隔膜泵、渐缩型雾化喷筒 (喷筒出风口直径15cm)、风机 (80W、12V 螺旋风叶型，叶轮直径 12cm，转速 0~1400r/min)、药箱、电磁阀、管路、低压雾化喷头 (八孔直喷滤网型，雾滴粒径 30~100μm)、风速调速器和流量调节器等组成。

药液从药箱经隔膜泵加压后，进入主管道，经分流器一部分通过管路传至喷头，由喷头将药液雾化成细小液体颗粒，同时风机产生的轴向风对药液二次雾化并对叶片进行扰动，使药液均匀附着在叶片正反面。另一部分药液回流到搅拌器。经试验测试，整机流量为 0~6.2L/min，射程为 0~4100mm。应用热线风速仪测量喷筒出口处的风速大小，风速大小为 0~12.42m/s。

(二)　施药姿态调节系统

为满足不同建设规格高架栽培设施的草莓施药作业需求，开发了摆动式多维施药姿态调节系统，主要由竖直升降机构和二自由度电动云台组成。姿态调节系统可实现施药高度、施药水平角度、施药竖直角度的多参数动态调整以及喷筒的竖直摆动，从而适应不同高架的高度规格和施药角度要求。摆动式微风雾化施药提高了药液的穿透性和沉积均匀性，同时扩大了喷幅，提高了施药效率。

五、摆动式侧向微风雾化棚内喷雾试验

(一)　试验材料与方法

1. 试验材料

试验在江苏省农科院果树研究所的高架草莓温室大棚内进行。试验对象为定植 90d 的优质丰产品种"宁玉"，平均草莓株高为 156mm，高架通道为砖砌路面(图 6.5)。

图 6.5　试验现场

2. 试验因素设计

根据仿真试验和喷雾预试验可知，行进速度为 0.5m/s，喷筒摆动速度为 15°/s 时，雾柱喷雾圆轨迹可全部覆盖草莓冠层。固定流量 0.5L/min，喷筒喷口中心到高架基质表面的垂直距离为 350mm，距高架的轴向距离为 300mm，喷筒风速由低到高分别定为 4m/s、8m/s、12m/s，试验方案如表 6.1 所示。

表 6.1　试验方案

试验处理	摆动角度/(°)	风速/(m/s)
1	10～50	4
2	10～50	8
3	10～50	12

3. 采样点布置

施药机在高架一侧沿行行走，喷筒垂直于行走方向对前方高架草莓进行喷雾，设定行进方向为 X 轴正方向，垂直于行进方向为 Y 轴正方向。沿 X 轴正方向在高架草莓上每隔 300mm 设置一个采样点，沿 Y 轴正方向在高架草莓上相距 100mm 设置一个采样点，故采样点坐标为 (X_i, Y_j)，其中 $i \in (1, 13)$，$j \in (1, 8)$，

共 8 行 13 列 104 个采样点 (图 6.6)。每次试验结束后，待水敏纸卡完全干燥后逐一装入标号自封袋保存，三组试验共收集样本水敏纸卡 312 张。

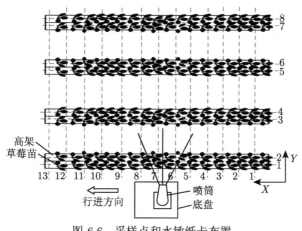

图 6.6　采样点和水敏纸卡布置

4. 样本处理

根据雾滴测试卡图像处理方法[1]，利用 HP LaserJet M1005 扫描仪对各样本水敏纸卡分组进行灰度扫描，提取分辨率为 600×600 的 PNG 图片，并利用图像处理软件 DepositScan (V1.2) 进行分析处理，得到每个采样点单位面积上的雾滴沉积量。

(二)　试验结果与分析

1. 雾滴横向沉积分布

不同风速下，同一行 13 个采样点沉积量的平均值代表该点横向雾滴沉积量分布，由图 6.7 可以发现，雾滴沉积量随风速增大而增大，沿纵向方向呈"近大远小"的分布特点，同一高架上两采样点雾滴沉积量近似相等，不同高架上雾滴

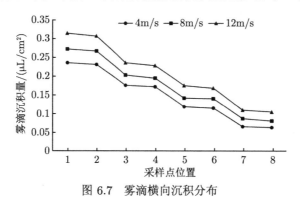

图 6.7　雾滴横向沉积分布

沉积量相差较大且出现突变的现象，其原因是高架间存在 80~100cm 的通道，部分雾滴沉积到通道内。

2. 雾滴纵向沉积分布

计算不同速度下，同一列 8 个采样点雾滴沉积量的平均值代表该点纵向雾滴沉积量分布，由图 6.8 可以发现，雾滴沉积量随风速增大而增大，沿纵向方向呈周期性"波浪线"分布，其主要原因为喷筒的周期性摆动和车身行进同时进行，喷筒喷出的雾柱通过摆动和行进的动作耦合，形成圆锥波浪线。

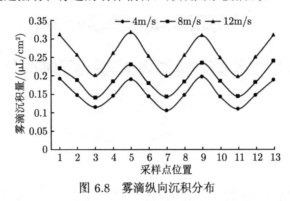

图 6.8　雾滴纵向沉积分布

六、结论

(1) 结果表明，风速越大，雾滴沉积距离越远，角度越大，雾滴沉积距离越远，雾滴在空间内的运动轨迹可以看作是圆锥形。喷筒角度在 10°~50°，风速为 12m/s 时，雾滴沉积密度最大，且纵向喷幅范围最广，喷幅范围为 0.5~5.1m，可覆盖 4 条高架草莓。该机可实现对多条高架草莓植株的高效喷施。

(2) 雾滴沉积量随风速增大而增大，沿横向方向呈"近大远小"的分布特点，沿纵向方向呈周期性"波浪线"分布。因此，该侧向摆喷方式沿高架纵向的沉积量波动和不同高架的从近到远沉积量衰减，使药液喷施的均匀性受到影响。同时，由于不同高架的较大距离差异，风力对叶片的扰动效果会出现较大差异，甚至出现近处花吹落、远处无扰动的现象。最后，大量药液落在架间通道内 (无作物区)，造成药液的浪费和污染。

第二节　草莓植株的侧倾微风送施药方案与仿真分析

一、侧倾微风送施药方案的提出

针对高架栽培草莓的特殊性和侧向摆喷方式的不足，进一步提出了居中侧倾微风送雾化施药方案。在机身上，两侧风送雾化喷筒均沿高架走向布置，且喷筒位于各高架两行草莓植株的中央上方，以一定侧倾角的微风助雾化施药进行覆盖双行的喷施 (图 6.9)。理论上，该方案应用于高架草莓喷施具有独特的优势：

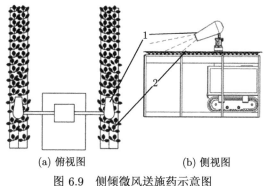

(a) 俯视图　　　　　　　　　(b) 侧视图

图 6.9　侧倾微风送施药示意图

1. 风筒；2. 高架草莓植株

(1) 在设施无风环境内，雾化后近距离的弥漫喷施，可以大大提高其对草莓大叶片郁闭冠层的穿透性。

(2) 通过一定角度的侧倾和微风助喷施，可以有效扰动叶片，从而提高叶片背面着药率和上下层的喷施均匀性，同时避免对花蕊的可能损伤。

(3) 针对喷筒近距侧倾的特点，居中纵向喷施可以有效利用喷筒的喷幅，大大避免药液的浪费，从而实现高架双行草莓植株的高效施药。

二、雾滴运动/沉积特性研究的必要性

侧倾微风送施药方案的核心是：侧倾角度和微风速，研究不同侧倾角度和微风速下雾滴群体的运动和沉积特性，对优化施药参数和提高施药效果具有重要意义。为此利用 CFD(Fluent) 离散元仿真分析软件，建立施药机雾滴在温室风辅助气流场中沉积分布模型和运动轨迹模型，并通过简化后的模拟模型探索雾滴在气流胁迫下的运动轨迹和沉积分布，得到不同风速和侧倾角度下的施药机雾滴运动轨迹和雾滴沉积分布规律以及喷雾参数和流场条件，从而为后期优化施药参数和提升施药效果提供依据。

三、雾滴群体沉积运动模拟仿真

(一)　CFD 模拟技术

针对侧倾微风送施药机开展不同参数条件下气流速度场和雾滴沉积运动分布的模拟研究，施药机喷出的雾滴在辅助风场的作用下在密闭空间内运动，其运动过程是一种典型的气液两相流耦合问题。首先利用有限体积法对模型区域网格化离散处理，通过计算机求解 N-S 方程 (黏性不可压缩流体运动方程) 和标准 k-ε

湍流模型方程 (适用于完全湍流的流动过程模拟)，获得连续气流场的速度分布情况；在连续气流场中添加雾滴离散相，建立离散化的数学模型和流体动力学的控制模型、标准 $k\text{-}\varepsilon$ 湍流方程，通过对雾滴的动量守恒方程的求解，在拉格朗日随体坐标系下将雾滴离散相模型和气流连续相模型进行气、液两相模型耦合计算，经过计算机模拟运算获得模拟空间区域模型内不同位置的气流场速度分布和群体雾滴在空间模型中的运动轨迹。

(二)　模拟区域几何模型

侧倾微风送施药机的平均喷雾量为 0.5L/min，雾滴的粒径为 30~100μm。选择不同梯度水平侧倾角度和辅助风速，利用计算流体动力学 CFD(Fluent) 仿真模拟技术研究面向高架草莓的侧倾微风送施药机在高架草莓日光温室空间内的气流场分布和雾滴沉积运动规律。

首先在 Gambit 的环境下建立日光温室喷雾空间模型和侧倾微风送施药机喷雾结构模型：

(1) 选取长、宽、高分别为 10m、0.4m、3m 的长方体密闭空间作为日光温室的施药空间，定义施药空间模型左端地面底边的中点为坐标原点，模型的长度设定为沿 x 坐标轴正方向 0~10 范围内，表示施药方向的高架草莓冠层长度。

(2) 模型高度设定为沿 y 坐标轴正方向 0~3 范围内，表示施药空间高度；模型宽度沿 z 坐标轴正负方向 $-0.2 \sim +0.2$ 范围内，表示施药空间宽度。

(3) 建立侧倾微风送施药机喷雾结构模型，模型的中心位置定于坐标 (0,0.5,0) 处，模型为高 0.4m、直径分别为 0.2m 和 0.15m 的圆台。在竖直方向上改变模拟侧倾角度，设定模拟侧倾角度分别为 10°、30°、50° 三个施药作业状态，并建立三种状态的施药作业几何模型，分析雾滴在空间模型内的沉积运动轨迹。

对建立的喷雾空间和喷雾机喷雾结构模型进行网格划分，考虑到计算效率和精度要求的需要，为了较为简便地划分网格，本书采用分块划分网格，整体模型两个体大小差异较大，喷雾空间模型体积较大且形状规则，需要先画线网格，其间隔数设为 50，再画面网格，间隔尺寸 200、元件 Tri、类型 Pave，最后画体网格，元件 Tet、类型 TGrid，喷雾结构模型直接画体网格，均使用四面体楔形网格进行划分。

(三)　流体计算模型

流体的流动性问题基本遵循三大基本守恒定律，为了研究不同喷筒侧倾角度和喷筒风速对雾滴沉积运动的影响，除了仿真模拟了喷筒侧倾角度的改变，还在各个喷筒侧倾角度下设定了不同喷筒风速的气流场沉积分布模型。由于在常温常压条件下高架草莓侧倾微风送施药机的辅助气流相对不太大，最高不超过 15m/s，连续相密度相对变化小于 5%，视为不可压缩流，模拟过程按稳态模型进行计算。

流体的流动状态可分为层流和湍流，第一临界雷诺数 $Re_1 = 2320$、第二临界雷诺数 $Re_2 = 4000$，当雷诺数小于 Re_1 时，为层流；当雷诺数大于 Re_2 时，为湍流，两者之间为过渡区域。本书设定温室空间模型温度条件为 24℃，并确定空气密度为 $1.189\mathrm{kg/m^3}$、黏度为 $0.01829\mathrm{mPa \cdot s}$，代入公式计算得出雷诺数大于 Re_2，从而确定连续相气流为湍流状态。

对模拟空间模型进行边界条件设置，选择标准 $k\text{-}\varepsilon$ 湍流方程模型，选用绝对速度代入连续相的速度计算方程，并将辅助气流入口风速初始化值设为 4m/s、8m/s 和 12m/s。

(四)　离散相模型

分别将辅助气流和雾滴作为第一相 (连续相) 和第二相 (离散相)，雾滴在空气流场中运动时，会受到重力、空气曳力、升力等多种力的共同作用，为了简化雾滴运动模型，突出主要参数对仿真结果的影响，对仿真模型作以下条件假设：

(1) 将液滴颗粒视为形状不变的球形粒子；

(2) 气流连续相和雾滴离散相速度方向相同；

(3) 忽略雾滴的蒸发和气流对雾滴的干扰；

(4) 忽略雾滴离散相对气流连续相的作用力。

施药过程假设雾滴为纯净液态水，在实际的喷雾过程中，雾滴在整个流场区域的最终终结方式只有沉积、飘移和蒸发三种，Fluent 仿真过程中离散相边界条件设置包括：反弹 (reflect)、捕捉 (trap)、内部 (interior) 和逃逸 (escape)。雾滴沉积分布模型中设定雾滴的终结方式为雾滴沉积和飘移，其中雾滴被除顶面外其他各面捕捉的为沉积，通过压力出口逃逸的为飘移。将地面和四周面设置为"捕捉"边界条件，压力出口设为"逃逸"边界条件，喷头设为"表面"，雾滴粒径为 0.05mm，并设定离散相粒子轨迹追踪。

利用 Rosin-Rammler 粒径分布函数描述离散相雾滴模型的粒径径谱分布，采用线性插值法在最小粒径和最大粒径的雾滴之间进行插值运算：

$$d_i = d_{\min} + \frac{d_{\max} - d_{\min}}{N - 1}\,(i - 1) \tag{6.1}$$

式中，d_i 为第 i 个雾滴直径，m；i 为射流源的顺序数；$d_{\min}$ 为最小雾滴直径，m；$d_{\max}$ 为最大雾滴直径，m；N 为射流源的总数。

四、基于 CFD 的雾滴沉积规律分析

为模拟侧倾角度和喷筒风速两个参数下雾滴群体沉积运动情况，通过控制角度或风速的单一变量条件，进行仿真模拟雾滴在气流场作用下的沉积分布和运动轨迹，将 UDF 自定义函数导入仿真软件中，设置空间模型地面为"捕捉"条件，

并计算输出捕捉的雾滴数、粒径、坐标及速度，进行统计分析，将捕捉到的雾滴通过散点图标记出来形成沉积区域，并对模拟结果进行统计分析。

（一）不同风速下雾滴沉积运动规律

通过固定侧倾角度下不同喷筒风速对应的仿真结果观察分析发现：雾滴群体在辅助气流的作用下，在空间内做径向扩散轴向类平抛运动，其运动轨迹是一种类平抛运动轨迹，不同喷筒出口风速导致雾滴运动轨迹存在很大差异，初始风速越大，雾滴在径向方向上运动距离越大，表现为沉积喷幅范围越宽，雾滴轴向方向运动的距离越远，在地面上的沉积越集中。当风速为4m/s时，喷幅圆横向尺寸为252mm，小于草莓冠层横向尺寸300mm，草莓冠层两侧边缘无雾滴沉积；当风速为8m/s时，喷幅圆横向尺寸为304mm，近似等于草莓冠层横向尺寸300mm，喷幅圆正好覆盖草莓冠层；当风速为12m/s时，喷幅圆横向尺寸为370mm，大于草莓冠层横向尺寸300mm，部分雾滴沉积到冠层区域以外，成为无效雾滴(图6.10)。

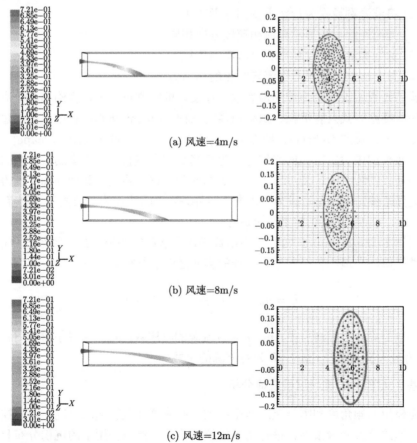

(a) 风速=4m/s

(b) 风速=8m/s

(c) 风速=12m/s

图 6.10 侧倾角度 10° 条件下不同风速对应雾滴运动轨迹模拟结果 (单位：m)

(二)　不同侧倾角度下雾滴沉积运动规律

通过固定风速下不同侧倾角度对应的仿真结果观察分析发现：侧倾角度的改变实际上是对应的雾滴初始平抛高度，雾滴平抛高度决定了雾滴群体的空间运动时间，从而影响雾滴在轴向方向的运动时间。喷筒侧倾角度越小，雾滴的轴向运动距离越远，但同时其在径向越发散，从而造成部分雾滴沉积到两侧边界平面内，实际喷雾中，表现为雾滴沉积在植株冠层以外，而喷筒侧倾角度越大，雾滴的轴向运动距离越小，径向方向较集中，雾滴沉积密度越大。当侧倾角度为 10° 时，喷幅圆横向尺寸为 396mm，大于草莓冠层横向尺寸 300mm，部分雾滴沉积到冠层区域以外，成为无效雾滴；当侧倾角度为 30° 时，喷幅圆横向尺寸为 298mm，近似等于草莓冠层横向尺寸 300mm，喷幅圆正好覆盖草莓冠层；当侧倾角度为 50° 时，喷幅圆横向尺寸为 239mm，小于草莓冠层横向尺寸 300mm，草莓冠层两侧边缘无雾滴沉积 (图 6.11)。

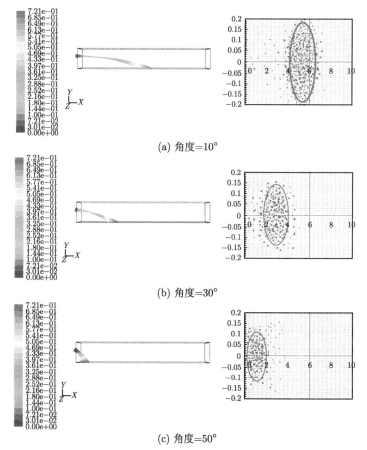

(a) 角度=10°

(b) 角度=30°

(c) 角度=50°

图 6.11　风速 12m/s 条件下不同侧倾角度对应雾滴运动轨迹模拟结果 (单位：m)

通过以上分析可知,雾滴在轴向方向的运动时间由雾滴初始平抛高度决定,即由侧倾角度决定,而雾滴运动距离由喷筒出口风速大小和运动时间共同决定,雾滴群体在空间内的运动轨迹可以看作是圆锥形雾柱,喷筒侧倾角度的大小决定了雾滴在地面上的沉积范围大小和雾滴沉积密度,合理地设计喷雾施药参数能够有效提高施药效果。

五、辅助气流场测定试验与分析

(一)　试验的必要性及目的

雾滴运动轨迹分析的目的是探索辅助气流对雾滴运动的影响,不同辅助气流设备,气流场的分布也是各有差异,需要进行试验测定形成气流场的分布模型[2]。本试验的目的是测定辅助气流场沿射流轴线和射流主体段的风速分布情况,并对风速在不同方向的分布进行分析。

(二)　试验材料与方法

试验在江苏大学现代农业装备与技术教育部重点实验室进行,室温 24℃,无风空间,试验使用法国 KIMO VT110 热线风速仪测量射流轴线风速衰减情况和射流轴线径向风速分布情况,仪器风速测量范围为 0~30m/s,精度为 0.01m/s,试验场景如图 6.12 所示。

图 6.12　气流场测定试验
1. 风筒；2. 射流轴向标定尺；3. 射流径向标定尺；4. 标定杆

按照《工业通风机 用标准化风道性能试验》(GB/T 1236—2017) 进行辅助气流场测定,喷筒出风口作为自由进出口,利用轴向等距离法对射流轴线风速进行测定,沿射流轴线方向每隔 0.1m 设置一个测量点;利用平面径向等距离法对射流径向风速进行测量,在每个射流轴线测量点取竖直平面作为径向等距离测量平面,射流轴线测量点与径向测量平面的交点作为测量原点并建立平面坐标系,从测量原点出发沿水平轴和竖直轴每隔 0.1m 设置一个测量点,全部测量点呈扩散圆环状分布。每个测量点重复测量 5 次并记录测量结果,求 5 次测量结果的平均值作为该测量点的风速。

(三)　试验结果与分析

根据测量结果,作喷筒风速沿射流轴线的风速衰减图 (图 6.13),从图中可以看出,0~2m 内风速随距离增加而衰减得较快,2m 之后衰减得较慢;取风速 2m/s 为辅助气流的径向风速边界,形成射流径向范围边界图 (图 6.14),从图中可以看出,从起始位置开始射流边界随距离增加而增大,在 2m 处达到最大边界范围,之后趋于稳定,0~2m 大致可以看作是圆锥形,射流边界约为 0.3m。

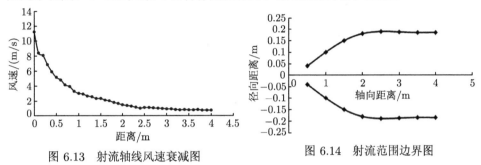

图 6.13　射流轴线风速衰减图　　　　　　图 6.14　射流范围边界图

如图 6.15 所示,分别为 1m、2m、3m、4m 处射流径向截面风速分布图,从图中可以看出,径向等距离平面内风速以轴线原点为中心逐渐向四周衰减,衰减趋势大致对称,随着轴流方向距离增加风速逐渐衰减,各个截面衰减趋势减缓。

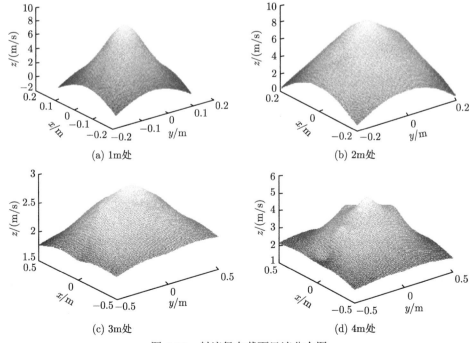

(a) 1m处　　　　　　　　　　　　　(b) 2m处

(c) 3m处　　　　　　　　　　　　　(d) 4m处

图 6.15　射流径向截面风速分布图

（四）　施药高度-角度-喷幅的雾滴沉积模型

草莓植株在一定高度和宽度的高架上种植，两高架间有一定宽度的通道。高架草莓侧倾微风送施药机施药作业时，需要在通道内行走，两侧喷筒悬于草莓冠层上方，以固定侧倾角度居中喷施，喷雾过程中雾柱与草莓冠层表面成一定夹角，最终沉积到叶片表面。

1. 雾滴沉积模型的简化分析

喷筒雾柱与草莓冠层表面相交的截面可近似看成椭圆形，理想的椭圆长半轴应等于冠层宽度，因为椭圆长半轴大于冠层宽度时，会使部分雾滴落到冠层两侧的通道内，造成药液浪费；椭圆长半轴小于冠层宽度，会使冠层边缘叶片雾滴沉积减少，造成冠层横向雾滴沉积均匀性降低。因此椭圆面积是一个重要的指标，而椭圆面积与侧倾角度和施药高度相关，因此根据前面对雾滴沉积的 CFD 仿真模拟结果，建立椭圆面积、侧倾角度、施药高度三者关系的数学模型。

由图 6.16 中各结构几何关系，可得喷筒侧倾喷雾施药方法的参数方程：

$$H = \left(\frac{D + 2L\tan\beta}{2\tan\beta} \right) \sin\alpha - b\cos\alpha - C \tag{6.2}$$

式中，H 为升降高度，m；α 为喷筒侧倾角度，(°)；β 为喷嘴喷雾角，(°)；L 为喷嘴到风机轴心的距离，m；b 为风机轴心到云台轴心的距离，m；C 为云台轴心到升降机构底板的距离，m。

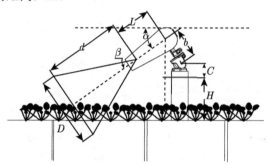

图 6.16　侧倾施药参数示意图

2. 施药高度-角度-喷幅沉积模型的建立

为了评价施药参数的合理性和喷雾的沉积性能，进一步建立了简化的喷筒侧倾喷施沉积模型。首先确定椭圆中心点随参数变化的运动，并求解在此位置椭圆对应的长轴和短轴，即可得到沉积模型在长方体表面运动的轨迹方程，从而获得沉积面积和椭圆长轴长度。

将侧倾喷雾过程用数学模型代替，以高架表面一侧边线上某一点为坐标原点，以高架纵向方向为 X 轴坐标，以高架横向方向为 Y 轴坐标，以草莓冠层高度为

Z 轴坐标，建立空间三维坐标系；在任意位置将喷筒射流轴线上的转动中心设为点 $Q = (-x_0, y_0, z_0)$，其中 x_0, y_0, z_0 分别代表转动中心到施药机前端与冠层相交面在 X 方向的距离、喷筒中心在冠层横向方向的位置、喷筒中心到冠层表面的高度；将雾滴沉积在长方体表面形成的椭圆中心点设为 $P(x_1, y_1, z_1)$，角度 α 为雾流轴线与水平方向的夹角，即喷筒侧倾角度，L 为喷筒中心到喷嘴的距离，通过推导不同状态下椭圆长轴和短轴的表达式，从而得到雾滴沉积椭圆模型的方程式，建立如图 6.17 所示的空间坐标系。

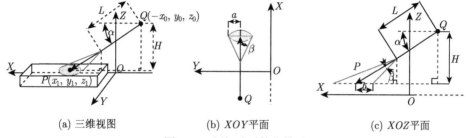

| (a) 三维视图 | (b) XOY 平面 | (c) XOZ 平面 |

图 6.17　侧倾喷雾简化模型

由几何关系得

$$x_1 = \frac{H - x_0 \tan\alpha}{\tan\alpha}, \quad y_1 = y_0 \tag{6.3}$$

图 6.17(b) 为雾滴群在 XOY 平面的投影，QP 为轴流射线，a、b 分别为沉积椭圆的长轴和短轴，雾流投影是一个圆锥形，圆锥半角为 β，即喷嘴喷雾角。通过图中几何关系和三角形公式，可得以下公式。

由余弦定理可得

$$a = \frac{(H - L\sin\alpha)\tan\beta}{\tan\beta} \tag{6.4}$$

$$b = \sqrt{\left(\frac{H - L\sin\alpha}{\sin\alpha}\right)^2 + \frac{H - L\sin\alpha}{\sin(\alpha + \beta)} - \frac{2 \cdot \cos\beta (H - L\sin\alpha)^2}{\sin\alpha \sin(\alpha + \beta)}}$$

椭圆方程为

$$\frac{(x - x_1)^2}{a^2} + \frac{(y - y_1)^2}{b^2} = 1 \tag{6.5}$$

将 x_1，y_1，a，b 代入式 (6.5)，得侧倾喷雾参数调节模型：

$$\frac{[(x + x_0)\tan x - H]^2 \left\{(\sin x)^2 + \sin(\alpha + \beta)[\sin(\alpha + \beta) - \sin\alpha\cos\beta]\right\}}{(\tan\beta)^2 \left\{(\sin\alpha)^2 + \sin(\alpha + \beta)[\sin(\alpha + \beta) - \sin\alpha\cos\beta]\right\}}$$

$$+ \frac{[(y - y_0)\sin\alpha\sin(\alpha + \beta)\tan\beta]^2}{(\tan\beta)^2 \left\{(\sin\alpha)^2 + \sin(\alpha + \beta)[\sin(\alpha + \beta) - \sin\alpha\cos\beta]\right\}} = (H - L\sin\alpha)^2$$

$$\tag{6.6}$$

由式 (6.6) 可知，雾滴群体沉积面积和喷幅只与施药高度、侧倾角度和喷嘴喷雾角有关，此模型可作为侧倾喷雾参数调节和后续智能化自适应施药控制算法的理论基础。

六、雾滴运动轨迹数学模型

雾滴在气流场中的受力平衡公式为

$$m\frac{\mathrm{d}v}{\mathrm{d}t} = F_{\mathrm{D}} + F_{\mathrm{W}} \tag{6.7}$$

式中，m 为雾滴颗粒质量，kg；v 为雾滴颗粒运动速度，m/s；F_{D} 为辅助气流风场的空气曳力，N；F_{W} 为雾滴颗粒的重力，N。

雾滴运动学模型中的空气曳力和重力展开为

$$F_{\mathrm{D}} = \frac{1}{8}\pi C_{\mathrm{d}}\rho_{\mathrm{f}}d^2 \left|v_{\mathrm{f}} - v_{\mathrm{d}}\right| (v_{\mathrm{f}} - v_{\mathrm{d}}) \tag{6.8}$$

$$F_{\mathrm{W}} = \frac{1}{6}\pi d^3 \rho_{\mathrm{d}} g \tag{6.9}$$

式中，d 为雾滴直径，m；C_{d} 为阻力系数；v_{f} 为连续相气流速度，m/s；v_{d} 为离散相雾滴的初速度，m/s；ρ_{f} 为连续相空气的密度，kg/m³；ρ_{d} 为离散相雾滴的密度，kg/m³；g 为重力加速度，m/s²。

通过对雾滴在气流场运动过程中的受力分析，雾滴在 X 和 Z 方向上仅受空气曳力的作用，在 Y 方向受重力和空气曳力的共同作用，因此雾滴在空间内沿 X、Y、Z 三个方向的运动学方程为

$$m\frac{\mathrm{d}v_x}{\mathrm{d}t} = \frac{1}{8}\pi C_{\mathrm{d}}\rho_{\mathrm{f}}d^2 \left|v_{\mathrm{f}x} - v_{\mathrm{d}x}\right| (v_{\mathrm{f}x} - v_{\mathrm{d}x}) \tag{6.10}$$

$$m\frac{\mathrm{d}v_y}{\mathrm{d}t} = mg \pm \frac{1}{8}\pi C_{\mathrm{d}}\rho_{\mathrm{f}}d^2 \left|v_{\mathrm{f}Y} - v_{\mathrm{d}Y}\right| (v_{\mathrm{f}Y} - v_{\mathrm{d}Y}) \tag{6.11}$$

$$m\frac{\mathrm{d}v_z}{\mathrm{d}t} = \frac{1}{8}\pi C_{\mathrm{d}}\rho_{\mathrm{f}}d^2 \left|v_{\mathrm{f}z} - v_{\mathrm{d}z}\right| (v_{\mathrm{f}z} - v_{\mathrm{d}z}) \tag{6.12}$$

进一步在离散的时间步长上对雾滴颗粒运动轨迹方程进行积分，取固定的时间步长 Δt 作为一次迭代时间，再对离散相雾滴的受力平衡方程积分，得到以固定步长 Δt 为间隔的离散相雾滴在连续时间点上的位置和速度方向，从而得到雾滴在空间气流场的运动轨迹方程在 X、Y、Z 方向的表达式：

$$\begin{cases} S_X = \displaystyle\int_0^T \left(\frac{3\rho_{\mathrm{g}}C_{\mathrm{d}}}{4\rho_{\mathrm{d}}d}v_X\right)\mathrm{d}t^2 \\[2mm] S_Y = \displaystyle\int_0^T g \pm \left(\frac{3\rho_{\mathrm{g}}C_{\mathrm{d}}}{4\rho_{\mathrm{d}}d}v_Y\right)\mathrm{d}t^2 \\[2mm] S_Z = \displaystyle\int_0^T \left(\frac{3\rho_{\mathrm{g}}C_{\mathrm{d}}}{4\rho_{\mathrm{d}}d}v_Z\right)\mathrm{d}t^2 \end{cases} \tag{6.13}$$

第三节　草莓植株风振试验研究

一、风速对草莓植株花序损坏试验

(一)　材料和方法

开展风速风向对草莓植株叶片叶柄的穿透性、扰动性和对花蕊的损伤研究,研究植株自身特性与风速风向之间的关系对雾滴沉积的影响,对优化施药技术参数具有重要意义。试验在江苏大学现代农业装备与技术教育部重点实验室进行,室温 24℃。选择江苏省农科院培育的"宁玉"品种草莓植株进行试验。共选用 4 盆带花序的草莓植株,试验前对每盆草莓植株进行标号,并将 4 盆草莓植株的自带花序统一保留为 8 个。使用侧倾微风送施药机器人的喷雾风筒,风筒出风口距离草莓植株 500mm,以 2m/s、4m/s、8m/s、12m/s 的风速分别对 1 号、2 号、3 号、4 号植株进行风力扰动,每次试验持续时间 20s,结束后统计草莓植株上剩余花序数量并记录,试验设计如图 6.18 所示。

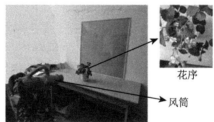

花序

风筒

1号　2号　3号　　4号

图 6.18　风速对花序损伤试验

(二)　试验结果与分析

试验结果如表 6.2 所示,在 2m/s 风速下,未发生花序脱落;随着风速的增大,开始出现花序脱落(图 6.19),2 号和 3 号所脱落花序均为成熟期花序,花序容易脱落。当风速超过 8m/s 时,较强风力会对草莓花序造成损伤,迫使花瓣脱落;当风速达到 12m/s 时,脱落率达到了 100%。因此风速太大时,较强风力将会对草莓花序造成损伤,即使在该施药机的微风速范围内,仍需进一步根据现场试验结果、沉积均匀性与花序损伤等寻找最佳的侧倾喷施参数范围。

表 6.2　花序脱落统计表

序号	风速/(m/s)	原花序数量/个	脱落数量/个	脱落率/%
1 号	2	8	0	0
2 号	4	8	1	12.5
3 号	8	8	3	37.5
4 号	12	8	8	100

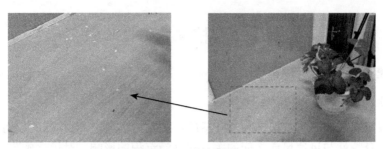

图 6.19　花序脱落

二、草莓叶片叶柄的风振运动特性试验

(一)　试验目的及意义

施药过程中,草莓植株在辅助风场中会发生叶柄、叶片和花序的振动,其中叶片的振动尤为复杂,对雾滴沉积效果和叶片正背面沉积均匀性影响最大。因此研究不同风速和侧倾角度下,草莓叶片叶柄在风载荷作用下的风振运动特性,对提高喷施效果具有重要意义。

Vogel 在叶片方面的研究具有重要指导意义,他对单片的叶子在风载荷作用下的情况进行了观测,发现某些阔叶树叶在风中具有形状重构的能力,随着风速的增大,树叶自动蜷缩成近似流线体的形状,以减小所受阻力并避免出现强烈振动,这是植物的一种自我保护能力[3]。郑如侃和邵传平经过实验和研究发现,基于风速和叶片长度的雷诺数是叶片振动问题的一个关键的参数。在正面迎风情形下,随着雷诺数的增加,叶片经历了静态变形、大振幅低频摆动、重构成三角翼的形状、整个叶片高频振动、三角翼的形状恢复和枝叶耦合振动。在临界雷诺数时,树叶从一个状态突然变化到另一个状态。植株的风载荷和固有频率是影响植株振动变形的两个重要因素,植株的风载荷强度不仅取决于风速,也取决于植株的正面迎风面积[4]。而植株的正面迎风面积与风场的入射角度相关,因此研究喷筒的侧倾角度对草莓植株的振动影响非常有必要。

(二)　材料和方法

试验材料包括:高速摄像机 (25 帧/s)、轴流风机、三脚架、角度仪、草莓植株、数显游标卡尺、卷尺、标定板、秒表等。选择江苏省农科院培育的健康草莓植株"宁玉"为试验对象。试验在江苏大学现代农业装备与技术教育部重点实验室进行,室温 24℃,室内无风环境。使用该施药机所用 12V、80W 电动螺旋风叶轴流风机与渐缩型喷筒进行了不同倾角、不同风速下叶片的扰动试验,喷口直径为 150mm,风速范围为 0~12m/s,可以通过 MZC 直流电机变频调速器实现风机的无级调速。

试验前对选定植株的茎叶进行尺寸测量并记录，测量叶柄长度和上、中、下3 处直径并求平均值为叶柄直径，测量叶片长度和宽度。整盆草莓植株放在台架上，叶片和叶柄处于正常生长状态，风机放在草莓植株侧面，风机喷口中心到草莓植株表面的轴向距离为 300mm，风机固定在三脚架转动云台上，通过三脚架和云台分别调整风机高度和角度 (图 6.20，图 6.21)。

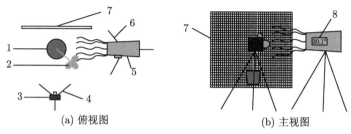

(a) 俯视图　　　　　　　　　　　　　　(b) 主视图

图 6.20　试验布置示意图

1. 花盆；2. 叶片叶柄；3. 摄像机；4. 三脚架；5. 风筒；6. 三脚架；7. 标定板；8. 角度测量仪

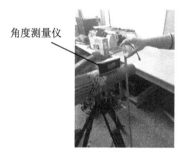

(a) 角度和高度标定　　　　　　　　　(b) 距离标定

图 6.21　试验布置

试验开始时，按照已排好的试验方案，调整喷筒角度，开启风机，通过调速器控制风速大小，喷筒风速由 0 开始不断增加，风速的增加步长可控制在 0.5 ~ 1m/s。使用高速摄像机记录下整个过程，统计不同试验条件下，叶片形态变化、被掀翻的数量和叶柄偏角。高速摄像机在植株对面进行拍摄，拍摄过程需要随时对拍摄角度、距离和焦距等参数进行调整，以得到最佳的图像。

(三)　试验方案

为深入研究草莓植株的风振运动特性，分别对草莓植株单叶柄单叶片、单叶柄三叶片以及多叶柄多叶片进行了不同角度、不同位置和不同姿态的风振试验。

通过观察发现，草莓叶片一般有上扬、水平、下垂 3 种状态且叶柄具有弓背性 (图 6.22)。因此试验时，按顺时针每隔 45° 设 1~5 号不同朝向的 5 个位置

(图 6.23)，且叶片分为上扬、水平、下垂 3 种姿态，每次试验喷筒侧倾角度设为 10°、30°、50° 三个水平，具体试验方案如表 6.3 所示。

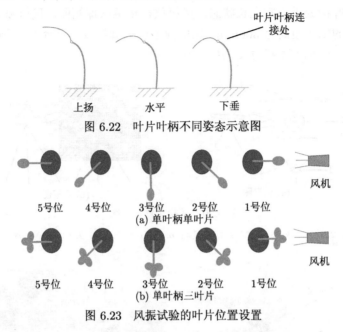

图 6.22　叶片叶柄不同姿态示意图

图 6.23　风振试验的叶片位置设置

表 6.3　试验方案

序号	参数	喷筒角度	风速/(m/s)	摆放位置
1	单叶柄单叶片 (上扬)	10°	0～12	1 号位
				2 号位
				3 号位
				4 号位
				5 号位
		30°	0～12	1 号位
				2 号位
				3 号位
				4 号位
				5 号位
		50°	0～12	1 号位
				2 号位
				3 号位
				4 号位
				5 号位
2	单叶柄单叶片 (水平)	10°	0～12	1 号位
				2 号位
				3 号位
				4 号位
				5 号位

续表

序号	参数	喷筒角度	风速/(m/s)	摆放位置
2	单叶柄单叶片 (水平)	30°	0 ~ 12	1 号位
				2 号位
				3 号位
				4 号位
				5 号位
		50°	0 ~ 12	1 号位
				2 号位
				3 号位
				4 号位
				5 号位
3	单叶柄单叶片 (下垂)	10°	0 ~ 12	1 号位
				2 号位
				3 号位
				4 号位
				5 号位
		30°	0 ~ 12	1 号位
				2 号位
				3 号位
				4 号位
				5 号位
		50°	0 ~ 12	1 号位
				2 号位
				3 号位
				4 号位
				5 号位
4	单叶柄三叶片	10°	0 ~ 12	1 号位
				2 号位
				3 号位
				4 号位
				5 号位
		30°	0 ~ 12	1 号位
				2 号位
				3 号位
				4 号位
				5 号位
		50°	0 ~ 12	1 号位
				2 号位
				3 号位
				4 号位
				5 号位
		喷筒角度	风速/(m/s)	叶片掀翻数量/个
5	多叶柄多叶片 (7 叶柄 21 叶片)	10°	0 ~ 12	
		30°	0 ~ 12	
		50°	0 ~ 12	

(四) 试验结果处理与分析

本次试验共拍摄了 63 组不同试验参数下的草莓叶片叶柄的风振运动视频,将拍摄的视频文件转化成一帧一帧的图片格式,63 组视频共得到 48354 张图片。通过对视频和图片的观察与统计,发现草莓叶片叶柄会随着风速的增大出现不同形态的变化,且这些不同形态的变化都是在某个风速下突然发生的,这个发生状态下的风速称为临界风速。

1. 单叶柄单叶片

试验发现喷筒侧倾角度对叶片扰动效果具有显著影响。过大的侧倾造成风力由上向下对叶片的镇压效应,风速越大,对叶片的掀扰反而越差。由图 6.24 所示,喷筒 30° 侧倾时高速摄像机拍摄的不同风速下草莓单叶柄单叶片的扰动变形过程发现,当风速低于 1.9m/s 时,不足以破坏叶片叶柄的静止状态,叶片叶柄没有明显变化;当风速大于 1.9m/s 时,叶片绕叶柄慢慢翻转并伴有小幅低频振动;当风速超过 4.7m/s 时,叶片翻过叶柄,且随风速继续增大,叶片翻转程度增大,背面迎风面积增大;直到风速达到 8.3m/s 时,叶片背面迎风面积最大,且伴有小幅高频振动;当风速继续增大,叶柄开始无规则大幅高频摆动。单叶片的风振试验表明,当风速为 5.5~8.3m/s 时,叶片经历先正面迎风、后背面迎风的高频振动过程,有利于正背面的均匀受药。

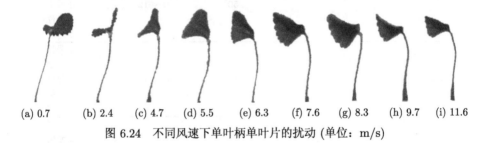

(a) 0.7   (b) 2.4   (c) 4.7   (d) 5.5   (e) 6.3   (f) 7.6   (g) 8.3   (h) 9.7   (i) 11.6

图 6.24   不同风速下单叶柄单叶片的扰动 (单位:m/s)

单叶柄单叶片风振运动过程如表 6.4 所示。

表 6.4   单叶柄单叶片风振运动过程

初始位姿	1		侧倾角度	10°
对应角度	18.3°	9.6°	0°	−2.3°
对应风速/(m/s)	0	2.0	7.8	9.8
状态描述	静止不动	叶片/柄低频低幅轻微摆动,正面迎风	叶片/柄高频高幅摆动,叶片翻转,背面迎风	叶片/柄高频低幅摆动,短暂稳态,背面迎风
样本				

初始位姿	1		侧倾角度	30°
对应角度	15.7°	8.7°	0°	
对应风速/(m/s)	0	3.5	7.4	
状态描述	静止不动	叶片/柄高频高幅摆动，叶片翻转，正面迎风	叶片/柄高频低幅摆动，背面迎风	
样本				

初始位姿	1		侧倾角度	50°
对应角度	19.6°	−10.7°	22.6°	
对应风速/(m/s)	0	7.4	9.7	
状态描述	静止不动	叶片/柄高频高幅摆动，叶片翻转，正背面迎风	叶片/柄高频高幅摆动，叶片翻转，正背面迎风	
样本				

初始位姿	2		侧倾角度		10°
对应角度	8.9°	0°	−1.8°	−9.3°	
对应风速/(m/s)	0	3.7	5.2	8.4	
状态描述	静止不动	叶片/柄低频低幅振动，正面迎风	叶片/柄高频低幅振动，正面迎风	叶片/柄高频低幅振动，背面迎风	
样本					

初始位姿	2		侧倾角度	30°
对应角度	10.1°	8.7°	−11.3°	
对应风速/(m/s)	0	5.1	7.5	
状态描述	静止不动	叶片/柄高频低幅摆动，正面迎风	叶片/柄高频高幅摆动，叶片翻转，背面迎风	
样本				

初始位姿	2		侧倾角度	50°
对应角度	10.3°	3.5°		
对应风速/(m/s)	0	8.9		
状态描述	静止不动	叶片/柄高频低幅轻微摆动，正面迎风，整个风速递增的过程未出现翻转		

样本				
初始位姿	3		侧倾角度	10°
对应角度	0°	−5.6°	−10.3°	−87.6°
对应风速/(m/s)	0	2.5	3.7	7.8
状态描述	静止不动	叶片/柄高频低幅轻微振动，正面迎风	叶片/柄高频高幅振动，正面迎风	叶片/柄高频低幅振动，短暂稳态，背面迎风

样本				
初始位姿	3		侧倾角度	30°
对应角度	0°	0°		
对应风速/(m/s)	0	12		
状态描述	静止不动	整个过程叶片/柄低频低幅轻微振动，叶片正面迎风，无翻转		

样本				
初始位姿	3		侧倾角度	50°
对应角度	0°	−8.9°	−79.4°	
对应风速/(m/s)	0	3.7	8.2	
状态描述	静止不动	叶片/柄低频低幅振动，正面迎风	叶片/柄高频高幅摆动，叶片翻转，背面迎风	

样本				
初始位姿	4		侧倾角度	10°
对应角度	10.3°	−14.6°	−77.6°	
对应风速/(m/s)	0	3.6	5.8	
状态描述	静止不动	叶片/柄低频低幅摆动，正面迎风	叶片/柄高频低幅振动，叶片翻转，背面迎风	

样本				
初始位姿	4		侧倾角度	30°
对应角度	0°	−8.2°	−33.7°	
对应风速/(m/s)	0	4.2	7.3	

续表

状态描述	静止不动	叶片/柄低频低幅振动，正面迎风	叶片/柄高频低幅摆动，叶片翻转，背面迎风	
样本				
初始位姿	4		侧倾角度	50°
对应角度	−9.2°	−29.6°		
对应风速/(m/s)	0	7.0		
状态描述	静止不动	叶片/柄高频低幅振动，叶片连续翻转，正背面迎风		
样本				
初始位姿	5		侧倾角度	10°
对应角度	11.3°	−42.6°	−89.7°	
对应风速/(m/s)	0	5.3	8.9	
状态描述	静止不动	叶片/柄高频低幅振动，正面迎风	叶片/柄高频低幅振动，叶片卷曲，正背面迎风	
样本				
初始位姿	5		侧倾角度	30°
对应角度	−12.7°	−14.6°		
对应风速 (m/s)	0	6.4		
状态描述	静止不动	叶片/柄高频低幅摆动，正面迎风		
样本				
初始位姿	5		侧倾角度	50°
对应角度	−15.3°	−14.1°	−32.7°	
对应风速/(m/s)	0	4.9	6.8	
状态描述	静止不动	叶片/柄高频低幅轻微振动，正面迎风	叶片/柄高频高幅摆动，正面迎风	
样本				

2. 单叶柄三叶片

图 6.25 为不同风速下单叶柄三叶片的振动变形情况。在风速很小时，没有达到破坏叶片叶柄静止状态的临界速度，叶片叶柄没有明显变化 (图 6.25(a))；随着风速升高到第一个临界速度 5m/s 时，叶柄弯曲，叶片开始沿射流方向慢慢翻转到 "直立" 状态并伴随着小幅振动 (图 6.25(b))；随着风速继续增大，叶柄不断背向射流方向弯曲，三叶片以叶柄为轴心螺旋排列并向轴心聚合以减小迎风面积，同时，叶片小幅高频振动和叶柄摆动耦合，使叶柄叶片小幅高频振动。

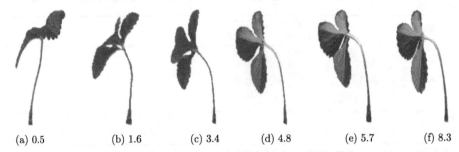

(a) 0.5　　　　　(b) 1.6　　　　　(c) 3.4　　　　　(d) 4.8　　　　　(e) 5.7　　　　　(f) 8.3

图 6.25　不同风速下单叶柄三叶片的振动变形过程 (单位：m/s)

随着风速的继续增大，叶片继续保持着振动状态，风速越大，振动频率越高，叶柄弯曲角度越大 (图 6.25(c)~(e))；直到风速达到下一个临界速度 8.3m/s 时，叶柄弯曲角度达到 90°，弯曲角度不再改变，叶片维持在一种大幅高频振动状态，随风速继续增大，叶柄叶片状态不再发生变化 (图 6.25(f))。

3. 多叶柄多叶片

根据对不同角度和风速下叶片叶柄群体风振试验的观察和统计，得出试验结果如表 6.5 和表 6.6 所示。侧倾角度为 30° 时，叶片被掀翻数量最多，且侧倾角度为 10° 和 30° 时，叶片掀翻数量和风速呈正相关，而侧倾角度为 50° 时，叶片掀翻数量和风速呈负相关。

表 6.5　单叶柄三叶片风振运动过程

初始位姿	1		侧倾角度	10°
对应角度	17.6°	20.3°	21.5°	20.7°
对应风速/(m/s)	0	3.5	5.7	8.6
状态描述	静止不动	叶片/柄低频低幅轻微摆动	叶片/柄低频低幅振动	叶片/柄高频低幅振动
样本				
初始位姿	1		侧倾角度	30°
对应角度	13.2°	0°	−28.5°	−38.7°

续表

对应风速/(m/s)	0	2.3	3.8	5.6
状态描述	静止不动	叶片/柄低频低幅轻微摆动	叶片/柄低频高幅摆动，叶片翻转，背面迎风	叶片/柄高频低幅摆动，背面迎风，叶片聚合
样本				
初始位姿	1		侧倾角度	50°
对应角度	14.1°	17.8°	16.5°	

对应风速/(m/s)	0	2.3	8.2	
状态描述	静止不动	叶片/柄低频低幅轻微摆动，正面迎风	叶片/柄高频低幅摆动，正面迎风	
样本				
初始位姿	2		侧倾角度	10°
对应角度	15.3°	0°	−25.2°	−78.9°

对应风速/(m/s)	0	2.4	4.6	7.2
状态描述	静止不动	叶片/柄低频低幅摆动，正面迎风	叶片/柄高频高幅摆动，背面迎风	叶片/柄高频高幅摆动，背面迎风
样本				
初始位姿	2		侧倾角度	30°
对应角度	0°	5.8°	−15.7°	−80.9°

对应风速/(m/s)	0	1.5	3.8	5.7
状态描述	静止不动	叶片/柄低频低幅轻微摆动，正面迎风	叶片/柄高频高幅摆动，背面迎风	叶片/柄高频高幅摆动，背面迎风
样本				
初始位姿	2		侧倾角度	50°
对应角度	3.2°	0°	−1.5°	

对应风速/(m/s)	0	1.5	3.8	
状态描述	静止不动	叶片/柄低频低幅轻微摆动，正面迎风	叶片/柄低频低幅轻微摆动，正面迎风	

| 样本 |  | |  |

初始位姿	3		侧倾角度	10°
对应角度	0°	−10.1°	−26.3°	−87.4°
对应风速/(m/s)	0	2.7	4.5	5.6
状态描述	静止不动	叶片/柄低频低幅轻微摆动，正面迎风	叶片/柄高频低幅摆动，背面迎风	叶片/柄高频高幅摆动，背面迎风

| 样本 | | | | |

初始位姿	3		侧倾角度	30°
对应角度	−9.8°	−50.4°	−92.1°	
对应风速/(m/s)	0	4.7	5.5	
状态描述	静止不动	叶片/柄高频低幅摆动，背面迎风	叶片/柄高频高幅摆动，背面迎风，叶片聚合	

| 样本 | | | |

初始位姿	3		侧倾角度	50°
对应角度	−6.8°	−8.4°		
对应风速/(m/s)	0	8.9		
状态描述	静止不动	叶片/柄低频低幅轻微摆动，正面迎风		

| 样本 | | |

初始位姿	4		侧倾角度	10°
对应角度	−10.1°	−43.2°	−65.2°	−70.3°
对应风速/(m/s)	0	3.5	5.2	8.7
状态描述	静止不动	叶片/柄低频低幅轻微摆动，正面迎风	叶片/柄高频高幅摆动，背面迎风	叶片/柄高频高幅摆动，叶片聚合，背面迎风

续表

样本				
初始位姿	4		侧倾角度	30°
对应角度	−14.1°	−29.4°	−65.4°	−83.5°
对应风速/(m/s)	0	3.0	4.6	5.4
状态描述	静止不动	叶片/柄低频低幅轻微摆动，正面迎风	叶片/柄高频高幅摆动，背面迎风	叶片/柄高频低幅摆动，叶片聚合，背面迎风

样本				
初始位姿	4		侧倾角度	50°
对应角度	−13.5°	−22.3°		
对应风速/(m/s)	0	3.7~12		
状态描述	静止不动	叶片/柄高频低幅摆动，正面迎风		

样本				
初始位姿	5		侧倾角度	10°
对应角度	−11.5°	−54.3°	−60.4°	−89.7°
对应风速/(m/s)	0	3.7	4.9	6.3
状态描述	静止不动	叶片/柄低频低幅轻微摆动，背面迎风	叶片/柄高频高幅摆动，背面迎风	叶片/柄高频低幅摆动，叶片聚合，背面迎风

样本				
初始位姿	5		侧倾角度	30°
对应角度	13.5°	−27.8°	−35.6°	−73.5°
对应风速/(m/s)	0	2.7	4.5	5.4
状态描述	静止不动	叶片/柄低频低幅摆动，正面迎风	叶片/柄高频高幅摆动，背面迎风	叶片/柄高频低幅摆动，叶片聚合，背面迎风

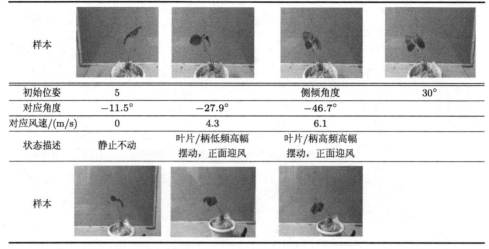

样本				
初始位姿	5		侧倾角度	30°
对应角度	−11.5°	−27.9°	−46.7°	
对应风速/(m/s)	0	4.3	6.1	
状态描述	静止不动	叶片/柄低频高幅摆动，正面迎风	叶片/柄高频高幅摆动，正面迎风	
样本				

表 6.6　多叶柄多叶片试验叶片掀翻数量 (7 叶柄 21 叶片)

喷筒角度	风速/(m/s)	叶片掀翻数量/个
$G = 10°$	$0 \sim 12$	13
$G = 30°$	$0 \sim 12$	18
$G = 50°$	$0 \sim 12$	5

(五)　小结

通过风振运动试验发现，随风速的增长，草莓叶片一般会出现从静止到小幅低频振动 → 叶柄偏转叶片到达"直立"状态 → 叶柄继续弯曲，叶片大幅高频振动 → 叶片变形蜷缩，维持在小幅高频振动的稳定状态。当作用在叶片叶柄上的风载荷与叶片叶柄的固有频率非常接近时，可能引起叶片叶柄系统的共振，从而使叶片叶柄发生剧烈晃动。通过不同风速和侧倾角度下的草莓叶片叶柄风振运动试验，发现当速度在 $5.5 \sim 8.3\text{m/s}$ 范围内时，叶片叶柄处于"直立"小幅高频振动状态，此状态下叶片正背面的雾滴沉积性应为最佳。另外通过叶片叶柄群体试验发现，侧倾角度为 30° 时，叶片被掀翻的个数最多，植株上下层的雾滴沉积均匀性应为最佳。这为现场喷施试验提供了依据。

第四节　高架草莓侧倾微风送施药机设计

一、总体方案设计

根据侧倾微风雾化喷施方案和高架双侧同步喷施作业的需要，开发了高架草莓侧倾微风送施药机，整机主要由小型电动履带底盘、侧倾微风送施药系统、喷筒多维调节系统和遥控系统等组成 (图 6.26)，实现两侧高架 4 行草莓植株的同步施药作业。

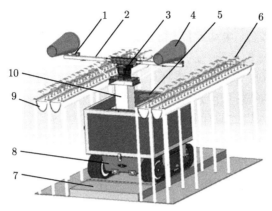

图 6.26　高架草莓侧倾微风送施药机

1. 滑动模组；2. 展臂；3. 云台；4. 风筒；5. 药箱；6. 草莓苗；7. 地面；8. 履带底盘；9. 高架；10. 升降机构

系统的设计目标为：

(1) 采用长 800mm、宽 600mm 小型橡胶履带底盘，以满足施药机在大棚入口和架间的通过性以及行间尽头顺利换行转弯，并适应不同架间路面形式和棚内台阶沟壑等。

(2) 实现喷筒施药姿态的多维度动态调节，以满足两侧高架对不同施药高度和角度的要求。

(3) 施药系统实现风速、施药流量和雾滴粒径多参数的动态可调，以实现施药低量均匀性与花序无损性。

(4) 对施药机的沿行作业行走和施药作业多参数调节，实现远程遥控高精度控制，提高控制的可靠性和操作性，实现人机分离的施药作业模式。

二、关键部件设计

(一) 侧倾微风送施药系统

施药系统由药箱、微型隔膜泵、电磁阀、风机 (80W、12V 螺旋风叶型)、调速器、渐缩型喷筒和低压雾化喷头 (八孔直喷滤网型，雾滴粒径 30 ~ 100μm) 等组成。经实验室内测试，整机流量为 0 ~ 6.2L/min，射程为 0 ~ 4100mm，4m/s 风速下的极限喷幅为水平方向 578mm、垂直方向 549mm。通过 MZC 直流电机变频调速器可实现风机的无级调速，应用 KIMO VT110 便携式热线风速仪测得筒口风速可调范围为 0 ~ 12.42m/s，实现小功率微风送和低流量的雾化喷施，调速器表盘刻度与筒口风速间具有良好的线性关系。

(二) 喷筒多维调节系统

1) 总体方案

为满足不同规格高架设施的草莓施药作业需求,开发了双展臂喷筒多维调节系统,通过竖直升降台、电动云台、臂端微调滑台可分别实现喷筒高度、喷筒侧倾角度和喷筒横向位置的调整,从而适应不同高架的间距、宽度、高度规格。两侧展臂分别通过滑转副、转动副、连杆与云台侧板连接,构成二自由度空间连杆机构,通过遥控实现展臂打开与喷筒自动错位的展臂收合,收合宽幅仅为 580mm,有效满足狭窄大棚入口的通行需要 (图 6.27)。

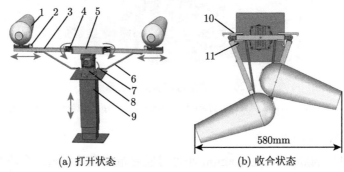

(a) 打开状态　　　　　　　　　　(b) 收合状态

图 6.27　双展臂喷筒多维调节系统

1. 风筒;2. 导轨滑台;3. 展臂;4. 回转机构;5. 固定基座;6. 支撑连杆;7. 云台侧板;8. 电动云台;9. 升降机构;10. 水平限位开关;11. 内侧夹角限位开关

2) 展臂连杆机构自由度分析

喷筒展臂通过转动副与固定基座连接,由电机齿轮驱动,支撑连杆两端通过转动副分别与云台侧板和滑块相连,滑块可在展臂内槽沿直线移动,云台带动两侧展臂连杆机构竖直转动,构成二自由度空间连杆机构 (图 6.28)。

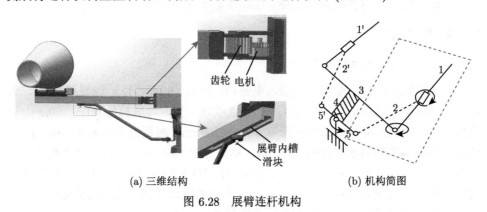

齿轮　电机

展臂内槽
滑块

(a) 三维结构　　　　　　　　　　(b) 机构简图

图 6.28　展臂连杆机构

1. 展臂;2. 支撑连杆;3. 固定基座;4. 电动云台;5. 云台侧板

风筒调节机构的空间运动简图如图 6.28(b) 所示，其中展臂连杆机构实现对称运动，单侧展臂连杆机构的自由度为

$$F = 3n - (2p_l + p_h) \tag{6.14}$$

式中，n 为活动构件数；p_l 为低副数；p_h 为高副数。

该平面连杆机构中，$n = 3$，$p_l = 4$，$p_h = 0$，代入式 (6.14) 中，得到机构自由度为 1，满足确定运动条件，达到设计要求。

3) 喷筒横向位置微调机构

高架草莓施药作业时，喷筒应该位于草莓冠层上方居中位置，以保证药液能够均匀地沉积在冠层上，因此设计中，在喷筒下方安装了水平直动机构来带动喷筒左右移动以保证喷筒在冠层中间位置。水平直动机构选用步进电机梯形丝杠导轨滑台，其移动速度为 0.1~120mm/s，丝杠精度为 0.1mm，最大负载为 2.5kg，而设计的喷筒仅为 0.8kg，行程为 0~150mm，直流 24V 电压供电。

4) 高度调节机构设计

常用剪叉式升降机构 (图 6.29(a)) 虽然承载能力较强，驱动动力要求较高，但结构尺寸与重量较大，使施药机整机重量和尺寸增大，不利于在温室狭小空间内的施药作业。

为此，选用了智能遥控电动升降机 (图 6.29(b))，其外部为三节铝柱套筒，内部为 24V 步进电机驱动的五节螺杆式竖直升降机构，每节螺杆有效长度为 112mm，从而在竖直方向上实现 0~560mm 的升降范围。该升降机外部为全铝材制作，整机重量仅为 19kg，升起承重可达 60kg，满足设计要求。且铝柱内部上下各有一个限位开关，当升降机到达最高或最低位置时，内部电机自动断电停止工作，安全可靠。

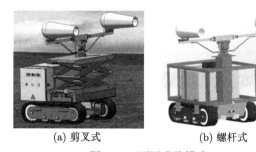

(a) 剪叉式　　　　　　　　(b) 螺杆式

图 6.29　不同升降模式

三、样机开发

开发的高架草莓侧倾微风送施药机如图 6.30 所示，其主要技术参数如表 6.7 所示。该机基于 PLC 和无线遥控模块，实现行进、转向、喷筒调节和喷施作业的

全遥控操作，使机身结构大大简化，整机尺寸长 800mm× 宽 600mm× 高 700mm，重量 80kg，功率 0.85kW，满足了棚室高架间灵活作业的需要，远处的遥控操作避免了农药对人身的伤害并大大降低了劳动强度。

图 6.30　高架草莓侧倾微风送施药机

1. 风筒；2. 滑动模组；3. 展臂；4. 支撑连杆；5. 机身；6. 履带底盘；7. 电池；8. 升降机构；9. 电动云台

表 6.7　样机主要技术参数

参数	值
整机尺寸/cm	$80 \times 60 \times 70$
整机重量/kg	80
整机功率/kW	$\leqslant 1$
施药高度升降范围/cm	$0 \sim 54$
侧倾角度/(°)	$0 \sim 75$
最大行走速度/(m/s)	0.8
风筒风速/(m/s)	$0 \sim 12$
药液流量/(L/min)	$0 \sim 1.5$
供电方式 (直流)/V	48

第五节　侧倾微风送施药机棚内施药试验

通过叶片叶柄的风振运动试验，发现了风速风向与叶片姿态变化的相关性，但实际冠层枝叶相互交织在一起，叶片与叶片之间相互作用，内部关系更加复杂。为验证侧倾微风送施药方案的可行性，进而通过不同喷筒侧倾角度和风速下的药液沉积分布规律寻找最佳参数组合，进行了温室现场的施药试验。

一、试验材料

试验在江苏省农科院草莓示范园的高架草莓塑料大棚内进行，棚内温度为 23℃，湿度为 65%，风速小于 1m/s。试验对象为定植 90 天的优质丰产草莓品种——"宁玉"，平均草莓株高为 156mm，平均叶片数为 9 片。试验高架栽培床竖直高度为 868 ~ 962mm，高架通道宽度为 701 ~ 942mm，高架通道为覆膜土质路面。试验环境及试验样机如图 6.31 所示。

(a) 试验环境　　　　　　　　　　　(b) 试验样机

图 6.31　试验环境及样机

二、标定

试验前，首先进行了喷筒风速标定和流量标定，标定在江苏省农科院草莓示范园的高架草莓塑料大棚内进行，并进行了喷雾预试验，以确定合适施药机行走速度和施药流量，最终选取施药机行进速度为 0.5m/s，施药流量为 0.5L/min。

(一) 喷筒风速标定

施药机喷筒风速大小是由风速调速器调节，该调速器为 MZC 直流电机变频调速器 (上海德力西开关有限公司)，通过控制喷筒风机转速来调节风速。调速器表盘上共分为 100 个刻度，使用法国 KIMO VT110 便携式热线风速仪对喷筒出风口中心位置进行风速测量 (图 6.32)。调速器表盘每隔 10 个刻度测量一组风速，每组测量 5 次并取平均值作为对应刻度的标定风速值，测量结果如表 6.8 所示。

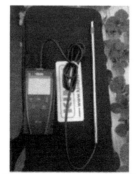

(a) 风速测量　　　　　　　　　　(b) KIMO VT100 热线风速仪

图 6.32　高架草莓施药机喷筒风速标定

表 **6.8**　**喷筒风速**

表盘刻度	风速/(m/s)					平均风速/(m/s)
	1	2	3	4	5	
10	2.98	3.08	2.87	3.10	2.79	2.96
20	4.08	3.96	3.95	4.06	4.12	4.03
30	5.04	4.97	4.91	5.11	4.90	4.99
40	6.09	6.00	6.03	6.15	6.13	6.08
50	7.31	7.13	7.27	7.12	7.06	7.18
60	7.94	7.99	8.00	7.93	8.06	7.98
70	8.89	9.19	8.93	9.10	9.09	9.04
80	10.02	10.83	10.16	9.92	9.58	10.10
90	11.03	10.88	10.86	11.25	10.84	10.97
100	12.42	12.45	12.56	12.30	12.39	12.42

根据喷筒风速标定试验数据，确定试验风速为 4m/s、8m/s、12m/s 三个水平，并对 3 种风速对应的表盘刻度标记记录。

(二)　施药机流量标定

为控制试验所需药液流量，对药液流量进行了标定试验。使用流量调节旋钮调节流量，该旋钮表盘有 80 个刻度，试验前将流量调节旋钮调到零刻度，试验用液体为自来水，使用 500mL 量筒每隔 10 个刻度进行一组流量测量，测量时间为 20s，测量时用量杯承接从喷嘴喷出的自来水，用秒表记录时间，每组测量 5 次并取平均值作为对应刻度的标定流量值，测量结果如表 6.9 所示。

表 **6.9**　**流量标定数值表**

表盘刻度	流量/(L/min)					平均流量 /(L/min)
	1	2	3	4	5	
10	0.3	0.4	0.3	0.3	0.4	0.34
20	0.6	0.7	0.7	0.6	0.6	0.64
30	1.3	1.6	1.5	1.4	1.6	1.48
40	2.4	2.3	2.3	2.1	2.3	2.28
50	3	2.9	3.1	2.9	3.3	3.04
60	3.6	3.8	3.8	3.7	3.9	3.76
70	4.6	4.5	4.7	4.9	5.1	4.76
80	5.8	5.9	6.1	5.9	5.7	5.88

根据流量标定试验数据，确定试验流量 0.5L/min 对应的表盘刻度值并标记记录。

三、试验方法

(一)　采样点布置

根据草莓植株的特点，将草莓冠层分为上、下两层，上下层间隔为 43~76mm。在冠层上层沿横向每隔约 100mm 均匀布置 A_1、B_1、C_1、D_1 四个正面采样点，同时根据相对稀疏的下层叶片的实测间距沿横向每隔约 210mm 布置 A_2、B_2 两个正面采样点。上下层各正面采样点对应叶片的背面分别布置 A_1'、B_1'、C_1'、D_1'、A_2'、B_2' 六个背面采样点，每组共布置 12 个采样点，沿冠层纵向每间隔 500mm 布置一组，每次试验设置 5 组，共 60 个采样点 (图 6.33)。

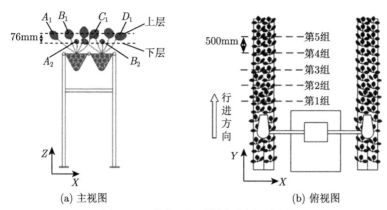

图 6.33 草莓冠层采样点布置示意图

每一采样点用双面胶将 40mm×40mm 水敏纸卡固定在叶片正、背两面 (图 6.34)。

图 6.34 水敏纸卡布置现场图

(二) 试验因素设计

为分析喷筒侧倾角度与喷筒风速对施药效果的影响，寻找高架草莓侧倾微风送施药的优化参数，在 0.5L/min 流量、0.5m/s 行进速度下，喷筒喷口中心距高架基质表面 350mm，将喷筒侧倾角度、喷筒风速从低到高分别定为 5 个水平和 3 个水平共 15 个试验处理 (表 6.10)，通过遥控器控制电动云台竖直转动并用角度测量仪测量喷筒侧倾角度，通过调速器调节喷筒风速。

(三) 样本收集

每一次施药试验结束后，待水敏纸卡完全干燥后，将每一张水敏纸卡放入对应标号的 85mm×60mm 自封袋内，将同一组装有水敏纸卡的 12 个自封袋装入对应

的 180mm×120mm 自封袋内，然后将同一次 5 组水敏纸卡放入 320mm×230mm
文件袋内，将每次试验的 60 个水敏纸卡装入标号自封袋保存，带回实验室进行
数据分析处理 (图 6.35)，15 次喷雾试验中，共收集样本水敏纸卡 900 张。

表 6.10　试验方案

试验处理	风速 $V_f/(m/s)$	侧倾角度 $g/(°)$
1	4	10
2	4	20
3	4	30
4	4	40
5	4	50
6	8	10
7	8	20
8	8	30
9	8	40
10	8	50
11	12	10
12	12	20
13	12	30
14	12	40
15	12	50

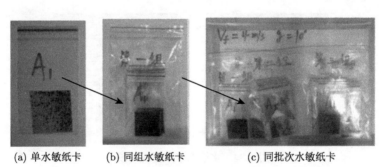

(a) 单水敏纸卡　　　(b) 同组水敏纸卡　　　(c) 同批次水敏纸卡

图 6.35　样本收集与自封袋分类标号

四、样本处理

(一)　数据分析依据

依据《风送式果园喷雾机作业质量》(NY/T 992—2006) 和《植物保护机械
通用试验方法》(JB/T 9782—2014) 的规定，雾滴沉积密度 ≥20 滴/cm² 为合格。

按照沉积密度的标准推算药液沉积量的标准，单位面积药液沉积量为

$$\rho_0 = n\rho'V \tag{6.15}$$

$$V = \frac{4}{3}\pi\left(\frac{d}{2}\right)^3 \tag{6.16}$$

式中，n 为沉积密度标准，$\geqslant 20$ 滴/cm²；V 为雾滴体积，μm³；ρ' 为药液密度，1g/cm³；d 为雾滴粒径，喷嘴雾滴粒径为 $30 \sim 100$μm。

由式 (6.15) 计算得，单位面积药液沉积量的标准应为 0.0064mg/cm²，以 0.0064mg/cm² 作为雾滴沉积量标准[5]。

(二)　样本数据分析处理

根据雾滴测试卡图像处理方法[6]，利用 HP LaserJet M1005 扫描仪对 900 张样本水敏纸卡以组为单位进行灰度扫描，提取分辨率为 600×600 的 PNG 格式图片。即将每一组的 12 个水敏纸卡按顺序排列成 3 行 4 列进行一次扫描 (图 6.36)，扫描完成后，将图片保存到指定文件夹并对文件夹分类保存。

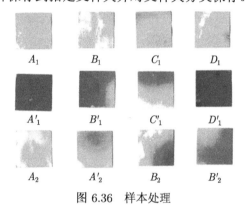

图 6.36　样本处理

DepositScan(V1.2) 软件是由美国农业部 (USDA) 专门针对水敏纸卡上雾滴沉积分析所开发的一款软件，可以对选中的图像分析后自动计算出雾滴数量、雾滴密度、雾滴大小和药液覆盖率等数据。此软件在开发时已经考虑到各种雾滴沉积状态对分析结果的影响，因此这款软件的应用条件为雾滴覆盖率低于 30％时，可以确保试验结果正确[7]。利用图像分析软件 DepositScan(V1.2) 对各样本图片进行数据分析处理，获得在不同施药参数下各样本采集卡上的雾滴沉积量 (图 6.37)，计算相同试验水平时 5 组样本沉积量的平均值。

  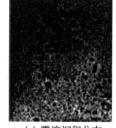

(a) 水敏纸卡　　　　　(b) 二值化处理　　　　　(c) 雾滴沉积分布

图 6.37　样本雾滴分析

五、雾滴沉积分布规律分析

(一)　风速对草莓冠层雾滴沉积分布的影响

1) 草莓叶片正背面雾滴沉积分布

由同层所有采样点正、背面雾滴平均沉积量发现 (图 6.38)，侧倾微风对叶片扰动的效果明显，背面着药效果显著。随着喷筒风速增大，叶片正面雾滴沉积量不断减小而背面雾滴沉积量不断增大。风速过大时将叶片持续掀翻，叶片背面雾滴沉积量大大超过正面，造成正面着药偏低的现象。同时当风速超过 8m/s 时，花蕊被吹落的现象明显增加 (图 6.39)。

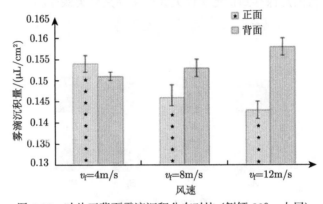

图 6.38　叶片正背面雾滴沉积分布对比 (侧倾 30°，上层)

图 6.39　施药中的花蕊脱落

由表 6.11 可知，正背面雾滴沉积量变异系数随风速增大而增大，风速为 4m/s

时,正背面雾滴沉积量变异系数最小,最小值为10.8%,雾滴沉积均匀性最好;风速为12m/s时,正背面雾滴沉积量变异系数最大,最大值为29.25%,雾滴沉积均匀性最差。

表 6.11　正背面雾滴沉积量变异系数

风速/(m/s)	变异系数/%
4	10.8
8	16.89
12	29.25

其主要原因是风速过大,风力将叶片掀翻,使叶片反面雾滴沉积量增大而正面只有较少雾滴附着,从而引起叶片正背面雾滴沉积分布不均匀,且风速太大,会对草莓花序造成损伤,将部分花序吹落。

2) 横向雾滴沉积分布

以冠层上层各采样点的正背面雾滴沉积量之和为该点沉积量,可以发现由喷筒居中喷施所决定,在高架横截面内不同风速下雾滴沉积量均呈"中间大,两侧小"的特点(图6.40)。风速越大,各部位雾滴沉积量越大,低风速4m/s时的边缘雾滴沉积量亦达到0.246μL/cm²。同时4m/s、8m/s、12m/s风速下的横向变异系数分别为7.67%、7.84%、9.25%,表明随风速的增大,横向分布均匀性有变差趋势,但并不显著,喷筒居中的雾化侧倾微风送方式可达到较理想的双行均匀喷施效果。

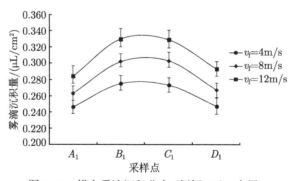

图 6.40　横向雾滴沉积分布 (侧倾 30°, 上层)

其主要原因是喷筒居中调节施药方案,使内侧采样点位于喷筒喷幅圆中心位置,而外侧采样点位于喷幅圆边缘位置,引起了中间大、两侧小的分布特点,但各采样点均位于喷幅圆有效区域内,因此雾滴沉积均匀性较好。

3) 上下层雾滴沉积分布

通过上、下层内侧两采样点的雾滴沉积量均值比较发现(图6.41),喷筒居中的雾化侧倾微风送方式达到了较理想的冠层穿透性和上下层沉积均匀性。不同风速下冠层上层的雾滴沉积量均大于下层，随着风速的增大，上下层雾滴沉积量均不断增大，但上下层间的均匀性一定程度变差。4m/s 时低风速下的下层平均雾滴沉积量亦达到 0.102μL/cm²，表明雾滴的冠层穿透性良好。在一定侧倾角度下，风速越大，对冠层叶片的扰动效果越好，但过大风力将导致叶片保持固定的受迫姿态，反而对上下层的均匀性造成影响。

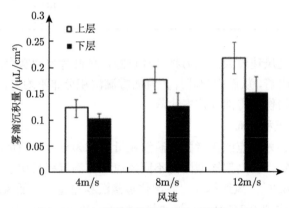

图 6.41 上下层雾滴沉积分布 (侧倾 30°)

由表 6.12 可知，上下层雾滴沉积量变异系数随风速增大而增大，风速为 4m/s 时，上下层雾滴沉积量变异系数最小，最小值为 9.7%，雾滴沉积均匀性最好；风速为 12m/s 时，上下层雾滴沉积量变异系数最大，最大值为 22.66%，雾滴沉积均匀性最差。

表 6.12 上下层雾滴沉积量变异系数

风速/(m/s)	变异系数/%
4	9.7
8	18.27
12	22.66

其主要原因是相同侧倾角度时，风速越大，沉积到上下层叶片上的雾滴越多，微风速对冠层叶片的扰动效果更好，风速过大，叶片在风力的胁迫下会保持一种状态不变，从而引起雾滴在上下层分布的不均匀性。

(二) 角度对冠层雾滴沉积分布的影响

1) 草莓叶片正背面雾滴沉积分布

由同层所有采样点正、背面雾滴平均沉积量发现 (图 6.42)，随侧倾角度的增大，叶片正面雾滴沉积量不断增大而背面雾滴沉积量不断减小。侧倾角度过大时风力对叶片的垂直压力增大，风力对叶片的扰动作用明显减弱，造成叶片背面基本无着药的现象。侧倾角度达到 50° 时，背面平均雾滴沉积量仅为 0.013μL/cm²。而侧倾角度过小时，受风力有效扰动和雾滴轨迹的影响，则产生背面着药率高而正面着药不足的现象。侧倾角度分别为 10°、20°、30°、40°、50° 时，正背面雾滴沉积量变异系数分别为 19.4%、12.1%、11.7%、60.1%、96.2%，侧倾角度为 30° 时，正背面雾滴沉积量变异系数最小，雾滴沉积均匀性最好。

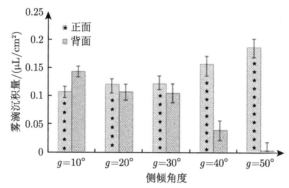

图 6.42　叶片正背面雾滴沉积分布对比 (风速 4m/s，上层)

由表 6.13 可知，侧倾角度为 30° 时，冠层叶片正背面雾滴沉积量变异系数最小，最小值为 11.7%，雾滴沉积均匀性最好；侧倾角度为 50° 时，正背面雾滴沉积量变异系数最大，最大值为 96.2%，雾滴沉积均匀性最差。

表 6.13　正背面雾滴沉积量变异系数

侧倾角度/(°)	变异系数/%
10	19.4
20	12.1
30	11.7
40	60.1
50	96.2

其主要原因是侧倾角度较小时，风力将叶片掀翻且伴随一定扰动，使叶片正背面雾滴沉积均匀性较好；随侧倾角度的增大，风力与叶片表面的压力角增大，风力对叶片表面的压力增大，从而胁迫叶片正面朝上，风力对叶片的扰动性降低，造成雾滴大部分沉积在叶片正面而叶片背面基本无雾滴沉积。

2) 横向雾滴沉积分布

以冠层上层各采样点的正背面雾滴沉积量之和为该点沉积量，可以发现在高架横截面内不同侧倾角度下雾滴沉积量均呈"中间大，两侧小"的特点 (图 6.43)。较小侧倾角度下雾滴飘移扩散使叶片雾滴沉积量减少，而侧倾角度越大，冠层越能高效地承接雾滴,但由于喷幅被压缩,高架中间部位冠层雾滴沉积量明显增大但两侧雾滴沉积量显著下降。50° 侧倾角度下,边缘雾滴沉积量均值仅为 $0.015\mu L/cm^2$。侧倾角度分别为 10°、20°、30°、40°、50° 时,变异系数分别为 15.04%、10.65%、9.56%、68.23%、90.14%,侧倾角度为 30° 时,横向雾滴沉积均匀性最佳,且边缘雾滴沉积量亦达到 $0.164\mu L/cm^2$。

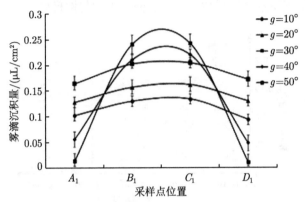

图 6.43　横向雾滴沉积分布 (风速 4m/s,上层)

由表 6.14 可知,侧倾角度为 30° 时,冠层横向雾滴沉积量变异系数最小,最小值为 9.56%,雾滴沉积均匀性最好;侧倾角度为 50° 时,横向雾滴沉积量变异系数最大,最大值为 90.14%,雾滴沉积均匀性最差。

表 6.14　横向雾滴沉积量变异系数

侧倾角度/(°)	变异系数/%
10°	15.04
20°	10.65
30°	9.56
40°	68.23
50°	90.14

其主要原因是侧倾角度较小时,雾柱到达冠层表面的距离较远,喷幅较大,从而导致部分药液飘移扩散落到高架两侧通道内,使叶片雾滴沉积量减少;当侧倾角度较大时,雾柱到达冠层表面的喷幅圆较小,只有内侧采样点位于喷幅圆有效区域内,外侧采样点位于喷幅圆以外,从而引起侧倾角度较大时外侧采样点雾滴沉积量很小,内侧采样点位于喷筒喷幅圆中心位置,随侧倾角度的增大,喷筒到达冠层的距离减小,雾滴沉积量增大。当侧倾角度增大到 50° 时,外侧采样点位于喷幅圆边缘或外侧,主要受来自风场中心的侧向分力的扰动,将叶片往两侧掀翻,从而使雾滴沉积量高于内侧叶片。

3) 上下层雾滴沉积分布

通过上、下层内侧两采样点的雾滴沉积量均值比较发现 (图 6.44), 上层雾滴沉积量均大于下层。侧倾角度较小时, 雾柱径向发散使叶片雾滴沉积量减少, 且风力对叶片的扰动变弱, 使上下层均匀性变差, 10° 侧倾角度下的下层沉积量为 $0.071\mu L/cm^2$, 而上下层雾滴沉积量变异系数达 44.45%。当侧倾角度过大时, 风力对叶片的垂直压力造成上下层叶片呈层叠压迫状态, 造成叶片背面和下层叶片难以有效着药, 50° 侧倾角度下的上下层雾滴沉积量变异系数达到 47.35%。而侧倾角度为 30° 时, 上下层平均雾滴沉积量最大, 上下层雾滴沉积量变异系数仅 17.75%, 均达到最佳。

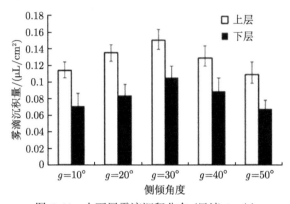

图 6.44　上下层雾滴沉积分布 (风速 4m/s)

由表 6.15 可知, 侧倾角度为 30° 时, 冠层上下层雾滴沉积量变异系数最小, 冠层最小值为 17.75%, 雾滴沉积均匀性最好; 侧倾角度为 50° 时, 上下层雾滴沉积量变异系数最大, 最大值为 47.35%, 雾滴沉积均匀性最差。

表 6.15　上下层雾滴沉积量变异系数

侧倾角度/(°)	变异系数/%
10	44.45
20	23.20
30	17.75
40	26.47
50	47.35

其主要原因是侧倾角度较小时, 喷筒喷出的雾柱长度较大, 一方面到达冠层的风力较小, 而使下层沉积量降低, 另一方面雾柱发散, 部分药液飘移流失掉; 风力将叶片掀翻且伴随一定扰动, 使上下层雾滴沉积均匀性较好; 随侧倾角度的增大, 喷筒到达冠层的距离减小, 风场对叶片表面的垂直压力增大, 使上层叶片正面朝上紧贴在高架基质上, 并将下层叶片遮住, 造成上层叶片背面和下层叶片难

以着药。

(三)　小结

由试验结果分析发现,雾滴沉积量与风速呈正相关,但正背面、横向和上下层间的雾滴沉积均匀性均与风速呈负相关,且较大风速造成的花序损伤明显增加;喷筒侧倾角度过大和过小均导致正背面、横向和上下层间雾滴沉积的均匀性显著变差。综合考虑雾滴沉积量、分布均匀性以及花序无损性,本试验处理中高架草莓侧倾微风送施药的最优参数组合为风速 8m/s 和侧倾角度 30°。综合考虑雾滴沉积量、分布均匀性以及花序无损性,在 6~8m/s 微风速和喷筒侧倾角度 30° 下,高架草莓侧倾微风送施药的效果最佳。

参 考 文 献

[1]　张二鹏, 马铿宏, 耿长兴, 等. 温室悬挂喷施机跨垄作业控制系统设计 [J]. 中国农业大学学报, 2013, 18(6): 170-174.

[2]　王军锋, 张娟娟, 王贞涛, 等. 风幕式气力辅助静电喷雾沉积特性 [J]. 农业机械学报, 2012, 43(2): 61-65.

[3]　Vogel S. When leaves save the tree[J]. Natural History (USA), 1993, 102: 58-63.

[4]　郑如侃, 邵传平. 梧桐树叶模型在风中的振动和受力分析 [J]. 中国计量学院学报, 2015, 26(4): 416-422.

[5]　王芹. 果园机载双摆弥雾施药系统设计及试验研究 [D]. 镇江: 江苏大学, 2015.

[6]　Zhu H, Salyani M, Fox R D. A portable scanning system for evaluation of spray deposit distribution[J]. Computers and Electronics in Agriculture, 2011, 76(1): 38-43.

[7]　王士林, 宋坚利, 何雄奎, 等. 电动背负式风送喷雾器设计与作业性能试验 [J]. 农业工程学报, 2016, 32(21): 67-73.

第七章 温室草莓生产的其他智能技术与装备

第一节 温室草莓智能授粉装备与技术

一、草莓授粉的特殊性

授粉是成熟花粉从雄蕊花药中散出后，传送到雌蕊柱头的过程，是农作物结成果实的必经过程，与普通农作物相比，草莓的授粉具有一定的特殊性。

1. 草莓生理特征的要求

草莓具有二歧聚伞花序以及雌雄同株两性花特征，雄蕊螺旋状排列在花托上(图 7.1)，花期短，花粉少且难收集，不同级次花序的雄蕊与雌蕊的发育成熟情况也不同。

图 7.1 草莓的生理特征

不同的草莓品种会表现出亲和与不亲和两种相反的自交性，自交不亲和的草莓品种需要异花授粉，而即使是自交亲和的草莓品种，其异花授粉所带来的杂交优势，也会有助于草莓产量与质量的提高。

2. 先疏花后授粉的农艺要求

草莓花序一般生 7～15 朵花，花序由不同级序花组成，第 1 级序花先开，坐果大，级次越高，坐果越小。因此，在实际授粉作业前，要求保留 1～3 级花，疏除其他高次级的花，避免其抢占植株营养，影响草莓整体的坐果质量。

二、草莓机械化授粉的问题

(一) 授粉技术与装备的现状

1. 国外授粉技术与装备

大田、果园、温室等作业场景不同，农作物品种、自交亲和性、雄花雌花花期、成熟性等生理特征的差异，会导致农作物的授粉需求完全不同，对应的授粉技术与装备也不同。

针对大田杂交水稻授粉作业，美国通过 40 年的杂交水稻种植试验，已建立完善的机械化、规模化生产体系，现阶段主要采用小型直升机进行辅助授粉(图 7.2(a))，其基本原理是利用飞机在规定行比的父母本植株种田的上方飞行，产生旋翼气流将花粉从父本柱头上吹到母本柱头上。通过紫色水稻标记法、专有父本线标记法等方法对花粉扩散影响因素和范围的研究，发现要实现异花授粉，父本花粉需扩散 6~12m，这就需要授粉飞机保持高难度的低空飞行。

(a) 直升机授粉　　　　　　　(b) 温室自主授粉机器人

图 7.2　国外授粉技术与装备

针对果园作业场景，日本很早就开展了相关的小型手持式授粉机的开发与试验研究，并在苹果树和柿子树的授粉作业中得到良好应用[1]。

针对温室作业场景，Ohi 等设计温室自主精确授粉机器人 (图 7.2(b))，可以预先获取温室环境特征，并通过 RGB-D 相机确定花序团的空间位置，分析授粉量等相关参数，驱动授粉执行器工作[2]。

2. 国内授粉技术与装备

我国同发达国家授粉技术与装备水平差距明显。针对大田杂交水稻授粉作业，仍有部分地区采用人力赶粉作业的方式 (图 7.3(a))，其基本做法是：在日照下，人下到稻田里，左右手各拿一根细竹棍，将雄株推向雌株，雄株上的花粉在外力作用下随空气飞扬起来，然后散落到雌株的花上。

  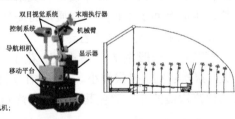

1.喷管；2.控制开关；3.管路；4.离心风机；
5.电机；6.外壳；7.出风管；8.粉箱

(a) 人力授粉　　　(b) 手持式授粉机　　(c) 温室番茄授粉机器人 (d) 温室有轨授粉机器人

图 7.3　国内授粉技术与装备

各类手持采授粉作业技术近些年逐步得到了推广使用，黄崇德、邵阳市科学技术委员会等分别独立开发了针对花期不重合的杂交水稻的机械采、授技术，在花期运用机械采粉、授粉以及与此相配套的花粉储藏技术与活力检测方法，完成水稻授粉作业[3]。侯国强等发明了一种杂交水稻机械振荡式制种授粉工具及授粉方法[4]。在果园作业场景中，针对雄花雌花花期错开的果树品种，丁素明等采用先人工收集加工花粉，再用手持式授粉机施授的方式 (图 7.3(b))[5]。

针对花期重叠的水稻品种，我国也开始无人机等气力辅助授粉作业方面的研究，李继宇等分别对单旋翼、多旋翼无人机气力辅助授粉时水稻冠层的三向风场进行测量分析，优选出无人机的作业参数[6]。张若男等针对苹果树提出了一种基于双目视觉技术的无人机气力辅助授粉装备[7]。在温室作业场景中，Yuan 针对温室番茄，采用先收集花粉再授施的方式，开发了靶标花序自动识别的智能授粉机器人 (图 7.3(c))[8]。戴朝新[9] 发明了一种日光温室有轨式授粉机，提出采用气力-机械振动组合方式进行日光温室作物的机械化授粉作业 (图 7.3(d))。

(二)　草莓机械化异花授粉的问题

尽管国内外针对不同农作物的授粉问题开展了大量研究工作，但上述授粉技术与装备仍然无法满足设施环境下草莓的异花授粉需要，其具体原因在于：

(1) 大田作业场景下主要采用的无人机气力授粉方式，其作业对象为仍然具有雌雄异株两性花特征的标准种植的水稻，无法适用于具有雌雄同株两性花特征的草莓；同时，无人机在设施环境下的飞行授粉作业也是难点。

(2) 果园作业场景中，针对雄花雌花花期错开的果树品种，采用先人工收集加工花粉，再用手持式授粉机施授的方式，无法适用于草莓花期短、花粉少且难收集的生理特征。

(3) 目前设施环境内的授粉作业也主要采用先收集花粉再授粉的方式，无法适用于草莓的异花授粉作业，目前草莓授粉还主要依靠人工授粉和蜂群授粉的方式，成本高、效果差。

三、草莓智能授粉总体方案设计

草莓异花授粉主要包括"花粉脱落—输送—靶标沉积"三步过程，机械化授粉与人工授粉、蜂群授粉的模式差异主要体现为上述过程的不同实现方式。在未来实际生产中，高效的智能化授粉作业是必然趋势。本书基于我国设施草莓生产现状和未来发展需要，分别从蜂群诱蜂管理、气力辅助授粉、精准点授三个层次，提出设施草莓智能授粉的系列技术与装备方案，相关装备研发与技术攻关有望在近期实现重要突破。

(一)　温室蜂群精准管理系统

1. 原理构思

蜂群授粉是自花传粉、异花传粉同时发生的过程，是利用自然力量的省力授粉方式。但是，实际生产中蜂群授粉会出现漏授现象，效果并不稳定。其原因在于：蜂群行为极易受光照、温度、湿度等环境因素影响；而温室内光照、温度、湿度并不均匀，在某些区域，蜂群会碰壁、不访花，形成授粉死区。虽然部分蜂种耐低温，对湿度和光照不敏感，但也会受授粉期施药作业环境影响，出现短期中毒漏授的现象。目前授粉技术与装备的研究集中于采-授粉的机械化实现，忽略了蜂群的精准管理问题。而在未来很长的一段时间内，蜂群授粉依然是莓农授粉的主要方式，蜂群的精准管理问题有着非常重要的研究价值。温室蜂群精准管理系统研究的出发点在于以下两点。

(1) 针对目前广泛应用的拱棚、塑料大棚、日光温室，提出基于实验统计蜂群的授粉行为规律，分析授粉死区、短期漏授位置信息与规律，并通过自动诱蜂装备或人为诱蜂，低成本高效地解决温室环境因素带来的蜂群漏授问题，改善蜂群授粉效果，并形成与不同种植模式相应的农艺技术。

(2) 针对现代智能温室草莓生产，提出基于蜂群自动精准追踪监测技术，对蜂群行为进行自动实时监测与漏授区域诊断，并通过诱蜂装备与智能控制技术，对温室蜂群进行高效管理，实现蜂群授粉的快速查漏补缺，保证全授粉期蜂群智能高效授粉。

2. 总体方案

(1) 基于实验室环境变量可控实验，通过视觉、雷达或无线跟踪技术，进行不同环境下 (光照、温度、湿度、施药等) 蜂群行为分析和规律研究，为摆脱高成本实时监测系统、形成蜂群精准管理农艺标准提供理论基础；按照实验室统计的蜂群行为规律，进行不同栽培、管理模式下，不同棚室结构的授粉死区、短期漏授位置的预估与验证，并设计蜂箱、诱蜂装置的布施方案，从而形成有效改善蜂群授粉质量的农艺技术。

(2) 针对现代智能温室，基于蜂群自动精准追踪监测技术，开发温室现场的蜂群行为监测系统，如图 7.4 所示，对草莓栽培环境进行小区划分，并在每个小区内布置诱蜂装备。蜂群行为监测系统，在上午 8 点至下午 3 点的蜂群工作时间范围内，以一定频率，实时监测蜂群的空间动态位置，获取和分析计算蜂群的飞行行为、小区停留时间等信息；在蜂群傍晚归巢后，统计诊断出远低于平均授粉停留时间的漏授小区，并将漏授小区位置信息自动发送给控制系统，由控制系统于次日上午 7～8 点启动漏授小区诱蜂装备，引诱侦察蜂的到来，从而保证次日蜂群会对漏授小区进行及时的补授工作。

3. 技术实施方式

(1) 农艺诱蜂：根据实验形成的农艺技术，于授粉死区、短期漏授区域，人工每天定点喷施诱蜂剂，或布置诱蜂装备，每天定时定量喷施；该方法生产适用性高，成本低，便于实施，容易推广普及。

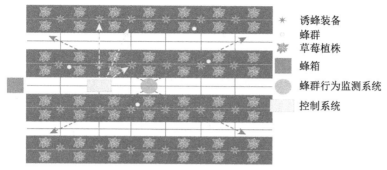

图 7.4　蜂群精准管理示意图

(2) 智能监测与管理：温室内布置监测蜂群行为监测系统、每小区布诱蜂设备、授粉期全程自动运行，无论是温室环境 (光照、温度、湿度、施药等) 如何改变，都可以实时监测蜂群的空间动态位置，获取和分析计算蜂群的飞行行为、小区停留时间等信息，并做出漏授诊断，由控制系统进行自动补授工作。精准度高，成本高，适合于现代智能温室草莓生产。

(二)　温室草莓气力微仰授粉机器人

1. 原理构思

(1) 气力辅助授粉是指利用机械产生气流对植株施加力作用，使花粉脱离花药，向靶标花序输运沉降的授粉方式 (图 7.5)，不依赖环境因素，且装备结构简单，其主要工作参数包含气流速度、方向与作用位置，易于控制，可灵活搭载于各种移动平台作业。

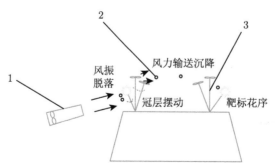

图 7.5　"气力辅助微风微仰"授粉示意图

1. 授粉风筒；2. 花粉；3. 草莓植株

(2) 根据江苏省地方标准《宁丰草莓生产技术规程》(DB 32/T1858—2011)，草莓普遍采用双行栽培，行距 20cm，株距 18cm，针对现有草莓栽培特征规格要求，本书基于气力辅助授粉方式，提出气力微仰授粉的机械化异花授粉方案。

2. 总体方案

以标准化双行栽培的草莓植株为作业对象,以温室为作业环境,进行气力微仰授粉机器人整体设计,整机包括自主移动平台、气力微仰自适应补温授粉单元、植株冠层自适应补湿单元、控制系统等(图7.6)。

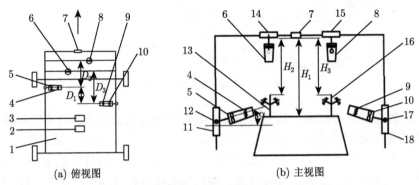

图 7.6　温室草莓气力微仰授粉机器人总体方案

1. 自主移动平台;2. 温度传感器;3. 湿度传感器;4. 左电热丝;5. 左风筒;6. 左雾化喷头;7. 视觉传感器;8. 右雾化喷头;9. 右电热丝;10. 右风筒;11. 左竖直直动件;12. 左回转件;13. 左草莓植株行;14. 左水平直动件;15. 右水平直动件;16. 右草莓植株行;17. 右回转件;18. 右竖直直动件

(1) 针对高垄和高架环境,以前文设计的草莓生产管理的智能底盘技术与装备为自主移动平台,实现温室内沿草莓栽培行的自主行走功能。

(2) 针对草莓异花授粉的要求,提出采用前后交错、微仰气力吹送的授粉方式,实现双行草莓植株之间的异花授粉,并对气力微仰授粉单元的工作参数进行理论分析与设计。

(3) 针对低温、干燥环境因素对花药开裂、花粉黏附的影响,设计自适应补温、补湿单元,来提高花药开裂率与花粉的黏附特性。

其具体实现方法如下:

(1) 自主移动平台跨垄或跨高架向前以一定速度自主行走,视觉传感器实时获取草莓冠层的位置信息,温度传感器、湿度传感器实时获取草莓冠层的温度与湿度信息。

(2) 根据草莓冠层的位置和湿度信息,控制系统控制雾化喷头对草莓植株冠层进行预加湿,提高花粉附着性;同时,调整风筒侧仰的角度 α、风速 V 与作用高度 H,并根据植株冠层的温度信息,控制电热丝对冠层辅助加温,从而提高花粉量和花粉活力。

(3) 在自主移动平台行进过程中,实现左草莓植株行和右草莓植株行之间前后交错、微仰气力吹送的异花授粉。

3. 气力微仰授粉单元的工作参数分析

草莓气力辅助授粉过程中，气流起到两个作用：一个是使花粉与花药脱离，另一个是输运花粉到达靶标花序，其具体表现为：气流对草莓植株冠层施加力作用，该力一部分直接将花药里的花粉吹散，另一部分使植株产生一定频率的振动，从而使花粉从花药脱落；脱离花药的花粉在风力与重力的共同作用下，降落在靶标花序的柱头上，完成授粉作业，而气流速度、角度、宽幅以及冠层结构都会影响脱离的花粉的运动状态。

如图 7.7 所示，对草莓植株冠层进行模型简化，ab 段为草莓植株冠层区域，当风筒以 V_0 速度施加气流作用在草莓植株冠层，风筒仰角角度为 α，风筒出口半径为 r，作用宽幅覆盖整个冠层 ab，A 状态为草莓植株自然生长状态，B 状态为草莓植株摆动弯曲过程中的某一位置，C 状态为草莓植株弯曲的极限位置，花粉颗粒 1 高度为 h_1，花粉颗粒 2 高度为 h_2，花粉颗粒 3 高度为 h_3。

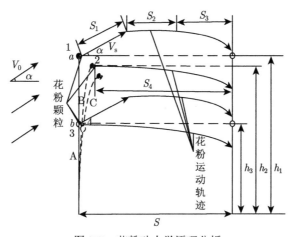

图 7.7　花粉动力学原理分析

花粉颗粒 1 受气流作用直接从花药中吹散，此阶段风力起主要作用，花粉随着气流作用沿直线向前传播，水平位移为 $S_1 \cos \alpha$。随着距离的进一步加大，风力逐步衰减，风速降到 V_s 后，花粉颗粒呈现先上升后下降的过程，此阶段重力起主要作用，花粉做抛物线运动落到雌蕊柱头上，其上升前后的水平位移分别为 S_2 和 S_3。易得

$$S = S_1 \cos \alpha + S_2 + S_3 \tag{7.1}$$

式中，S 为花粉运动的水平总位移，mm。

参考等温圆射流经验公式：

$$\frac{V_s}{kV_0} = \frac{0.996}{\dfrac{aS_1}{r} + 0.294} \tag{7.2}$$

式中，a 为紊流系数；V_s 与花粉悬浮系数相关；系数 k 与冠层结构相关。

S_1 随着 V_0 增大而增大，当 S_1 大于株距 S 时，整个花粉的输运主要靠风力作用。

设花粉颗粒 1 在到达 S 距离目标植株冠层时的沉降距离为 H_d，易得

$$H_d = V_s \sin\alpha \left(\frac{S - S_1 \cos\alpha}{V_s \cos\alpha} - \frac{2V_s \sin\alpha}{g} \right)$$
$$+ \frac{g \left(\dfrac{S - S_1 \cos\alpha}{V_s \cos\alpha} - \dfrac{2V_s \sin\alpha}{g} \right)}{2} - S_1 \sin\alpha \tag{7.3}$$

花粉颗粒 2 代表草莓植株冠层受到气流冲击作用，弹性形变后，花粉振落，但花粉在空中输送时，不受风力作用，直接做平抛运动降落于目标植株，根据冲击理论，在 A 到 C 的过程中，风力动能 Q_D 转换为植株和花粉的动能 Q_d 及植株的弯曲势能 Q_Z。

$$Q_D = \frac{1}{2} m_f (V_0 \cos\alpha)^2 = Q_d + Q_s = \frac{1}{2} m_f (V_0 \cos\alpha)^2 + \frac{1}{2} F\omega \tag{7.4}$$

$$F = m_f g \tag{7.5}$$

$$\omega = \frac{F h_2^2}{6EI} (3h_1 - h_2) \tag{7.6}$$

易得

$$m V_c^2 = m_f (V_0 \cos\alpha)^2 - \frac{m_f^2 g^2 h_2^2 (3h_1 - h_3)}{6EI} \tag{7.7}$$

式中，m_f 为一定气体的质量；m 为植株的质量；F 为此刻植株受到的冲击力；ω 为相应的动挠度。

那么花粉颗粒 2 脱离花药后，以初速度 V_c 向前抛出，只考虑重力作用，易得其到达目标植株的降落距离为

$$H_d^1 = \frac{g S_4^2}{2 V_c^2} \tag{7.8}$$

当花粉颗粒降落一段距离后，花粉颗粒 3 运动规律与花粉颗粒 1 相同，花粉颗粒 4 运动规律与花粉颗粒 2 相同，显然 H_d^1、H_d 如果不落在目标植株冠层区间 ab 内，就无法完成授粉。

但在实际的气力辅助授粉过程中，由于气流宽幅覆盖整个植株冠层，花粉颗粒 1、2、3、4 的运动是同时发生的过程，并且由于冠层结构的复杂性与可变性，不同角度、不同气流速度下，系数 k 也是浮动变化的，定量理论估算非常困难。本书认为，宏观上，辅助气流初始速度即使经过植株冠层衰减作用，但只要冠层

后方的输出气流速度大于花粉颗粒的悬浮速度，植株冠层就不会对花粉产生明显的捕集现象，通过合适的侧仰角度 α、风速 V 来提高气流的冠层穿透效果，保证花粉的输送，也是未来的研究工作重点。

(三) 温室草莓对靶疏花点授机器人

1. 原理构思

人工点授虽然费工费时，但其授粉原理可以保证授粉的精准性。随着机器人控制、人工智能等技术的不断发展与完善，基于人工点授原理，复现其点授过程，也是温室授粉机器人未来最理想化的方案之一。

人工点授的基本原理是在一朵花的外侧雄蕊扫一遍完成采粉，再在花中间凸起的柱头部分 (雌蕊) 扫一遍实现授粉。

基于人工点授的基本原理，以机器人方式复现其点授过程的同时，可对高级次花序完成疏除工作。同时，为强化草莓的异花授粉所带来的杂交优势，提出专用的机器人"雄蕊采粉-异花点授"方案。

2. 总体方案

实现上述机器人的异花授粉和授粉-疏花一体作业，需要重点解决花序位置与级次的快速有效识别、采-授-疏除多动作执行系统设计与高效集成等关键问题。

依据上述设计要求，以标准化双行栽培的草莓植株为作业对象，以温室为作业环境，进行了温室草莓智能疏花点授机器人的总体方案设计，包括点授末端执行器、柔性夹持与疏除装置、RGB-D 视觉系统、机械臂、控制系统等 (图 7.8)，其具体方法如下：

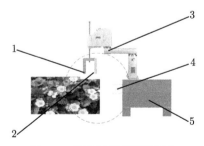

图 7.8 智能疏花点授机器人

1. 点授末端执行器；2. 柔性夹持-疏除一体装置；3. 机械臂；4.RGB-D 视觉系统；5. 移动平台

(1) 由 RGB-D 相机实时获取草莓植株冠层图像信息，基于深度学习网络模型快速识别花序，并进行成熟度判定；同时，基于对应花序的深度信息，构建花序空间位置，为点授末端执行器、柔性夹持与疏除装置提供工作依据。

(2) 设计点授末端执行器，实现先一朵花外侧雄蕊的圆周扫动、后另一朵花中间凸起的柱头部分 (雌蕊) 的圆周扫动动作。

(3) 设计柔性夹持-疏除一体装置，在点授末端执行器工作时，提供辅助的振动柔性夹持功能；同时该装置可通过柔性夹指与动刀的自动切换，实现授粉作业过程中的同步高级次花序疏除作业。

3. 点授末端执行器

如图 7.9 所示，点授末端执行器由气缸推杆通过限位滑环、弹簧和机构杆件来控制顶端两个刷粉绒球的开度，结合机器视觉系统，实现对靶标花序的雄蕊、雌蕊的精准对点；由旋转电机控制刷粉绒球的圆周运动，实现人工点授的"刮扫"动作。

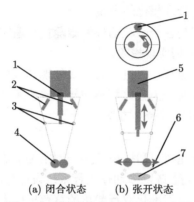

(a) 闭合状态　　　(b) 张开状态

图 7.9　点授末端执行器原理示意图

1. 步进电机；2. 弹簧；3. 限位滑环；4. 刷粉绒球；5. 气缸推杆；6. 雄蕊；7. 雌蕊柱头

4. 柔性夹持与疏除装置

如图 7.10 所示，执行装置存在模式切换功能，当进行低级花序的授粉作业时，通过动-定夹块对茎秆施加柔性振动夹持作用，动夹块振动，给靶标花序点授提供振动脱粉辅助；当进行高级花序疏除作业时，动刀-定夹块对茎秆施加剪切作业，动刀往复振动，有助于高级花序的快速剪切疏除。

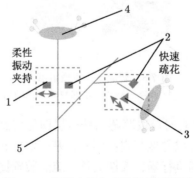

图 7.10　柔性夹持与疏除装置示意图

1. 动夹块；2. 定夹块；3. 动刀；4. 花序；5. 花序柄

第二节　温室草莓智能采摘技术与装备

(一)　高架草莓乘坐式智能采摘车

1. 原理构思

高架栽培使莓农的种植管理、采收避免了弯腰劳作,作为省力化栽培模式而受到了欢迎。但是,由于草莓果实在高架两侧垂挂生长,莓农在采收中仍避免不了低头观察和作业;莓农手提果篮的同时完成采收,长时间采收和采后果实的转运仍存在作业强度和效率的问题。

为此,基于所开发的高架间通用化沿边导航轮式底盘,提出高架草莓乘坐式智能采摘车技术方案,其主要设计目标为:

(1) 莓农从提篮采收和转运中解脱出来,同时解放双手,使作业效率大大提高。

(2) 莓农采收的头、手高度下降,避免长时间低头观察和采收的困扰。

(3) 目前草莓采摘的休闲体验已成为重要业态,乘坐采摘车可有效提升采摘休闲体验效果,可进一步结合机载的音乐播放、语音对话、草莓背景知识问答等大大增强休闲体验效果。

基于以上设计目标,高架草莓乘坐式智能采摘车的实现原理包括:

(1) 高架间的无碰自主行走问题。实现解放双手的采摘车高架间行走控制,需实现自动无碰撞导航行走和非手动走停控制两大要求,基于第三章所研发的高架间通用化沿边导航轮式底盘和多光电开关阵列导航技术,可有效保证高架间的自动无碰撞导航行走。

(2) 高架间的走停控制问题。高架间的走停控制问题,可采用通常的脚踏制动方式;更高智能的走停控制,可基于 3D 深度与光电阻隔等探测感知技术实现人手采摘动作捕捉与采摘行为感知判断,并与采摘车的差速行走控制相融合,实现采摘全程无须人工干预、与人采摘行为无缝融合的采摘车走停全智慧操控。

(3) 智慧休闲体验问题。在驾乘采收基础上,可进一步基于深度学习云计算和语音-视觉跨媒体技术,实现草莓图像识别与智慧语音问答、实现驾乘采摘过程中的草莓自动称重与语音报价,从而实现智慧驾乘草莓采摘体验,并有效提升游客的采摘休闲意愿、延长游客消费时间和休闲采摘的价值链。

2. 采摘车结构方案

采摘车结构方案如图 7.11 所示。

(1) 通用底盘快速拆装结构:模块化快速拆装的采摘模块搭载前文提到的温室自主移动平台,可实现简便智能采摘模块的快速拆装。

(2) 旋转座椅与脚踏控制结构:旋转座椅布置于机身尾部,便于身体转向两侧进行采收；根据汽车驾驶习惯，右脚部布置左启动、右制动双踏板，双踏板安装为随座椅同步旋转，从而实现在身体正向与侧向采收过程中的便捷脚踏控制。

(3) 果箱称重-更换-调位一体结构：果箱布置于机身前部，为提高不同体型操作人员的乘坐采摘舒适性，加入车身方向的滑轨系统，可带动托盘前后调节位置；托盘内嵌称重模块并设置果箱限位凹槽，实现实时的称重计价和方便果箱的更换定位。

(4) 把手：在座椅和果箱之间还安装了把手和遥控器托盘，把手用于前后推拉调整果箱位置，遥控器托盘则可供采摘人员放置遥控小车动作的遥控器所用。

图 7.11 高架草莓乘坐式智能采摘车总体方案

1. 架间自主移动平台；2. 遥控器摆放托板；3. 旋转座椅；4. 扶手；5. 果箱；6. 托盘；7. 称重模块；8. 滑轨

(二) 温室垄栽草莓智能采摘车

1. 原理构思

垄栽草莓面积大，蹲俯采收的强度极大，成为草莓种植中的一大难题。国外已出现如第一章所述趴俯式行走采摘车，但其尚难以满足我国垄栽草莓的收获需要，主要问题在于：

(1) 国外垄栽草莓采摘车主要面向大田草莓生产，配置果箱输运-携带结构，甚至跨多垄多人作业，车身尺寸大，难以在棚室内使用。

(2) 目前单人垄栽草莓采摘车主要采用脚部踏板进行走停控制，但由于趴俯的人体姿态，脚部持续踩踏板控制的灵活性和舒适性差、易疲劳；多人采摘车则采用额外人力的驾驶操控方式，难以满足小型化和省人工的要求。

(3) 采摘车跨垄行走易出现走偏，现有单人垄栽草莓通过人为干预前方转向轮而修正车头方向，极不方便。

(4) 目前垄栽草莓采摘车的趴俯式采收采用头部承托方式，面部俯向高垄进行观察，双臂下悬完成采收，长时间作业易疲劳。

针对我国设施高垄草莓栽培的采收需要和现有装备的不足，温室垄栽草莓智能采摘车的设计思路如下 (图 7.12)：

(1) 小型化，去掉配置果箱输运-携带结构，根据一般棚室的垄长，采用垄头换箱方案。

(2) 走停控制, 在解放双手的同时, 为避免趴俯姿态的踩踏板控制的弊端, 采用语音走停操控技术方案。

(3) 行走纠偏, 为实现跨垄行走的纠偏, 采用高垄机械仿形或光电仿形结构, 摆脱人为干预。

(4) 舒适解疲, 额头单点承托易造成颈部的疲劳, 改进为额头、颈部双柔性承托结构, 大大减轻颈部的疲劳; 同时, 增加肘部的弹性承托, 便于增加采收作业和途中休息的手臂承托倚靠, 大大降低长臂始终下悬的不适性。

脚踏走停控制→语音走停控制

头部单点承托→头部颈部双承托

人工纠偏→仿形行走

图 7.12 温室垄栽草莓智能采摘车总体方案

该采摘车采用第三章所开发的仿形行走高垄轮式底盘, 并根据采收期两侧垄壁挂果的特点, 进行机械跨垄仿形部件的结构改进, 或改装基于光电开关的两侧垄壁探测仿形装置。

2. 语音走停操控技术方案

通过语言发出指令相比利用手、脚及其他部位进行操控, 具有不占用手脚, 无强度、动作空间、灵活性要求, 且更符合人的自然行为方式以及指令发出/响应更实时、灵活的突出优势, 可以预见语音操控技术将在未来农业装备上发挥巨大的作用。在垄栽草莓的趴俯采收中, 将低成本的语音系统模块和采摘车行走控制结合, 可实现便捷的走停控制。

如图 7.13 所示, 其基本工作原理为: 当采摘车上趴俯作业的莓农发出采摘车走、停的不同指令时, 语音模块对通过麦克风输入的声音进行频谱分析, 提取得到其语音特征, 并将该特征信息与语音模块预先内置的关键词列表进行对比匹配, 从而确定语音指令中的关键词作为识别结果, 进而将该识别结果对应的字符串信号发送给底盘控制器, 从而达到实时语音控制采摘车运动的目的。

以 STC11 单片机和 LD3320 语音集成模块为例, 其语音行走操控系统的结构如图 7.14 所示。

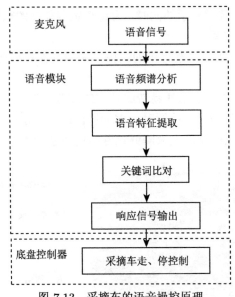

图 7.13　采摘车的语音操控原理

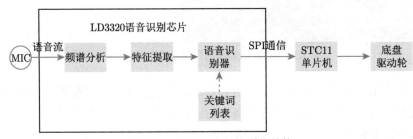

图 7.14　语音行走操控系统结构

第三节　温室草莓生产智能装备的发展趋势

本书汇总了作者 6 年来研发各类草莓生产装备的阶段性成果，实现了从无到有的若干技术突破，但对于我国温室草莓生产管理的实际需要，仍任重道远。同时，总结作者在研发过程中的体会、领悟以及透视我国现代农业日新月异的面貌，把握我国草莓生产智能装备的未来发展趋势，有助于推动我国温室草莓生产机械化事业的发展。

一、与农艺的深度融合

农艺-农机融合已成为我国农业机械科研和农机化工程的主题，同时"无农机难发展""农艺不改农机难行"已成为农学专家和农机专家的共识。在今天，农艺-农机融合已经站在了一个全新的历史关口，在广义上，与农业经营模式、宜机化改造、栽培模式、栽培管理规范、品种-株型等的全方位深度融合，将有望快速推动草莓生产机械化实现重大飞跃。

(一)　与经营模式深度融合

经营体制决定生产规模，影响机械化的装备开发目标和机械化的推广实施。即便是具有较高经济效益的草莓，单户的小规模、小棚室生产，其机械化过程将过于缓慢，而规模化带来标准化和农机装备的高利用率和产投比，成为发展的客观要求，我国专业合作社的快速发展将带来新的契机。

同时，传统莓农管种不管卖、与市场脱节的经营模式，正快速被专业合作社和公司化、电商化的运营所代替 (图 7.15)，最近快速发展起来的直播带货方式更是实现了生产现场零空间距离、零时间差别的销售 (图 7.16)。上述新经营模式既为作业机械化带来了契机，也对设施环境内作业的精准化——精准授粉与水肥一体化精准作业和管控、电动化——无尾气排放、生态化——低药与物理化或生态化的防治等提出了更高的要求。

图 7.15　草莓电商

图 7.16　草莓带货直播

(二)　与宜机化深度融合

宜机化已成为推进农业生产全面机械化的重要突破口，在全国各地特别是丘陵地区，进出坡道、田间道路的修建，异形地块"小变大、弯变直"改造已快速展开，有效改善了农田农机通行和作业条件，能提高农机适应性，扩展大中型农机应用空间[10]。

而我国各地设施建造的规格不一，多数更未考虑农机装备的进出和设施内作业的展开。全面推动设施建造的宜机化已成为实现设施种植机械化的必然要求。

农业农村部于 2020 年 6 月出台的《农业农村部关于加快推进设施种植机械化发展的意见》明确提出，制修订温室建造标准，明确满足农机作业条件的空间结构、出入口、内部通道等方面尺度；加快老旧种植设施的宜机化改造，依照农机通行和室内作业条件，改造出入口、骨架、室内通道等，以满足机械通行作业需求[11]。设施的宜机化改造与设施内农机装备的创新设计相辅相成，将成为推动设施种植机械化的引擎。

(三) 与栽培模式深度融合

栽培模式对机械化作业的展开具有重要影响，而传统上我国在栽培模式的技术改进上，株行距设置与田垄设置，甚至间作、套种等，偏重高产而忽略了宜机化。草莓的种植模式在我国呈现多样化，平地畦栽已日渐被高垄栽培所代替，而高架栽培、箱式栽培、立柱栽培、管道栽培等均得到了发展。今后草莓种植模式的选择，除了追求清洁、高产以外，将更加侧重优质化和宜机化。如高架栽培，将把高架设施建造标准化、架间道路硬化和离地栽培的草莓的甜度、口感等品控紧密结合，从而实现低耗 (农资、劳动力)、绿色、高效 (草莓的品质而非产量决定经济效益) 的目标。

(四) 与栽培管理农艺改革深度融合

草莓种植管理的环节众多、周期漫长，其全程机械化的实施与栽培管理的农艺方式和前、中、后的配套紧密相关。如草莓苗特定的"弓背向外"机械化移栽要求，必须依赖前期的定向育苗的配合才能顺利实现；而以机械化手段复现传统高垄栽培的先大水漫灌、后移栽定植方式，更存在极大的挑战。

因此，草莓种植管理全面机械化的实现，必须从新的视角出发，将机械化方案的设计与栽培管理农艺改革深度融合。从农机角度，不是单方面追求机械化作业的顺利而提出定向育苗、先栽后灌等农艺改变的要求，而是和农艺专家紧密协作，进一步考虑扦插育苗的机械化定向技术或新的机械化优质育苗技术方案，进一步通过广泛的田间试验验证"先栽后灌"的生产效果和确定"先栽后灌"的具体农艺处理。该类针对草莓的农艺-农机配套技术有望成为有良好前景的草莓种植重大推广技术。

(五) 与草莓品种-株型深度融合

我国农科院系统和相关高校以抗病、美观、口感、高产、耐储等为目标，在草莓的新品种研究上取得了众多令人瞩目的新成果。但是，目前严重缺乏结合机械化作业的草莓品种、株型等研究。

草莓苗的移栽、疏果打叶、授粉、收获等机械化作业，均以机械作业部件和草莓苗、根、花、果、叶等的互相动态力学作用来实现，而其损伤、脱落、腐烂等结果的发生则取决于直接的力学作用效应或其后的持续老化、劣变等生理过程。因此，开展基于草莓植株及不同器官的力学特性、耐损生理的草莓品种培育研究，具有重要的创新意义和生产价值。而气助施药的低量、低损和高效，则在草莓阔叶喜平特征下，与草莓的株型、草莓叶片的药液亲水附着性等紧密相关，值得进一步展开研究。

同时，草莓的机器人化采收已得到高度关注，除了果实的耐碰性以外，机器人采收的视觉检测和采收部件的动作实施，与草莓株型和叶序、梗-果离层特性、果梗结构和力学特性均有重要关联，该领域将成为进一步推动草莓采摘机器人技术走向成熟和投入生产应用的重要课题。

二、全程化

大田粮油作物种植管理的全程机械化很大程度上受益于其管理作业的环节少、一致化，而园艺作物生产普遍具有环节复杂、众多的特点，草莓种植管理更具有季节长、环节多、多茬循环的典型特征。目前生产中除基本的土地整理机具以外，还普遍缺乏机械化装备，对移栽、施药、收获等特定环节的研发尚需进一步优化和推广，且尚难以覆盖生产管理的各个环节。

同时，如前所述，全程机械化的实现，从生产角度，必须建立在经营模式、宜机化设计改造、栽培模式与农艺改革等的前期规划和整改的基础上，进而面向草莓种植全程机械化进行系统的布局，提出通用农机具和草莓专用农机装备的全套配置方案；从研发角度，必须将单点、单环节的技术重点突破与多环节衔接、多茬循环相结合，基于平台通用化、规格统一化和作业处理无缝化，实现农机装备多功能、模块化、便捷换场。

三、信息化

今天农业的信息化已贯穿于农业生产的各个方面，未来的现代化草莓生产，也必将基于信息化、机械化的全面融合而呈现全新的农业面貌。信息化解决生产、运输、销售直至消费端的信息的获取、反馈、分析处理、决策和全程的信息管理，机械化则解决面向消费端的全程绿色、高效、无损作业，其结合点包括但不限于以下两个方面。

(一)　无人化的自主监测-作业

无人化农业、无人化农场已成为热点和农业现代化发展的目标，而无人化农业实现的基本要素是信息化与无人化机械装备的全面互联互通。草莓无人化生产温室，将基于多传感物联对土壤肥力、作物长势、病虫害、生长期等监测和花、果、病虫害部位的精准识别定位，实现全程无人干预的自主灌溉施肥、精准施药、授粉、采收、转运、包装等作业。

（二）　品质的全程动态溯源

面向农产品安全的溯源已逐步展开，但现有溯源偏于种植中有限静态信息的呈现。以草莓为例，其电商和直播带货的品质保证，不仅需要品种、土质、水质、气候等条件信息，更需要机械化管理作业全程的有机肥与化学肥料的投入、病虫害的发生与物理防治/生态防治/化学防治方式、采收/运输/包装的处理与化学/生态保鲜方式等动态及量化信息，甚至各环节视频的呈现。品质的全程动态溯源，依赖于信息化与机械化技术的深度共融。

四、休闲化

当前，全国各地大力提出和发展了各种农业新业态，其中最为广泛和重点发展的"旅游＋"农业新业态，成为各地农业的亮点，巨大发展潜力已现端倪。都市休闲农业新业态正成为我国农业的庞大蓝海产业。目前，各类草莓采摘园和以游客采摘体验为主的休闲农业模式遍地开花，成为其业态的主要形式。

但是，尽管各地呈现极高的草莓采摘体验发展热度，但目前的发展也暴露出诸多局限：

(1) 仍以采摘的传统农事体验为主，盈利则以采摘计费为主，三产深度融合不足，与现代化农业生产脱节，业态发展水平和效益水平受限。

(2) 采摘体验感受不佳，采摘业态模式雷同，陷入低水平竞争。

(3) 缺乏草莓采摘的机械化、智慧化装备与技术支持。国内外陆续开展了草莓采摘机器人的研究，但目前仍停留在实验室阶段，且其仅侧重于自主作业，缺少游客参与采摘的体验感。

智慧农业的迅猛发展正成为现代农业的主旋律，智慧与资本两种要素相结合正引领中国进入"智本农业时代"，泛人工智能技术更有望推动农业进入一个完全崭新的时代。打破单一面向生产作业的局限，将人工智能、机器人技术、跨媒体技术等与休闲农业发展深度融合，推动智慧驾乘草莓采摘车等智慧沉浸体验技术研究，全面提升游客的参与度、互动性，提高游客的停留周期和消费意愿，扩展休闲服务内容和消费模式，将实现"旅游＋"农业新业态从目前较低水平的跨越式提升。

参 考 文 献

[1] 汤楚宙, 王慧敏, 李明, 等. 杂交水稻制种机械授粉研究现状及发展对策 [J]. 农业工程学报, 2012, 28(4): 1-7.

[2] Ohi N, Lassak K, Watson R, et al. Design of an Autonomous Precision Pollination Robot[C]//2018 IEEE/RSJ International Conference on Intelligent Robots and Systems (IROS), Madrid, Spain, 2018.

[3] 黄崇德. 杂交水稻制种机械化配套技术在江苏研究成功 [J]. 杂交水稻, 1989, (4): 35.

[4] 侯国强, 罗华. 一种杂交水稻制种授粉工具: CN201020177219.6[P]. 2010-04-24.

[5] 丁素明, 薛新宇, 蔡晨, 等. 手持式风送授粉机研制与试验 [J]. 农业工程学报, 2014, 30(13): 20-27.

[6] 李继宇, 周志艳, 胡炼, 等. 单旋翼电动无人直升机辅助授粉作业参数优选 [J]. 农业工程学报, 2014, 30(10): 10-17.

[7] 张若男, 池越, 翁丽源, 等. 一种基于双目视觉技术的苹果树自动授粉机: CN201721740042.4[P]. 2017-12-14.

[8] Yuan T, Zhang S L, Sheng X Y, et al. An autonomous pollination robot for hormone treatment of tomato flower in greehouse[C]//The 2016 3rd International Conference on Systems and Informatics, Shanghai, China, 2016.

[9] 戴朝新. 日光温室有轨式自动授粉机: CN201320558641.X[P]. 2014-10-22.

[10] 农机化司. 农业农村部办公厅关于印发《丘陵山区农田宜机化改造工作指引 (试行)》的通知 [EB/OL]. [2019-10-30]. http://www.njhs.moa.gov.cn/tzggjzcjd/201910/t20191023_6330499.htm.

[11] 农业机械化管理司. 农业农村部关于加快推进设施种植机械化发展的意见 [EB/OL]. [2020-06-29]. http://www.njhs.moa.gov.cn/tzggjzcjd/202006/t20200629_6347402.htm.